高等学校文科类专业大学计算机规划教材

丛书主编 卢湘鸿

网页设计与制作实验教程（第3版）

赵祖荫 主编

胡耀芳 朱丽娟 邹 瑛 编著

清华大学出版社

北京

内容简介

本书是《网页设计与制作教程(第3版)》一书的配套实验教材。书中共有17章,内容涵盖了《网页设计与制作教程(第3版)》的主要知识点。其中,第1章是与网页制作有关的文字特效、音频、视频等软件的实验;第2~6章是用Fireworks 8进行图像处理的实验;第7~11章是用Flash 8制作各种动画的实验;第12~17章是用Dreamweaver 8制作网页的实验。

在本教材每章中均设置了以下栏目:实验目的、实验前的复习、典型范例的分析与解答、课内实验题、课外思考与练习题。本书可与《网页设计与制作教程(第3版)》一起配套使用。

在本书的配套光盘中存放的是教材中的应用实例与本书范例和实验题中所用到的素材和结果,可供读者练习与参考。

本书可作为高等学校非计算机专业的教材,也可作为学习网页设计与制作技术的自学教材。

图书在版编目(CIP)数据

网页设计与制作实验教程/赵祖荫主编;胡耀芳等编著. —3版. —北京:清华大学出版社,2008.12
(高等学校文科类专业大学计算机规划教材/卢湘鸿主编)
ISBN 978-7-302-18988-6

Ⅰ. 网… Ⅱ. ①赵… ②胡… Ⅲ. 主页制作-高等学校-教材 Ⅳ. TP393.092

中国版本图书馆 CIP 数据核字(2008)第 186737 号

责任编辑:焦 虹 顾 冰
责任校对:李建庄
责任印制:何 芊

出版发行:清华大学出版社   地   址:北京清华大学学研大厦 A 座
         http://www.tup.com.cn   邮   编:100084
         社   总   机:010-62770175   邮   购:010-62786544
         投稿与读者服务:010-62776969,c-service@tup.tsinghua.edu.cn
         质   量   反   馈:010-62772015,zhiliang@tup.tsinghua.edu.cn
印   刷   者:北京市昌平环球印刷厂
装   订   者:三河市溧源装订厂
经   销:全国新华书店
开   本:185×260   印   张:17.5   字   数:399 千字
           附光盘 1 张
版   次:2008 年 12 月第 3 版   印   次:2008 年 12 月第 1 次印刷
印   数:1~3000
定   价:28.00 元

序

能够满足社会与专业本身需求的计算机应用能力已成为合格的大学毕业生必须具备的素质。

文科类专业与信息技术的相互结合、交叉、渗透,是现代科学技术发展趋势的重要方面,是不可忽视的新学科的一个生长点。加强文科类专业(包括文史哲法教类、经济管理类与艺术类一些专业)的计算机教育,开设具有专业特色的计算机课程是培养能够满足信息化社会对文科人才要求的重要举措,是培养跨学科、综合型文科通才的重要环节。

为了更好地指导文科类专业的计算机教学工作,教育部高等教育司重新组织制订了《高等学校文科类专业大学计算机教学基本要求》(下面简称《基本要求》)。

《基本要求》把大文科各门类的本科计算机教学,按专业门类分为文史哲法教类、经济管理类与艺术类等三个系列,按教学层次分为计算机大公共课程(也就是计算机公共基础课程)、计算机小公共课程和计算机背景专业课程三个层次。

第一层次的教学内容是文科某系列(比如艺术类)各专业的学生都要应知应会的。第二层次是在第一层次之上,为满足同一系列某些专业共同需要(包括与专业相结合而不是某个专业所特有的)而开设的计算机课程。第三层次,也就是使用计算机工具,以计算机软、硬件为依托而开设的为某一专业所特有的课程。

《基本要求》对第一层次课程与第二层次课程的设置与教学内容提出了基本要求。

第一层次的教学内容由计算机基础知识(软、硬件平台)、微机操作系统及其使用、多媒体知识和应用基础、办公软件应用、计算机网络基础、信息检索与利用基础、Internet基本应用、电子政务基础、电子商务基础、网页设计基础等15个模块构筑。这些内容可为文科学生在与专业紧密结合的信息技术应用方向上进一步深入学习打下基础。第一层次的教学内容是对文科大学生信息素质培养的基本保证,起着基础性与先导性的作用。

第二层次的教学内容,或者在深度上超过第一层次的教学内容中的某一相应模块,或者是拓展到第一层次中没有涉及的领域。这是满足文科不同专业对计算机应用需要的课程。这部分教学在更大程度上决定了学生在其专业中应用计算机解决问题的能力与水平。这些课程包括:微机组装与维护、计算机网络技术及应用、多媒体技术及应用、网页设计基础、信息检索与利用、电子政务应用、电子商务应用、数据库基础及应用、程序设计及应用,以及与文史哲法教类、经济管理类与艺术类相关的许多课程。

清华大学出版社推出的高等学校文科类专业大学计算机规划教材，就是根据《基本要求》编写而成的。它可以满足文科类专业计算机各层次教学的基本需要。

对教材中的不足或错误，敬请同行和读者批评指正。

卢湘鸿

于北京中关村科技园

卢湘鸿　北京语言大学信息科学学院计算机科学与技术系教授、教育部普通高等学校本科教学工作水平评估专家组成员、教育部高等学校文科计算机基础教学指导委员会秘书长、全国高等院校计算机基础教育研究会文科专业委员会主任。

前　言

本书是《网页设计与制作教程(第 3 版)》的配套教材,是为了弥补网页制作教材中缺少例题和练习而编写的。本书针对 Fireworks 8、Flash 8、Dreamweaver 8 三个软件安排了涵盖主要知识点的范例和实验。在每章中设置以下栏目:

(1) 实验的目的　阐述本章实验要达到的目的,让学习者明确学习的重点,有的放矢地进行学习和操作练习。

(2) 实验前的复习　对本章知识点进行归纳和梳理,让学习者在实验前抓住重点,复习已学过的知识。

(3) 典型范例的分析与解答　分析、解答与本章知识点密切相关的、有一定深度和难度的典型实例,使学习者能够举一反三、触类旁通,可作为教学补充例题。

(4) 课内实验题　围绕本章知识点精心组织的实验操作题,并给出了操作参考步骤,可作为课堂练习题。让学习者能够通过操练,巩固和加深理解所学到的知识。

(5) 课外思考和练习题　引导学生思考一些重要知识点的深层问题,加深理解和巩固各章、节的知识点,并安排了一定数量的、稍有难度的课外练习题。

本教材在编写原则是力求精简实用,从基础知识着手,详细介绍网页制作技术中最基本、最实用的知识和技巧,编写的操作题由浅入深,使学习者通过实验练习能较好地掌握网页、图像和动画制作中基本知识和技巧,满足了学生自学、复习与练习的实际需要。

本教材的第 1 章是实验前的准备,安排了与本教材实验有关的各种特效文字、音频、视频等工具软件的安装与应用的实验;第 2～6 章的实验是有关用 Fireworks 8 进行图形图像处理的操作练习;第 7～11 章的实验是用 Flash 8 制作各种动画的操作练习;第 12～17 章的实验是用 Dreamweaver 8 制作网页的操作练习。

本教材应与配套光盘一起使用,在配套光盘的文件夹中存放了《网页设计与制作教程(第 3 版)》和本教程各章例题和实验所用到的素材和实验结果,可供学习者练习和参考。

本教材由赵祖荫主编,教材的第 1 章由胡耀芳编写;第 2 章至第 6 章由朱丽娟编写;第 7 章至第 11 章赵祖荫、胡耀芳编写;第 12 章至第 17 章由赵祖荫、邹瑛编写。赵卓群、梁莎、胡晓君、盛敏佳参与本教材部分章节的编写和例题、练习的制作。本教材由赵祖荫拟定大纲,并统一书稿。

由于时间仓促,作者学识有限,书中不妥与错误之处敬请读者批评指正。

作者

2008 年 12 月于上海

目　　录

第1章 网页设计基础

1.1 实验的目的

（1）掌握 Macromedia Studio 8.0 软件的安装。

（2）掌握网上文件的下载与安装。

（3）熟悉音频、视频软件的应用。

1.2 实验前的复习

"兵马未动，粮草先行"。在学习网页制作前，首先要做好学前准备工作，这包括安装网页制作软件，下载和安装网页制作中需要的一些辅助设备软件，收集素材等工作。学习的目的是为了使用，要制作出使人流连忘返、过目不忘的作品，除了熟练地掌握网页制作的操作方法和操作技巧外，很大一部分取决于自身蕴涵的创意和构思。

1.2.1 网页制作的主要素材

网页制作的主要素材主要包括：文字、图像、声音和动画。

1. 文字素材

文字是网页的主角。对于文字素材最主要的是真实性和及时性，陈旧的信息没有价值，也不会使人感兴趣。因此，最好是自己动手撰写，当然转载别人的好作品，让大家共享也不失为是一种既快又方便的好方法。收集文字素材的方法很多，例如使用复印机、扫描仪、网上下载等。

在文字处理上，为了引人注目需要对文字格式化。由于系统中安装的字体有限，可以从网上下载字体文件，为系统添加新字体。

2. 图像素材

图像在网页中起到画龙点睛的作用，精彩的文笔加上生动的图像的配合，图文并茂、相映成趣。可以通过下列方法获取图像素材，直接从图像文件中提取；通过扫描仪输入；从网上下载；或从其他作品中分离等。获取的图像素材能直接用当然好，但如果缺乏新意，就要对它进行编辑，使其符合自己的网页的主题。所以需要掌握获取图像、编辑图像的操作方法。

3. 声音素材

要使网页有声有色，声音是不可缺少的角色。由于网页制作软件在这方面的局限性，搜集、加工处理声音文件的软件显得尤其重要。获取声音素材的途径有应用录音设备自己录音；从其他声音文件中提取；从网上下载；应用光盘音乐库中的声音文件等方法。

4. 动画素材

动画集声音、图像、视频为一体,给人以动感,好的作品更能体现作者的技术水平和创意。动画素材可以自己绘制,也可从网上下载,或利用别人的作品加以修改。另外,还可使用专业软件将其他格式文件转化为 Flash 支持的动画片段。

1.2.2　加工、处理素材的方法

加工、处理素材的方法很多,既可以充分利用系统中现有的设备和软件,也可从网上免费站点下载音频、视频编辑软件。

1. 应用现有的设备完成对素材的加工

应用现有的设备对素材进行加工处理是一种随手可得的好方法,例如利用操作系统 Windows XP 中的录音机可以录制、编辑声音文件。在计算机中安装了声卡、扬声器和麦克风,使用 Windows XP 自带的录音机程序,可以通过麦克风录音;把 CD 音乐、MIDI 音乐及通过声卡的 LINE IN 输入口将收音机、录音机、电视机上的声音录制成音频文件,也可以插入和删除声音文件,编辑声音的效果及转换文件。

Windows Movie Maker 是 Windows XP 的一个标准组件,功能是对录制的视频素材进行剪辑、配音等编辑加工,制作成富有艺术魅力的个人电影,也可以将大量照片进行巧妙的编排,配上背景音乐,或加上录制的解说词和一些精巧特技,制作成视频文件。

2. 从网上下载音频、视频编辑软件的方法

网络带给人们的最大好处就是资源共享,网络上有很多有用的免费软件或资料供下载,如果要得到这些软件或资料,一般可进入搜索引擎,在关键词输入栏中输入要下载的软件或资料的名字,然后进行搜索。在搜索结果窗口中,找到提供下载的网页。右击所需要的软件或资料的下载链接,保存下载的文件。

除了用搜索引擎找到所需要的软件以外,还可以直接浏览提供软件下载的网站,如华军软件园(www. onlinedown. net)、eNet 下载(download. enet. com. cn/index. shtml)等。

下载文件的最大问题是速度和下载后的管理,为解决这两个问题网际快车 FlashGet 应运而生。它把要下载的文件分成几个部分同时下载,可以成倍的提高下载速度,FlashGet 创建不限数目的类别,每个类别指定单独的文件目录,不同的类别保存到不同的目录中去,强大的管理功能包括支持拖曳、更名、添加描述、查找、文件名重复时可自动重命名等。

FlashGet1. 4 简体中文版程序可以从网络上下载,双击安装程序开始安装。启动该程序出现如图 1-1 所示的工作界面。

网际快车的工作界面和其他 Windows 程序相似,通过目录栏可以查看已下载、正在下载和已删除的下载文件,在任务列表中以文件列表的形式显示出来,通过文件下载信息窗口可以了解文件下载的情况。

使用 FlashGet 下载文件,操作步骤如下:

(1) 打开浏览器,找到需要下载文件的链接。

(2) 在链接上右击鼠标,从打开的快捷菜单中选择【使用网际快车下载】命令,启动网际快车,同时打开【添加新的下载任务】对话框。

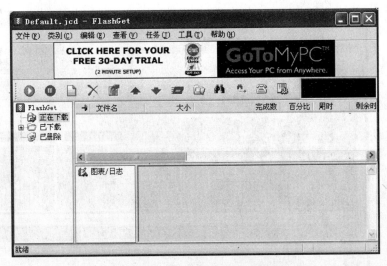

图 1-1　FlashGet 的工作界面

（3）如果需要改变保存路径、重命名文件或者进行其他设置,在相应文本框中修改,然后单击【确定】按钮。

另外,还可以直接拖曳下载链接到浮动窗口以及直接输入 URL 等方式来下载文件。

1.2.3　音频编辑软件及其应用

GoldWave 是一个集声音编辑、播放、录制和转换的音频工具,可打开的文件格式包括 WAV、OGG、VOC、IFF、AIF、AFC、AU、SND、MP3、MAT、DWD、SMP、VOX、SDS、AVI、MOV 等音频文件格式,也可以从 CD、VCD 、DVD 或其他视频文件中提取声音。GoldWave 具有丰富的音频处理特效,从一般特效如多普勒、倒转、回音、摇动、边缘、动态、时间限制、增强、扭曲、混响、降噪到高级的公式计算(利用公式在理论上可以产生任何想要的声音)。可以把一组声音文件转换为不同的格式和类型,例如将立体声转换为单声道,转换 8 位声音到 16 位声音等。如果安装了 MPEG 多媒体数字信号编解码器,还可以把原有的声音文件压缩为 MP3 的格式,使声音文件的尺寸缩小为原有尺寸的十分之一左右。

1. 基本操作

双击 GoldWave. exe 文件,打开如图 1-2 所示的 GoldWave 工作界面。

1) 音频内容的选择

要对文件进行各种音频处理之前,必须先选择后操作。

（1）单击鼠标左键确定选择部分的起始点,单击鼠标右键确定选择部分的终止点,选中的音频将以高亮度显示,如图 1-2 所示。

（2）选择【编辑】|【标记】|【设置】命令,设置开始和结束时间。

2) 音频内容的剪切、复制、粘贴、删除和剪裁

剪切的操作:首先选中要剪切的部分,按 Ctrl＋X 键,重新设定指针的位置到将要粘贴的地方,按 Ctrl＋V 键,将刚才剪切的部分还原出来。同理,用 Ctrl＋C 键进行复制、按

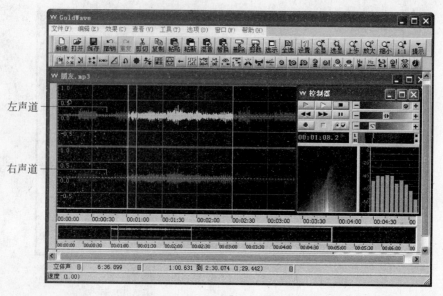

左声道 ——

右声道 ——

图 1-2 GoldWave 的工作界面

Ctrl+V 键粘贴复制的内容。

音频编辑操作主要有以下几种：

· 粘贴：将复制或剪切的部分波形，由选定插入点插入，等于加入一段波形。

· 粘新：将复制或剪切的部分波形，粘贴到一个新文件中，等于保存到新文件。

· 混音：将复制或剪切的部分波形，与由插入点开始的相同长度波形混音。

· 删除：按 Del 键直接把选中的一段波形删除，而不保留在剪贴板中。

· 剪裁：单击工具栏中的"剪裁"按钮，把未选中的波形删除。因此，删除可以称为"删除选定"，剪裁则是"删除未选定"。

如果在删除或其他操作中出现了失误，用 Ctrl+Z 键就能够进行恢复。

3）时间标尺和显示缩放

在波形显示区域的下方有一个指示音频文件时间长度的标尺，它以秒为单位，当音频文件太长，一个屏幕不能显示完毕，选择【查看】|【放大/缩小】命令或按 Shift+↑ 快捷键放大、按 Shift+↓ 快捷键缩小，设置水平方向波形的幅度。选择【查看】|【垂直方向放大】/【垂直方向缩小】命令或按 Ctrl+↑ 键放大、按 Ctrl+↓ 键缩小，设置垂直方向波形的幅度。

4）声道选择

对于立体声音频文件来说，显示是以平行的水平形式分别进行的。在编辑中只对其中一个声道进行处理，另一个声道要保持原样不变化，选择【编辑】|【声道】|【右声道/左声道】命令，上方表示左声道，下方表示右声道。所有操作只对被选中的声道起作用，另一个声道不受到任何影响。

5）音频效果

为音频添加各种特效，选择【效果】菜单下的各项命令。

2. 音频的编辑和格式转换

1）编辑声音

截取一段声音：选择【文件】|【打开】命令，选择需要编辑的声音文件，在波形窗口单击鼠标左键和右键，分别选择起始位置和结束位置（选中的乐段为蓝底），选择【编辑】|【复制】命令。

合并声音：选择【文件】|【打开】命令，选择另一声音文件，选择【编辑】|【粘贴到】|【文件开头】命令，选择【文件】|【另存为】命令，选择保存的位置，输入文件名单击【保存】按钮。

2）CD抓音轨

选择【工具】|【CD读取器】命令，选择CD中Track后，单击【保存】按钮，直接可以另存为需要的音频文件格式。

3）文件格式转换批处理

选择【文件】|【批处理】|【添加文件】命令，选择"另存类型"和"属性"，单击【开始】按钮进行转换。

1.2.4 视频编辑软件及其应用

Windows Movie Maker 是 Windows XP 的一个标准组件，位于 C:\Program File\Movie Maker\Moviemk.exe，双击 Moviemk.exe 文件，启动 Windows Movie Maker 应用程序，打开如图1-3所示的界面。

图 1-3　Windows Movie Maker 的工作界面

1. 视频、图片的导入和编辑

Windows Movie Maker 对 WAV、AIF、AU 等格式的音频文件，ASF、AVI 等格式的视频文件，MPEG、MP4 等格式的电影文件，ASF、WMV 等格式的 Windows 媒体文件，都可以直接使用，对已制作好的 AVI、MPG 格式的个人电影和电子相册，也可以直接进行编辑合成。

1）视频的导入

选择【文件】|【导入到收藏】命令，将视频导入到收藏栏，按要求将视频拖曳到【情节提要栏】的工作区中。

2）图片的导入

单击工具栏中的【任务】按钮，在任务栏中选择【导入图片】命令，将所需要的图片导入到收藏栏，按要求将图片拖曳到【情节提要栏】的工作区中。

3）视频的裁剪操作

将视频拖曳到【情节提要栏】的工作区中，将鼠标指向视频的末尾，出现一个红色的双向箭头，向左拖曳，裁剪视频的后面部分。将鼠标指向视频的头部，出现一个红色的双向箭头，向右拖曳，裁剪视频的前面部分。

2．音频的导入和编辑

音频编辑需在【时间线视图】编辑模式中完成。单击【显示时间线】按钮，切换到【时间线视图】编辑模式。

1）音频的导入

单击工具栏中的【任务】按钮，在任务栏中选择【导入音频或音乐】命令，将所需要的音频导入到收藏栏，切换到【时间线视图】模式，按要求将音频拖曳到【时间线视图】栏的工作区中。

2）添加背景音乐

先将音频素材导入到收藏栏，然后将其拖曳到时间线窗口中的【音频/音乐】轨道。若音频长度超过视频长度，可将多余的部分剪掉。将鼠标指向音频的末尾，出现一个红色的双向箭头，向左拖曳，裁剪音频后面的部分。将鼠标指向音频的头部，出现一个红色的双向箭头，向右拖曳，裁剪音频前面的部分。

3）添加音频效果

右击【音频/音乐】轨道中的音频对象，在打开的快捷菜单中选择【淡入】或【淡出】命令。

4）去掉背景声音

选中音频对象，选择【剪辑】|【音频】|【静音】命令。

3．视频过渡和视频效果的设置

1）视频过渡

控制电影如何从一段影片剪辑或一张图片过渡到下一段影片剪辑或下一张图片的播放。Windows Movie Maker 的收藏窗口中的【视频过渡】文件夹中包含着多种过渡效果供用户选择。

选中临近两段影片剪辑或两张图片之间的小方格，单击工具栏中的【收藏】按钮，在收藏栏中打开【视频过渡】文件夹，在视频过渡栏窗口中，右击一种过渡效果，在快捷菜单中选择【添加至情节提要】命令，将视频过渡添加在小方格中。在预览窗口中可以看到视频过渡效果。

2）视频效果

决定影片剪辑、图片或片头在项目及最终影片中的显示方式。

选中影片剪辑或图片，在收藏栏中打开【视频效果】文件夹，在视频效果栏窗口中，右击一种效果,在快捷菜单中选择【添加至情节提要】命令,将视频效果添加到影片剪辑或图片上。

4．添加片头和片尾

通过片头和片尾可以为电影添加影片名、制作者姓名、日期等文本信息,增强电影的观赏效果。

选择【工具】|【片头和片尾】命令,输入影片名,在其他选项中设置文字的字体、背景色和片头的播放方式。

5．预览电影与输出保存

1) 预览电影

单击【播放】按钮,在播放器中查看播放效果,通过监视器右下角的时间显示还可以了解其准确的播放时间。当全部视频情节和音频情节设置完毕后,单击【显示方式切换】按钮切换到情节视图方式,再单击监视区的【播放】按钮,即可预览整部电影的播放效果。

2) 输出保存

单击工具栏上的【保存电影】按钮,在【保存电影】对话框中设定保存质量,其中"高质量"选项为每秒 30 帧 320×240 像素的画面,"中等质量"选项为每秒 15 帧 320×240 像素的画面,"低质量"选项为每秒 15 帧 176×144 像素的画面。使用"高质量"选项保存文件,每分钟电影占用 1.6MB 的磁盘空间,低质量则每分钟 244KB。在对话框中还可以输入电影标题、作者名字和说明文字等信息。上述操作完成后,单击【确定】按钮,在【另存为】对话框中输入保存的文件名和保存位置,单击【保存】按钮。

1.2.5 特效文字制作软件

FlaX 是一款制作特效文字的软件,变幻莫测的文字特效在此能轻而易举地获得。双击 FlaX.exe 文件,启动后的界面如图 1-4 所示。

图 1-4　FlaX 的工作界面

1．FlaX 的组成和功能

Flax 由 FlaX 应用程序窗口和三个属性面板组成。

- 【影片属性】面板用于设置影片的大小、帧频、背景色和播放方向。
- 【文本属性】面板用于输入文字、编辑文字如设置文字的位置、间距、字体、大小、颜色和样式。
- 【特效属性】面板用于设置文字的各种特效和特效的各项参数。

2. 制作特效文字

本软件只适用西文字母的特效制作。汉字的特效制作需在 Flash 元件编辑窗口中用汉字逐个替换字母,操作参见第 10 章。

操作步骤:

(1) 启动 FlaX。

(2) 在影片属性面板中设置影片的大小、帧频、背景色等属性。

(3) 在文本属性面板中输入字母,设置文字属性。

(4) 在特效属性面板中选择文字的特效,在 FlaX 应用程序窗口的预览窗口中能看到特效文字的效果。

(5) 选择【文件】|【导出 swf 文件】命令,将操作结果保存为 Flash 影片文件。

1.3 典型范例的分析和解答

例 1.1 下载和安装字体文件。在网页制作中,好的文字标题和新颖的文字格式往往能起到画龙点睛的作用,由于操作系统自带的文字字体非常有限,因此需要下载和安装字体文件。

下载字体文件的操作步骤如下:

(1) 进入搜索引擎,通过搜索找到字体文件软件所在的网页,如果已经知道网址,直接在浏览器地址栏中输入网址,例如输入 http://font.knowsky.com,打开如图 1-5 所示

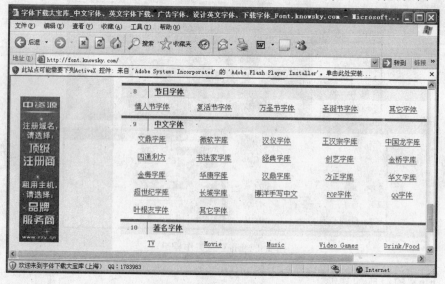

图 1-5 字体文件库网页窗口

的字体文件库的网页窗口。

（2）在窗口中选择需要的字库，例如单击【创艺字库】超链接，打开如图1-6所示的创艺字库中各种字体的介绍窗口。

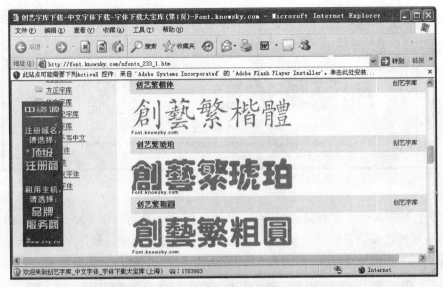

图1-6　创艺字库中各种字体的介绍窗口

单击【创艺繁琥珀】超链接，打开如图1-7所示的创艺繁琥珀字体的介绍窗口。

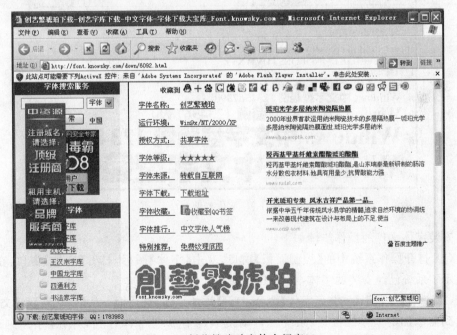

图1-7　创艺繁琥珀字体介绍窗口

（3）单击窗口中的【下载地址】超链接，打开文件下载工具的网页，选择其中的一种下载方法,单击【点击下载】超链接。打开字体文件下载网页,如图 1-8 所示,在文本框中输入下载验证码,单击【点击下载】按钮,打开下载文件对话框,选择好文件保存的位置,单击【确定】按钮。出现文件下载进度对话框,文件下载完毕关闭窗口。

图 1-8　字体文件下载窗口

（4）打开资源管理器窗口,在保存文件的位置可以看到一个扩展名为 rar 的压缩文件。如果系统已安装了解压缩软件,双击此文件对文件解压缩。解压缩后,双击字体文件可预览不同大小的字体范例,如图 1-9 所示。单击【完毕】按钮,关闭窗口。

图 1-9　字体范例窗口

安装字体文件的操作步骤如下:

（1）打开操作系统中的【控制面板】窗口,双击【字体】图标,打开【字体】窗口,在窗口中显示了系统已经安装的字体,如图 1-10 所示。

（2）选择【文件】|【安装新字体】命令,打开【添加字体】对话框。从【驱动器】和【文件夹】中找到需添加的字体的位置,系统会自动搜索出有哪些字体存在,并在【字体列表】中列出字体清单,如图 1-11 所示。选中要安装的字体,单击【确定】按钮,完成字体文件的安装。

若要同时添加多个字体文件,可以使用 Shift 键和 Ctrl 键选择多个文件,单击【确定】

图 1-10 【字体】窗口

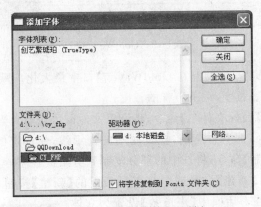

图 1-11 【添加字体】对话框

按钮。若想把所有的字体都添加到字库,单击对话框中的【全选】按钮,再单击【确定】按钮。

在添加字体中,当出现有重复的字体时,系统会弹出如图 1-12 所示的对话框,以示此字体文件已存在。若要安装新版本的字体文件,应该先把旧版本的字体文件删除。

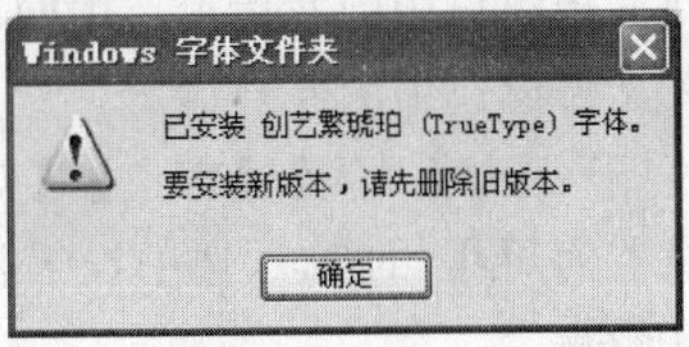

图 1-12 【Windows 字体文件夹】对话框

例 1.2 将声音文件"诗朗诵. mp3"和音乐文件 Music. mp3 合成为具有立体声效果的文件 Hc. mp3,其中左声道为诗朗诵,右声道为具有淡入、淡出效果的音乐。

操作步骤如下:

(1) 启动 GoldWave 声音处理软件。

（2）选择【文件】|【打开】命令或单击工具栏上的【打开】按钮,在对话框中选择本章素材文件夹中"诗朗诵.mp3"和 Music.mp3,打开声音文件和音乐文件,两个文件在不同的窗口中显示波形,窗口界面如图 1-13 所示。

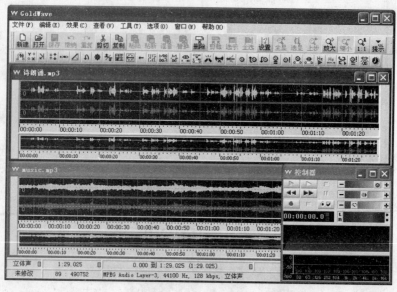

图 1-13　GoldWave 窗口

（3）双击语音编辑窗口,使其在 GoldWave 窗口中最大化。默认时整个音轨被选中,从状态栏中可看到声音长度,记下声音的长度。

（4）选择【窗口】|【目标文件名】命令,将音乐文件窗口切换为当前窗口。选择【编辑】|【声道】|【右声道】命令,选中右声道,拖曳尾端的指示线,使选定的部分与声音的长度相等。选择【编辑】|【复制】命令,将选中的部分复制到剪贴板。

（5）选择【文件】|【新建】命令或单击工具栏上的【新建】按钮,打开【新建声音】对话框,如图 1-14 所示。在对话框中【声道数】设置为立体声,声音长度默认为 1 分钟,采样频率为 44.1kHz。

（6）选择【编辑】|【粘贴】命令,将选中的部分粘贴到新文档窗口中的右声道。用同样的方法将声音粘贴到新文档窗口中的左声道。

（7）选择【编辑】|【声道】|【双声道】命令,将双声道设置为可编辑状态,选中没声波的部分,按 Del 键,将其删除。

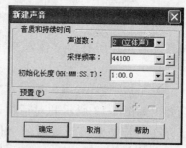

图 1-14　【新建声音】对话框

（8）选中右声道最前面 1 秒钟,选择【效果】|【音量】|【淡入】命令,设置音乐前 1 秒线性淡入效果。选中右声道最后 1 秒钟,选择【效果】|【音量】|【淡出】命令,设置音乐最后 1 秒线性淡出效果。通过控制窗口试听效果。

（9）选择【文件】|【另存为】命令,将编辑好的声音文件保存为 Hc.mp3。

例 1.3　将视频素材重新组合,去除素材中原有的声音,添加背景音乐"小放牛.mp3"。在每段视频切换间添加过渡效果,片头为"快乐的童年",片尾为"祝小朋友天天快乐",制作者的姓名和制作日期。

操作步骤如下:

(1) 启动 Windows Movie Maker。

(2) 选择【文件】|【导入到收藏】命令,在【导入文件】对话框中选择本章素材文件夹中 yl.wmv 文件,单击【导入】按钮。

(3) 将该素材的剪辑片段按 5、3、1、4 的顺序拖曳到【情节提要】栏,操作结果如图 1-15 所示。

图 1-15 【情节提要】栏

(4) 单击【显示时间线】按钮,切换到【时间线视图】栏,选中剪辑片段下面的音频对象,选择【剪辑】|【音频】|【静音】命令,此时,在"时间线视图"中音频部分变成了一条直线。

提示:由于本应用程序中不具备视频和音频的分离功能,不能去掉原有的声音,只能将其进行"静音"处理。

(5) 按照导入视频的方法导入音乐素材,然后将其拖曳到【时间线视图】栏的【音频/音乐】轨道中,如图 1-16 所示。

(6) 单击【显示情节提要】按钮,切换到【情节提要】栏,选中相邻两个剪辑片段中的小方格,单击【收藏】栏中的【视频过渡】按钮,切换到【视频过渡】栏如图 1-17 所示。在视频过渡栏中,右击一种过渡效果,在快捷菜单中选择【添加至情节提要】命令,将视频过渡添加在方格中。通过预览窗口可看到视频过渡效果。用相同的方法为其他剪辑片段添加不同的视频过渡效果。

(7) 选择【工具】|【片头和片尾】命令,切换到【输入片头文本】栏如图 1-18 所示。输入文字"快乐的童年",在【其他选项】中设置文字的字体为"华文彩云"、颜色为白色,设置

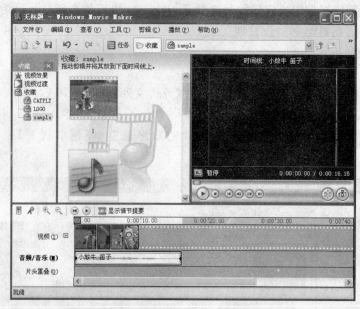

图 1-16 【时间线视图】栏

图 1-17 【视频过渡】栏

片头动画效果为"镜像"。用相同的方法制作片尾。

(8) 单击【时间线】按钮,切换到【时间线视图】栏,将鼠标移向音频线结束处,当鼠标变成一个双向箭头时,向左拖曳鼠标裁剪音频多余的部分,使其同视频长度相等。

(9) 选择【文件】|【保存电影文件】命令,在打开的对话框中输入文件名"童年",单击【保存】按钮。

图 1-18 【输入片头文本】栏

文件保存后,系统自动启动 Windows Media Player 进行播放。

例 1.4 导入五张图片,组成每张图片更替时出现各种切换效果的视频,导入背景音乐,添加片头"自然风光",片尾"谢谢观赏"、制作者姓名和制作日期。图片持续时间为 10 秒,过渡持续时间为 3 秒。

操作步骤如下:

(1) 启动 Windows Movie Maker。

(2) 选择【文件】|【导入到收藏】命令,在【导入文件】对话框中将本章素材文件夹中的"瀑布风景 1"~"瀑布风景 5"图片文件和音乐文件 bjmusic. mp3 全部选中,单击【导入】按钮。

(3) 将图片依次拖曳到【情节提要】栏,如图 1-19 所示。

(4) 单击工具栏中的【任务】按钮,切换到【电影任务】栏。选择【电影任务】|【制作片头和片尾】命令,添加片头,片头的文字为"自然风光",在【其他选项中】设置文字的字体、大小、颜色等。用相同的方法制作片尾。

(5) 选择【电影任务】|【查看视频效果】命令,切换到【视频效果】栏,为每个静止画面添加视频效果,如图 1-19 所示。

选择【电影任务】|【查看视频过渡】命令,切换到【视频过渡】栏,将合适的过渡效果添加到各静止画面之间,如图 1-19 所示。

(6) 选择【工具】|【选项】命令,打开如图 1-20 所示的【选项】对话框,将每张图片持续时间设定为 10 秒,过渡持续时间设定为 3 秒。

(7) 单击【显示时间线】按钮,切换到【时间线】栏。将 bjmusic. mp3 音乐文件拖曳到

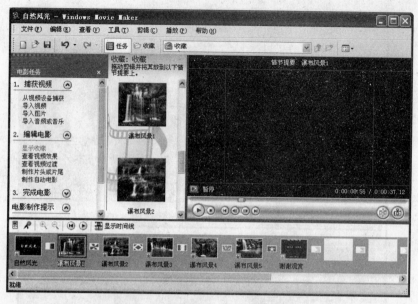

图 1-19　创建图片更替出现各种切换效果的视频的操作示意图

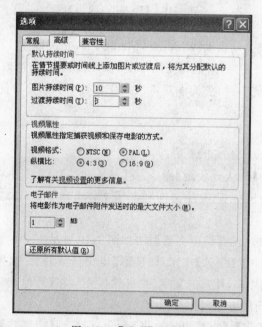

图 1-20　【选项】对话框

【音频/音乐】轨道中。将鼠标指向音频的末尾,此时会出现一个红色的双向箭头,向左拖曳裁剪多余的部分,与创建的视频长度相同。

　　(8)选择【文件】|【项目另存为】命令,在打开的对话框中输入文件名"自然风光",单击【保存】按钮。选择【文件】|【保存电影文件】命令,在打开的对话框中输入文件名"自然风光",单击【保存】按钮。

文件保存后,系统自动启动 Windows Media Player 进行播放。

例 1.5 制作特效文字。

操作步骤如下:

(1) 启动 FlaX。

(2) 在影片属性面板中设置影片的【宽度】为 350、【高度】为 150,帧频为 10、背景色为黑色。

(3) 在文本属性面板中输入 Flash 8,设置文字的大小为 60,字距为 8,颜色为♯FFCC00,样式为左起第 3 个。

(4) 在特效属性面板中选择文字的特效为"箭头",选项为"正向射出"。

(5) 选择【文件】|【导出 swf 文件】命令,将操作结果保存为 txwz.swf 文件。

1.4 课内实验题

(1) 安装网页制作软件 Macromedia Studio 8.0。

(2) 下载字体文件并将新字体添加到系统中。

(3) 下载 MP3 音乐。

(4) 利用 Windows 中的录音机录制一段话,并以 ly.wav 文件保存。利用录音机播放本章素材文件夹中的声音文件 applause.wav。利用录音机将 ly.wav 和 applause.wav 混合声音,左声道为说话声,右声道为音乐,并以 hs.wav 文件保存在磁盘上。

(5) 利用 GoldWave 工具截取 New Stories.wma 文件中的第 20 秒到第 50 秒音乐,将其粘贴到新文件中,要求前 10 秒具有淡入的效果,后 10 秒具有淡出的效果,将文件保存为 exe1-5.mp3 和 exe1-5.wav 格式。保存后比较两种格式文件的大小。

操作提示:在工具栏中单击【粘新】命令按钮可以将截取的音乐片段保存到新文件中去。对音乐添加淡入淡出效果的操作,选择【效果】|【音量】|【淡入/淡出】命令或单击工具栏中的相应命令按钮。

(6) 利用 GoldWave 工具删除 Symphony.wma 文件第 10 秒到第 20 秒音乐,再删除第 30 秒至最后的音乐。截取文件前 10 秒,复制到文件尾部,编辑后的文件添加倒转、回声的音乐效果,将操作结果保存为 exe1-6.mp3 单声道文件。

操作提示:对音乐添加倒转、回声的音乐效果的操作,选择【效果】|【倒转】和【回声】命令或单击工具栏中的相应命令按钮。

(7) 利用 GoldWave 工具,设置左声道为 music-2.mp3 音乐,右声道为"诗朗诵-2.mp3"的合成文件,将文件保存为 exe1-7.mp3。

操作提示:参见例 1.2。

(8) 导入视频文件 bear.wmv 和 lake.wmv,按图 1-21 将视频文件按要求重新组合。裁剪 bear.wav 视频至后 10 秒,并添加"亮度,增加"视频效果;裁剪 lake.wav 视频至后 6 秒,并添加"缓慢放大"视频效果。片头文字为"动物世界",字体为"华文行楷"、粗体、居中;动画效果为"滚动,透视"。片尾文字为"关爱我们的地球,保护动物人人有责",制作日期,字体为"隶书"、粗体、居中。在片头与 bear 视频之间设置视频过渡效果为"色轮,四幅";lake 视频与片尾之间设置视频过渡效果为"淡化"。将操作结果保存为 exe1-8.mswmm 文件,导出 exe1-8. wmv 影片文件。

操作提示:参见例 1.3。

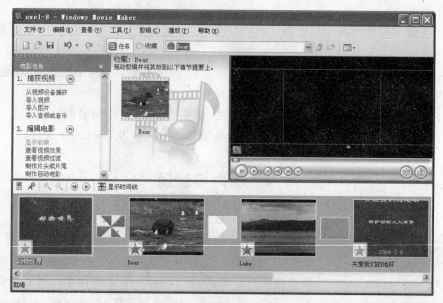

图 1-21 视频文件的重新组合

(9) 导入"黔西风景 1. jpg"至"黔西风景 4. jpg"四张图片,片头文字为"黔西山水好风光",字体为"华文新魏"、粗体、居中;动画效果为"视频,在文字内"。片尾文字为"江山如此多娇",制作者和制作日期,字体为"华文行楷"、粗体、居中。在片头与图片 1 之间添加"涟漪,水平"视频过渡效果;图片 1 与图片 2 之间添加"擦除,窄向右"视频过渡效果;图片 2 与图片 3 之间添加"蝴蝶结,垂直"视频过渡效果;图片 3 与图片 4 之间添加"翻转"视频过渡效果;过渡持续时间为 3 秒。

在【显示时间线】窗口中导入背景音乐 music-3. mp3,如图 1-22 所示。将操作结果保存为 exe1-9. mswmm 文件,导出 exe1-9. wmv 影片文件。

操作提示:参见例 1.4。

(10) 导入视频文件"云海-1. wmv"、"云海-3. wmv"和音频文件 bjmusic2. mp3,将视频文件"云海-1 001"和"云海-3"重新组合。片头文字为"神奇的云海",字体为"隶书"、粗体、居中。片尾文字为"变化莫测的云海令人目不暇接",制作者和日期,字体为"隶书"、粗体、居中。在片头与"云海-1 001"视频之间设置视频过渡效果为"对角线,出框";"云海-1 001"视频与"云海-3"视频之间设置视频过渡效果为"眼睛";"云海-3"视频与片尾之间设置视频过渡效果为"扇形,朝上"。去除视频中原有的声音,添加背景音乐 bjmusic2.mp3,如图 1-23 所示。将操作结果保存为 exe1-10. mswmm 文件,导出 exe1-10. wmv 影片文件。

(11) 按下列要求制作 Welcome to ShangHai 的特效文字,文件保存为 exe1-11. swf。

① 影片的宽度为 580、高度为 150,帧频为 10,背景色为黑色。

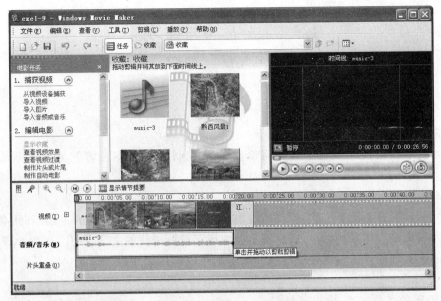

图 1-22　在【显示时间线】窗口中导入背景音乐

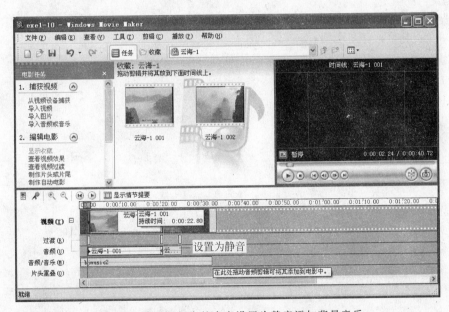

图 1-23　将原视频中的声音设置为静音添加背景音乐

② 字母的大小为 48,字距为 3,文字样式为最后一个,文字特效为"美国冲浪"。

操作提示:参见例 1.5。

(12) 按下列要求制作 One World One Dream 的特效文字,文件保存为 exe1-12.swf。

① 影片的宽度为 550、高度为 150,帧频为 10,背景色为黑色。

② 字体为 Impact,字母的大小为 48,字距为 3,文字样式为左起第二个,颜色为红、黄两色。X 为 30,Y 为 40。文字特效为"影片",选项为"介绍"。

1.5 课外思考与练习题

(1) 设计制作网页,首先要做哪些准备工作?

(2) 如何收集、积累素材?

(3) 如何获取声音素材,并对声音素材进行加工处理?

(4) 如何获取动画和视频素材?

(5) 如何编辑视频素材? 如何将静止的图片制作成具有过渡效果和背景音乐的视频?

(6) 如何制作特效文字?

(7) 在下列的选题中选择一个主题,也可以自己选题,针对确定的主题,利用各种设备和手段采集多媒体素材,也可以从网上搜索或下载所需要的文字、图片、视频和音乐,应用所学的声音处理软件和视频处理软件加工制作成影片文件。

① 环境保护;

② 祖国的名胜古迹、山水风景;

③ 校园风采;

④ 奥运盛会;

⑤ 结合本专业自主选题。

第2章　Fireworks 8 的基础知识

2.1　实验的目的

(1) 掌握文档编辑操作的基本方法。

(2) 掌握导入和打开、导出和保存图像文件的方法。

(3) 掌握使用批处理命令高效处理图像文件的方法。

(4) 掌握【网格】、【标尺】和【辅助线】的使用方法。

(5) 掌握【历史记录】面板的使用方法。

2.2　实验前的复习

2.2.1　文档编辑操作的基本方法

1. 文档的操作

在 Fireworks 8 环境中,直接创建新文档和打开现有文档的方法如下。

1) 直接创建新文档

选择菜单栏中的【文件】|【新建】命令,出现一个定义画布大小和颜色的【新建文档】对话框。即可创建一幅新的 PNG 格式的图像。

2) 打开现有文档

选择菜单栏中的【文件】|【打开】命令,出现【打开】对话框,在该对话框中选中所需要的图像文件,单击【打开】按钮,即可打开图像,进行编辑。

2. 画布的设置

除了选择【文件】|【新建】命令,出现一个设置画布大小和颜色的【新建文档】对话框外,Fireworks 允许随时重新设置画布的大小。

1) 设置画布的大小

(1) 选择菜单栏中的【修改】|【画布】|【画布大小】命令,出现【画布大小】的对话框。

(2) 在【宽度】和【高度】文本框中分别输入宽度值和高度值,在它们右方的下拉列表中可选择所对应的单位(默认为像素,可选的单位为英寸和厘米),在锚定域中显示了一些按钮,根据需要,通过按钮可以选择画布扩展和收缩的方向。

2) 设置画布的颜色

(1) 选择菜单栏中的【修改】|【画布】|【画布颜色】命令,出现【画布颜色】的对话框。

(2) 在画布颜色区域,可以根据需要选择画布的颜色,有三种可选状态。

① 【白色】:选中该项,则使用白色为画布的颜色。

② 【透明】:选中该项,则将画布的颜色设置为透明,这样的图像若被放置到有背景

的网页中时,图像背景是不会遮挡住网页背景的。

③【自定义】:选中该项,则可以从其下方的颜色选择区域选择所需的画布颜色。

3) 修剪画布

选择菜单栏中的【修改】|【画布】|【修剪画布】命令,或按 Ctrl＋Alt＋T 键,这时画布的大小自动被缩小,以刚好容纳图像内容。

4) 符合画布

选择菜单栏中的【修改】|【画布】|【符合画布】命令,或按 Ctrl＋Alt＋F 键,这时画布的大小自动被缩小,以刚好容纳图像内容。

2.2.2 导入和打开、导出和保存图像文件的方法

1. 导入和打开文件

导入和打开操作的区别在于:打开操作是在一个新的文档窗口打开整个文档,而导入操作则是将被导入的文档内容插入到现有的文档中。

1) 导入图像常用的两种方法

(1) 选择菜单栏中的【文件】|【导入】命令,出现【导入】对话框,选择要导入的图像文件,单击【打开】按钮,关闭对话框,将鼠标移到文档窗口,这时鼠标指针变成折线状。若以原始大小导入图像,只需在起始位置单击即可;若想以新的大小导入图像,则可以拖动鼠标绘制所需的尺寸,释放鼠标后,图像即被导入。

(2) 利用剪贴板进行复制和粘贴操作,也可以完成导入操作。

把将要导入的对象从其他应用程序中复制到剪贴板上后,选择菜单栏中的【编辑】|【粘贴】命令,即可完成对象的导入。通常,导入的对象会处于活动文档的中心位置。

还有一种获取图像的方法,若你的计算机连接了扫描仪、数码相机等设备时,就可以选择菜单栏中的【文件】|【扫描】命令获取图像。

2) 打开文件

详见 2.2.1 节 1 条 2 款。

2. 导出和保存图像文件

在 Fireworks 8 中,允许以 PNG 的形式保存文档,该格式的文档可以保存矢量图形。也可以通过导出的方式,以常用的 JPEG 或 GIF 等方式保存图像。

1) 保存 PNG 文档

选择菜单栏中的【文件】|【保存】命令,打开【另存为】的对话框,选择需要的路径,输入需要的文件名,单击【保存】按钮,即以 PNG 的格式保存了文档。

2) 导出为其他格式的文档

选择菜单栏中的【文件】|【导出】命令,打开【导出】对话框,选择需要的路径和文件格式,输入需要的文件名,单击【保存】按钮,将会以选定格式保存文档。还可以选择菜单栏中的【文件】|【图像预览】命令,打开【图像预览】对话框,在【格式】旁的下拉框中还可选择其他的文件格式(如常用的有 GIF、GIF 动画、BMP、JPEG 等),然后单击【导出】按钮。在【导出】对话框中,又可以选择不同的形式导出,如导出为 HTML 和图像、仅图像、CSS 层等。

通过【文件】|【图像预览】命令还可以完成图像的优化和修改图像的大小。

2.2.3　使用批处理命令高效处理图像文件的方法

批处理是自动转换一组图形文件的一种简便方法,它可迅速的完成文件编辑的工作。

1. 使用批处理转换文件的格式

选择菜单栏中的【文件】|【批处理】命令,打开【批次】对话框,选择需要转换格式的文件,单击【继续】按钮,打开【批处理】对话框,在【批次选项】中选中【导出】项,单击【添加】按钮,将其添加到【批处理中包含】列表框中,同时,在【批处理】对话框下方出现【导出】的一些设置项。

1）保留文件本身的设置

选择设置项中的【使用各个文件中的设置】,可在批处理期间保持文件本身的原有设置。

2）更改文件原有的设置

选择设置项中的【自定义】,可更改文件本身的原有设置为不同的新的设置。

3）转换文件为预设的设置

在设置项中提供了一些预设的导出设置:如选择【GIF 最合适 256】或【JPEG-较高品质】,就将所有文件转换为此设置。

2. 使用批处理缩放图形

在打开的【批处理】对话框中,继续选中【批次选项】中的【缩放】项,将其添加到【批处理中包含】列表框中,同时,在【批处理】对话框下方出现【缩放】的一些设置项。

1）保持图像的原始大小

选择设置项中的【无缩放】,可按原样导出文件。

2）缩放图像为指定大小

选择设置项中的【缩放大小】,可将图像缩放为指定的宽度和高度。

3）按比例缩放图像大小

选择设置项中的【缩放匹配区域】,可根据指定的最大宽度和高度范围,将图像按比例缩放。

4）按百分比缩放图像大小

选择设置项中的【缩放到百分比】,可将图像按百分比缩放。

3. 使用批处理更改文件名

在打开的【批处理】对话框中,继续选中【批次选项】中的【重命名】项,将其添加到【批处理中包含】列表框中,同时,在【批处理】对话框下方出现【重命名】的一些设置项。

1）替换文件名中的字符

勾选设置项中的【替换】,可用其他的字符替换每个文件名中的字符。

2）替换或删除文件名中的空白字符

勾选设置项中的【将空白替换为】,可用其他指定字符替换文件名中存在的空白,或删除文件名中的空白。

3）为已有的文件名添加前缀

勾选设置项中的【添加前缀】,可在每个文件名的开头添加相同的文本。

4）为已有的文件名添加后缀

勾选设置项中的【添加后缀】,可在每个文件名的末尾(不包含扩展名)添加相同的文本。

4. 保存批处理的输出

上述的 1、2、3 任一部分完成后,即在【批处理】对话框中设置了所有批次选项,单击【继续】按钮,通过选择选项以保存文件。

1）指定批处理输出位置

选中【批次输出项】中的【与原始文件位置相同】项,则进行批处理后的文件将与原始文件位置相同;选中【自定义位置】项,则进行批处理后的文件可保存在指定位置处。

勾选【备份】项,则可以选择文件备份方式。选中【覆盖现有备份】,则会覆盖以前的备份;选中【增量备份】,则会保留所有备份文件的副本,运行批处理时产生的新备份文件名末尾追加一数字。

单击【批次】按钮,则完成批处理操作。

2）保存批处理为脚本

利用批处理设置保存为脚本后,就可以轻松地对要进行批处理的文件进行处理。

(1)创建批处理脚本:单击【保存脚本】按钮,在【另存为】对话框中,输入脚本的名称和保存位置,单击【保存】按钮。该脚本文件的扩展名为 jsf。

(2)运行批处理脚本:选择菜单栏中的【命令】|【运行脚本】命令,在【打开】的对话框中,选择需要的脚本,单击【打开】按钮,然后选择要使用该脚本处理的文件。

2.2.4　网格、标尺和辅助线的使用方法

网格和标尺的作用,可以帮助精确定位对象。辅助线是对标尺和网格功能的扩展,利用辅助线,可以在文档中自行定制定位线。它们只是设计的辅助工具,只在工作环境中可见,对文档无影响。

1. 显示和隐藏标尺

选择菜单栏中的【视图】|【标尺】命令,显示一个带有标尺的文档窗口。标尺的单位是像素,起始原点一般是从左上角(0,0)开始的。若需要改变标尺的原点,可在文档窗口左上方的水平标尺和垂直标尺交接位置处,按住鼠标,将其拖动到需要设置原点的地方。清除选中状态的【标尺】命令,就会隐藏标尺。

2. 显示和隐藏网格

选择菜单栏中的【视图】|【网格】命令,其级联子菜单中有【显示网格】、【对齐网格】、【编辑网格】命令。若选取【编辑网格】命令,则出现【编辑网格】的对话框,允许定制网格。

在【颜色】区域允许设置网格线的颜色,默认为黑色;选中【显示网格】左边的复选框时,将在文档窗口中显示网格,清除该复选框,则隐藏网格;选中【对齐网格】左边的复选框,则在文档中的对象会自动和距离最近的网格靠齐;在显示有水平双箭头的区域,可以设置网格的水平间距,在显示有垂直双箭头的区域,可以设置网格的垂直间距,默认状态,

网格间距为 36×36 像素。分别清除选中状态的【显示网格】、【对齐网格】命令,就会隐藏网格。

3．显示和隐藏辅助线

选择菜单栏中的【视图】|【辅助线】命令,其级联子菜单中有【显示辅助线】、【锁定辅助线】、【对齐辅助线】、【编辑辅助线】命令。若选取【编辑辅助线】命令,则出现编辑【辅助线】的对话框,允许设定辅助线的各种参数。

在【颜色】区域允许设置辅助线的颜色,默认为绿色;选中【显示辅助线】左边的复选框时,将在文档窗口中显示辅助线,清除该复选框,则隐藏辅助线;选中【对齐辅助线】左边的复选框,则同【对齐网格】特性类似;选中【锁定辅助线】左边的复选框,就可以将文档中的辅助线锁定,不会被任意修改,清除该复选框,则文档中的辅助线可以被任意修改。要使用辅助线可以直接将其从标尺拖到画布上。清除选中状态的【显示辅助线】就会隐藏辅助线。

注意：要在文档窗口中使用辅助线,必须首先显示标尺。

2.2.5 掌握【历史记录】面板的使用方法

通过【历史记录】面板可以查看、撤销、重复和保存文档中所执行的操作。该面板默认保留前 20 步的操作,可通过选择菜单栏中的【编辑】|【参数选择】命令,重新设定记录步骤的数目。

1．撤销操作

拖动【历史记录】面板左下角的历史步骤滑块,向上可以撤销一步或几步操作,向下可以恢复撤销的操作。撤销的操作将以灰色背景显示。

2．重复操作

按住 Ctrl 键选中要继续的不连续的操作(或按住 Shift 键,选中连续的多个操作步骤),单击【历史记录】面板底部的【重放】按钮,即可在当前文档中重复这些操作。

3．保存操作

选择需要保存的操作,单击【历史记录】面板下的"将步骤保存为命令"按钮 ▣ ,在打开的对话框中键入命令的名称,然后单击【确定】按钮,即可将步骤保存为命令。当需要再次使用保存的自定义命令时,只要在菜单栏【命令】中选择保存的命令名称即可。

2.3 典型范例的分析与解答

例 2.1 制作如图 2-1 所示的样张。

制作分析：本例主要是综合利用布局工具,如标尺、辅助线以及网格的精确定位功能,完成图像指定大小区域的制作。同时,还要善于利用网格和辅助线的吸附功能,即对齐功能。

操作步骤如下：

(1) 选择【文件】|【打开】命令,找到本章素材文件夹中的 tu0.jpg 文件,以未命名方式打开。

图 2-1 梵高的画

（2）选择【视图】|【标尺】命令，在该文档窗口显示标尺，此时，画布的左上角对应标尺的(0,0)位置。从上方标尺处拖出一条辅助线到标尺上显示 20 像素处，再拖出一条辅助线到标尺上显示 220 像素处，同样，从左方标尺处拖出一条辅助线到标尺上显示 100 像素处，再拖出一条到 300 像素处。选中【锁定辅助线】和【对齐辅助线】，注意不要显示网格以及对齐网格。单击工具箱中的【导出区域工具】圆，如图 2-2 所示，选取辅助线交叉中的区域。

图 2-2 显示辅助线及导出区域的文档窗口

（3）在上面图像的任意位置处，单击鼠标右键，显示快捷菜单，单击菜单中的【导出区域】项，打开【图像预览】对话框，单击【导出】按钮，即可导出选中区域的图像，将其命名为 tu0parts.jpg，保存到本章结果文件夹中。

（4）用同样的方法获取 tu1.jpg、tu2.jpg 和 tu3.jpg 文件中的 200×200 像素的区域（选取区域的位置自定），将他们分别命名为 tu1parts.jpg、tu2parts.jpg 和 tu3parts.jpg，保存到本章结果文件夹中。

（5）选择【文件】|【新建】命令，新建一【宽度】和【高度】均为 400 像素，背景色为白色，【分辨率】为 72 像素/英寸的画布。选择【视图】|【网格】命令，在该文档窗口显示网格，选中级联菜单中的【对齐网格】和【编辑网格】命令，在【编辑网格】对话框中，设置网格间距为 200 像素（水平间距）$\times 200$ 像素（垂直间距）。此时，画布区域被分为 4 个 200×200 像素的区域。

（6）分别选择【文件】|【导入】命令，沿四个网格的顺时针方向，依次导入本章结果文件夹中的图像文件 tu0parts.jpg～tu3parts.jpg。

（7）选择【文件】|【保存】命令，将文件保存到本章结果文件夹中，取名为"梵高的画.png"。选择【文件】|【图像预览】命令，将该文件导出并保存到本章结果文件夹中，文件名为"梵高的画.jpg"。

注意：辅助线必须是在带有标尺的文档窗口中创建。

例 2.2 将本章素材文件夹中的 tu1.jpg～tu5.jpg 这 5 个文件的大小均改为 300×300 像素，并将他们重命名为以 new 开始、u 改为 v 的形式（如 newtv1），以 GIF 的格式保存到本章结果文件夹中。

制作分析：本例主要是利用批处理命令完成所选中的文件的格式转换、大小及名称的改变，对多个进行同样操作的文件，可直接利用批处理脚本文件来完成。

操作步骤如下：

（1）选择【文件】|【批处理】命令，在【批次】对话框中，选中本章素材文件夹中的 tu0.jpg 文件，单击【继续】按钮，在打开的【批处理】对话框中，在【批次选项】中分别选中【导出】、【缩放】、【重命名】3 项，并添加到【批处理中包含】列表框中，如图 2-3 所示。

（2）其中，【导出】的设置项为【GIF 最合适 256】，【缩放】的设置项为【缩放到大小】，设置宽和高值分别为 300 像素。【重命名】的设置项如图 2-3 所示。

（3）单击【继续】按钮，进入批处理保存状态，选中【自定义位置】，将批次输出的结果保存到本章结果文件夹中。

（4）单击【保存脚本】按钮，将当前的批处理选项，保存到 jsf 批处理脚本中，脚本文件名为 example2_2.jsf，保存位置为本章结果文件夹。

（5）单击【批次】按钮，完成批处理操作。此时，在本章结果文件夹中存在文件 newtv0.gif 和 example2_2.jsf。

（6）选择【命令】|【运行脚本】命令，选中本章结果文件夹中的 example2_2.jsf 文件，单击【打开】按钮，在【要处理的文件】的对话框中，选择【自定义】列表项，如图 2-4 所示。在【打开】对话框中，同时选取本章素材文件夹中的图片文件 tu2.jpg～tu5.jpg。单击【完成】按钮，在【要处理的文件】的对话框中的单击【确定】按钮，完成批处理操作。

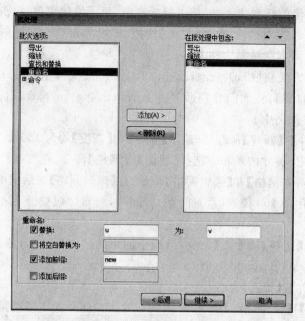

图 2-3 【批处理】对话框

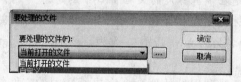

图 2-4 【要处理的文件】对话框

2.4 课内实验题

注意：实验中要打开的文件都在本章素材文件夹中，实验结果都保存在本章结果文件夹中。

1. 创建和修改画布

（1）创建【宽度】为 400 像素，【高度】为 350 像素，【画布颜色】为【透明】，【分辨率】为 96 像素/英寸的画布。

（2）打开 tu0.jpg 文件，并将图像的大小调整为 300×200 像素，将图像文件 tu0.jpg 的左上角与画布的左上角对齐，将画布底部多余部分裁剪掉，保存文件名为 regtu0.jpg。

（3）利用两个窗口同时打开 regtu0.jpg，将其中一个窗口中的画布的【分辨率】改为 72 像素/英寸，【画布颜色】改为 ♯FFFFFF。对比两个窗口中的图像，观察有何变化。

操作提示：

（1）图像大小的调整，选择【修改】|【画布】|【图像大小】命令，去掉约束比例项。

裁减多余画布有多种方法：选择【修改】|【画布】|【画布大小】命令，在【画布大小】对话框中，输入画布的新尺寸，选中【锚定】域左上角的锚定标记；选择【修改】|【画布】|【符合

画布】命令;选择【修改】|【画布】|【修剪画布】命令。

（2）Fireworks 8 允许用多个窗口打开同一个文件。多次选择【文件】|【打开】命令,
选择需要的同一个文件即可,如图 2-5 所示。画布颜色的修改,选择【修改】|【画布】|【画
布颜色】命令。重新设定画布的分辨率,选择【修改】|【画布】|【图像大小】命令。

图 2-5 多窗口显示同一文件

2. 图像的基本编辑操作

（1）在"1. 创建和修改画布"中图像编辑的基础上完成以下操作,实现图像文件 tu0.
jpg 水平翻转、垂直翻转、顺时针旋转 90°、逆时针旋转 90°等。

（2）打开 tu5.jpg 文件,将 tu5.jpg 缩小 50%,并将缩小后的 tu5.jpg 拖入 tu0.jpg 的
文档窗口。

（3）完成 tu0.jpg 和 tu5.jpg 两个图像对象叠放次序的交换。并将两个图像对象分
别按左上角对齐、再按右下角对齐。

操作提示:

（1）对对象进行变换,选择【修改】|【变形】级联菜单中的相应命令,或者选择【窗口】|
【工具栏】|【修改】命令,打开【修改】工具栏,如图 2-6 所示。选中图像文件后,分别单击
【修改】工具栏上相应的按钮可完成部分的变换操作。

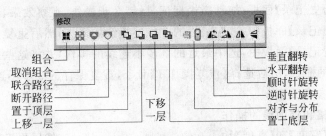

图 2-6 【修改】工具栏

（2）对对象进行叠放次序的交换,选择【修改】|【排列】级联菜单中的相应命令。对对
象进行对齐的操作,选择【修改】|【对齐】级联菜单中的相应命令,或通过【修改】工具栏中

的相应按钮来完成。

3. 导入和打开、导出和保存图像文件

(1) 打开 tu0.jpg 文件,然后再导入文件 tu0.jpg,试比较两次操作的区别。

(2) 打开 tu0.jpg 文件,然后再用"未命名方式"打开文件 tu0.jpg,试比较两次操作的区别。

(3) 在以"未命名方式"打开的 tu0.jpg 的文件中,输入文字"苍茫的大海",设置文字的【字体】为宋体,【大小】为 40 像素,【颜色】为♯FFFF00,【字距】为 20,【文字水平缩放】为 70%,文字选区的位置为 X=100,Y=220。

(4) 将题(3)编辑好的图像保存为 exe2-2.png 文件,并将其导出为 exe2-2.html 文件。

(5) 将题(3)编辑好的图像缩小为原图的 80%,以 70%品质的 JPG 格式,保存为 exe2-3.jpg 文件。

(6) 将题(3)编辑好的图像以 256 色的 GIF 格式,导出为 exe2-2.gif 文件。

操作提示:

(1) 在图像中输入文字,选择工具栏中的文本工具 **A**,在图片的任意位置处单击,输入要写入的文字,如"苍茫的大海",在【属性】面板中可输入需要的各项参数对输入的文字进行各项设置,如图 2-7 所示。

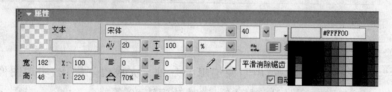

图 2-7 【属性】面板中各项参数的设置

(2) 在【导出】对话框的【导出】列表项中选择"HTML 和图像",即导出为 exe2-2.html 文件,此时实验结果除了生成 exe2-2.html 文件外,还生成了 exe2-2.jpg 文件。

(3) 通过【文件】|【图像预览】可以完成图像的优化和修改图像的大小。

注意:JPEG 格式的文件只可以用 24 位颜色保存和输出,它无法通过编辑调色板进行优化设置。因此选择 JPEG 格式时,不显示颜色表。

4. 历史面板的操作

在"2.图像的基本编辑操作"中图像编辑的基础上完成以下【历史记录】面板的操作。

(1) 打开【历史记录】面板,拖动撤销标记,撤销 3 步操作,观察效果,然后再恢复。

(2) 在【历史记录】面板中,选中最近的 3 步不连续的操作,然后重复这些操作。

(3) 在【历史记录】面板中,选中最近的 3 步不连续的操作,并将这些操作保存为名字是【重复操作 1】的命令,然后选择【重复操作 1】命令,重复保存的 3 步不连续的操作。

操作提示:参考 2.2.5。

5. 标尺、网格和辅助线的操作

(1) 新建一【宽度】和【高度】均 400 像素的画布,显示标尺,然后再隐藏标尺。

(2) 显示网格,设置网格【颜色】为♯99FF99,并分别设置网格的水平间距、垂直间距为 50 像素。

(3) 显示辅助线,设置辅助线的【颜色】为♯000000,不选中【对齐网格】,在画布上拖动辅助线,观察其落下的位置;选中【对齐网格】,在画布上拖动辅助线,观察其落下的位置;选中【对齐辅助线】和【锁定辅助线】复选项,在离画布左边和顶边分别为 300 像素和 200 像素处设置辅助线,观察效果后,删除这 2 条辅助线。

操作提示:文档窗口首先显示标尺,才能拖出辅助线。网格对齐功能使得辅助线落下的位置不能太靠近网格,否则,只能吸附到网格上。若删除某些辅助线,可以直接按住要删除的辅助线,将其拖到画布以外的区域即可;若要全部删除,选择【视图】|【辅助线】|【编辑辅助线】命令,在【辅助线】对话框中,单击【清除所有】按钮。

2.5　课外思考与练习题

(1) 导入和打开图像文件的操作有何区别?

(2) 导出和保存图像文件有何区别?

(3) 请区分修改画布大小和修改图像大小这两种操作在结果上有何差别? 选择【修改】|【画布】|【修剪画布】命令与选择【修改】|【画布】|【符合画布】命令这两种操作在结果上有差别吗?

(4) 对于已有图像的画布,重新设定画布的分辨率,就是重新设定图像的分辨率吗? 重新设定图像的分辨率对图像的大小有影响吗?

(5) 如果需要对指定的图像文件重新编辑,但又不能将重新编辑的结果应用于原图像文件时,那么有哪些解决途径?

(6) 当图像超出编辑框时,可用工具栏视图组中的什么工具移动图像?

(7) 在文档编辑窗口中,何处可以设置图像的缩放比例? 请分别以 150%、100%、50% 的缩放比例的窗口,打开本章素材文件夹中的 tu6.jpg 文件,如图 2-8 所示。

图 2-8　同一文件不同缩放比例的窗口

（8）将本章素材文件夹中的 tu0.jpg 文件制成 9 块拼图碎片，碎片大小自定。碎片的名称分别为 tuopics1.jpg,tu0pics2.jpg,…,tu0pics9.jpg,将其保存到磁盘中。

操作提示：利用辅助线和【导出区域工具】。

（9）制作如图 2-9 所示的画布样张。图片 chicken.jpg 处于本章素材文件夹中。

图 2-9　旋转的小鸡

操作提示：小鸡的翻转操作可利用【编辑】|【克隆】+【修改】|【变形】的级联菜单命令完成。

第3章　绘制位图、矢量图与应用文本

3.1　实验的目的

(1) 掌握图形的绘制模式。
(2) 掌握位图操作的常用方法。
(3) 掌握矢量图形绘制的基本方法。
(4) 掌握笔触和填充的设置。
(5) 掌握文本应用的常用方法。

3.2　实验前的复习

3.2.1　图形图像的绘制模式

Fireworks 中有两种图形的绘制模式：位图模式和矢量模式。

位图模式是编辑位图图像时的模式，当选择【文件】|【打开】命令，打开一个位图文件时，就直接进入位图模式，开始位图图形像素的绘制和编辑。

矢量模式是绘制和编辑矢量图形时的模式，当选择【文件】|【新建】命令，新建一个文件时，就直接进入矢量模式，开始矢量图形的绘制。

Fireworks 8 可以在上述两种编辑模式下任意切换，它通过选定工具箱中的不同模式的编辑工具，自动进入合适的编辑模式。

3.2.2　位图操作的基本方法

对位图操作主要是使用位图工具，来绘制、编辑和修饰位图，位图工具存放在工具箱中的位图区域。

1. 选区工具

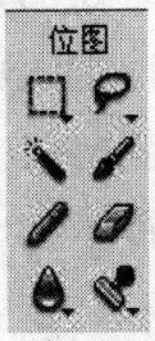

【选取框工具】□、【套索工具】♪ 和【魔术棒工具】＼，都用于选取位图的编辑像素，只有选取了位图的编辑像素后，才可以对位图进行剪切、复制、填充等编辑操作。

图 3-1　位图区域

1)【选取框工具】

单击【选取框工具】图标旁的下拉箭头，其中的不同选项可以设置规则的矩形和椭圆选区。同时，在对应的【属性】面板上，会显示当前选区的大小、坐标位置，可以设置【样式】及【边缘】。按住 Shift 键可以继续添加不重叠的选区，或组合有重叠部分的选区为一个新的选区。按住 Alt 键，会裁剪掉与选区有重叠的部分。

2)【套索工具】

单击【套索工具】,可任意圈画选区,当圈画的起点和终点不重合时,Fireworks 会自动封闭起点和终点。其下拉列表中的【多边形套索工具】图标可设置不规则的多边形选区,按住 Shift 键,可以按水平、垂直、45°角方向选取线段。

3)【魔术棒工具】

单击【魔术棒工具】可选取图像中颜色相似的区域。在对应的【属性】面板上,可设置色彩的容差值和选区被填充后的边缘信息。其中,选取的范围随着容差值增大而增大。

2. 线条工具

【铅笔工具】✐和【刷子工具】✐,都用于直接在画布上画任意线条。

1)【铅笔工具】

单击【铅笔工具】图标可以在画布上绘制单像素的线条,选取该工具,在对应的【属性】面板上,可设置线条的颜色和其他的信息。

注意:若在绘制时,按住 Shift 键,可以绘制出水平、垂直或倾斜的直线。

2)【刷子工具】

单击【刷子工具】图标,只要在画布上按住鼠标进行拖动,就像使用真实的画刷在画布上绘画一样,在对应的【属性】面板上,设置不同的笔触将得到不同的绘画效果,见 3.2.4 节掌握笔触和填充的设置中有关笔触的介绍。

3. 图像修饰工具

当一幅位图编辑好后,有时需要对某些区域或者整体进行修饰。

1)【橡皮擦工具】

单击【橡皮擦工具】✐,在图像上按住鼠标左键并拖动,可擦除位图图像的颜色,删除像素。在其对应的【属性】面板上,可以设置橡皮擦的【大小】、橡皮擦【边缘】的柔度和笔尖大小、橡皮擦的【形状】以及擦除的不透明度。

2)【模糊工具】

单击【模糊工具】◌,在图像上按住鼠标左键并拖动,用于降低像素之间的反差,使图像产生模糊效果。在该工具旁的下拉菜单中还有【锐化工具】、【减淡工具】、【烙印工具】和【涂抹工具】,它们分别用于加深像素之间的反差、改变图像的亮调、改变图像的暗调和移动涂抹处的周围像素。

4. 图像克隆工具

单击【橡皮图章工具】✑,在图像上单击复制的起点,然后拖动鼠标可在图像的任意位置处开始复制。用【橡皮图章工具】可以克隆像素,可以把图像的一个区域克隆到另一个区域中。如克隆像素可应用在有划痕的旧照片的修复、图像上灰尘的去除。在其对应的【属性】面板上,可以设置图章的【大小】、笔触的柔和度【边缘】和【不透明度】等。在该工具旁的下拉菜单中还有【替换颜色工具】和【红眼消除工具】,前者在属性栏的终止的色彩预览框内选择需要的颜色,就可在图像中用此颜色替换。后者可用灰色和黑色替换照片主体中具有红色阴影的瞳孔。

3.2.3　矢量图形绘制的基本方法

Fireworks 8 中包含了许多绘制矢量对象的工具,利用这些工具,是完成矢量对象绘制的基本前提。它们存在于工具箱中的矢量区域,如图 3-2 所示。

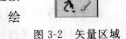

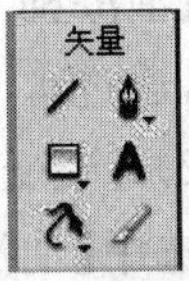

图 3-2　矢量区域

1. 绘制直线

单击工具箱中的【线条工具】，在编辑窗口中线条的起始位置按下鼠标左键并拖曳至线条的结束位置,松开鼠标,即可绘制直线。绘制直线对象时,按住 Shift 键,可约束直线的角度为 45°的倍值。

2. 绘制基本形状和自动形状

单击工具箱中的【矩形工具】右下方的箭头,在显示的列表中,分隔线将其分成了上下两部分。

上面部分称为基本形状,包括【矩形工具】、【椭圆工具】和【多边形工具】,在对应的【属性】面板中可设置填充、笔触和滤镜(见 3.2.4 节掌握笔触和填充颜色的设置,以及 4.2.3 节掌握滤镜的设置方法)。

下面部分称为自动形状,包括【L 形】、【圆角矩形】、【斜切矩形】和【星形】等,除了在对应的【属性】面板中进行类似于基本形状工具属性设置外,还可以在【自动形状属性】(选择【窗口】|【自动形状】命令)面板上进行一些设置。

选择【窗口】|【自动形状属性】命令,显示【形状】面板,在该面板中存在一组较为复杂的智能形状工具,用鼠标单击选定的对象,直接拖曳到画布中,对象上具有多个菱形控制点,通过调节控制点可改变对象的相关属性,还可通过【属性】面板设置。

3. 绘制路径

绘制自由形状的矢量图形时,可以使用工具箱中的【钢笔工具】或者【矢量路径工具】来实现。

利用【钢笔工具】绘制直线段,在编辑窗口单击每个点时,矢量对象的路径从单击的最后一个点自动进行绘制。使用【钢笔工具】绘制曲线,在编辑窗口单击鼠标左键确定第一个点,在合适的位置单击并拖动鼠标直至产生的线段为合适的曲率时松开鼠标,就可以确定第二个点,同样的操作可以确定其他的点,直至绘制出所需的图形。贝塞尔曲线就是由【钢笔工具】绘制出的根据数学公式推导的平滑曲线段。

3.2.4　笔触和填充的设置方法

在进行路径绘制之前,可以在颜色区域中,先设置笔触的颜色和填充的颜色,如图 3-3 所示。

1. 取色

【滴管工具】具有取色功能,可以从图像中选取颜色来指定一种新的笔触颜色或填充色。在其对应的【属性】面板上,在【示例】的下拉框中有 3 个可选项:

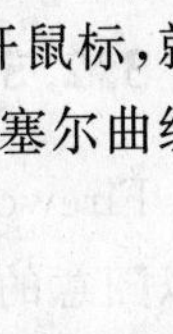

- 【1 像素】:指 1 像素的颜色。
- 【3×3 平均】:指 3×3 像素区域内的平均颜色值。

图 3-3　颜色区域

- 【5×5 平均】：指 5×5 像素区域内的平均颜色值。

2. 填充

1)【油漆桶工具】

【油漆桶工具】具有填充功能，可以把需要的颜色填充到选中的区域中。在颜色区域中，通过设置需要填充的颜色，或直接在【属性】面板中设置。

2)【渐变工具】

选中【油漆桶工具】旁下拉菜单中的【渐变工具】，在对应的【属性】面板上，显示了12 种填充样式，如【放射状】、【圆锥形】、【线性】填充等(见图 3-4)。同时，还可以设置几十种纹理。

3. 笔触的设置

单击颜色域中的下拉箭头，就可以设置笔触的颜色(见图 3-5)，当选定一种绘图工具后，如选中钢笔工具绘图时，在对应的【属性】面板中，就显示了笔触的设置项。

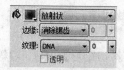

图 3-4　填充的设置项

图 3-5　笔触的设置项

单击【1 像素柔化】旁的下拉菜单，会显示 12 种笔触，包括【铅笔】、【喷枪】等笔触，每种笔触的级联菜单中，又有该笔触不同的样式。单击下拉菜单中的【笔触选项】按钮，在打开的对话框中，会有针对【1 像素柔化】笔触(或其他事先选定的笔触)的各项设置，如【笔尖】大小、【纹理】以及【笔触相对于路径的位置】设置等。单击该对话框中的【高级】按钮，会显示编辑【1 像素柔化】笔触(或其他事先选定的笔触)的对话框，即【编辑笔触】对话框，包括有【选项】、【形状】和【敏感度】3 个选项卡，展开后，可对笔触的属性重新编辑。

注意：创建自定义的纹理，通常是将具有 PNG、GIF、JPEG、BMP、TIFF、PICT(仅限于 Macintosh)格式的文件用作纹理。

3.2.5　掌握文本应用的常用方法

Fireworks 中的文本编辑非常方便，单击矢量区域(见图 3-2)中的【文本工具】A，就可以随意的输入并编辑各种文本，并且可在对应的【属性】面板中设置相应的参数，如字体的样式、大小、颜色、对齐方式以及滤镜效果的设置等，如图 3-6 所示。

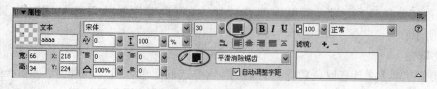

图 3-6　文本的【属性】面板

1. 输入和编辑文本

输入和编辑文本有两种方式：一种是单击 A 后，在画布中单击，使文本框处于编辑状

态,输入文本内容,在【属性】面板中编辑文本属性;另一种是选中文本框后,选择【文本】|【编辑器】命令,打开【文本编辑器】对话框,在该对话框中,不仅可以输入和编辑文本内容,还可以编辑文本属性。

2. 操作文本

以下的操作,前提是均要选中编辑好的文本对象。

1)文本的变形

单击工具箱选择区域中的【缩放工具】、【倾斜工具】和【扭曲工具】,可以缩放、倾斜和扭曲文本。

2)文本的转换

选择【文本】|【转换为路径】命令,此时的文本不再具有文本编辑功能,只能像路径一样被修改。

3)文本的特效

(1)应用笔触。单击图 3-6 中下面一个被圈住部分的下拉箭头,就可以选择笔触。具体请见 3.2.4 掌握笔触和填充的设置中有关笔触的介绍。

(2)应用填充。单击图 3-6 中上面一个被圈住部分的下拉箭头,单击打开的下拉框中的最下方【填充选项】按钮,有【无】、【实心】、【网页抖动】、【渐变】和【图案】5 种填充类别。除了【无】以外,其他的 4 项,都有对应的属性设置,如【边缘】、【纹理】等的设置。

(3)应用滤镜。单击图 3-6 中【滤镜】旁的下拉列表,选择其中的各项命令,可以使文本产生特效,具体见 4.2.3 节。

(4)应用样式。应用样式,就是在文本对象上快速应用笔触、填充和滤镜特效等属性组合。

选择【窗口】|【样式】命令,显示样式面板,其中的样式就可直接应用于文本。

3. 附加文本到路径

选中编辑好的文本和绘制好的路径,选择【文本】|【附加到路径】命令,默认情况下,从文本相对路径的起始位置处,方向是【依路径旋转】。

选择【文本】|【方向】级联菜单中的各项命令,可以产生文本的不同方向。

文本附加到路径后,此时的文本仍然具有文本编辑功能,同时属性面板中增加了一个文本偏移的属性。

选择【文本】|【从路径分离】命令,可以恢复原先状态的路径和文本。

3.3 典型范例的分析与解答

例 3.1 制作如图 3-7 所示的五彩挂饰样张。

制作分析:本例主要是利用渐变条上颜色块的添加、删除,使操作对象达到五彩缤纷的效果。

操作步骤如下:

(1)新建一画布,【宽度】和【高度】均为 400 像素、背景色和分辨率自定。

(2)单击工具箱中的【多边形工具】,在对应的【属性】面板的【形状】下拉列表中选择

【星形】选项,在【边】旁的文本框中输入 6,【角度】旁的文本框中输入 32;笔触为【无】,【填充类别】为【实心】,填充色自定。在画布上拖动鼠标,拖曳一个合适大小的星形,如图 3-8 所示。

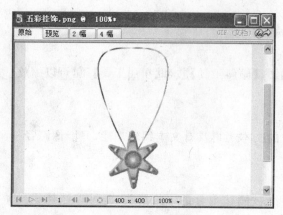

图 3-7　五彩挂饰

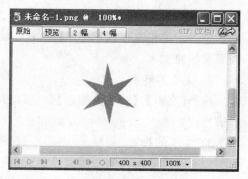

图 3-8　利用【多边形工具】绘制的星形

　　(3) 选中星形,在对应的【属性】面板中,设置【填充类别】为【放射状】,单击其左边的 ,弹出编辑渐变色条框,如图 3-9 所示。

　　(4) 在渐变色条上单击,便会增加一个颜色块,单击该色块,便会出现颜色选择框,选择想要的颜色即可。为了使五彩缤纷的效果更明显,可以多加几个色块,并且为每一个色块选择不同的颜色,如图 3-10 所示。颜色选定后,画布中的星形对象就变得五彩缤纷了。

图 3-9　编辑渐变色条

　　(5) 选中五彩缤纷的星形,单击【效果】旁的按钮 ✚,在弹出的快捷菜单中选择【斜角和浮雕】|【外斜角】命令,设置效果为"平滑"、【宽度】为 4 、【按钮预设】为"高亮显示的"、颜色为#9966FF、其他参数默认。

　　(6) 单击工具箱中的【钢笔工具】,画出如图 3-11 所示的曲线。

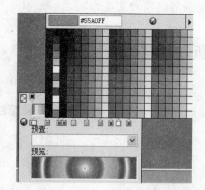

图 3-10　增加多个色块并为其设定颜色

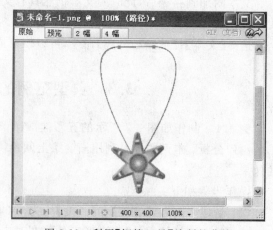

图 3-11　利用【钢笔工具】绘制的曲线

（7）选中该曲线，在对应的【属性】面板中，设置笔触为【铅笔】|【1像素柔化】，颜色自定。

（8）选择【修改】|【改变路径】|【扩展笔触】命令，在弹出的【展开笔触】对话框中，将【宽度】设为1像素（因为是将1像素宽的曲线加上色彩缤纷的颜色），其他按图3-12所示设定。单击【确定】按钮，画布中的曲线对象就变粗了。

图3-12 【展开笔触】对话框

（9）再在对应的【属性】面板中，设置笔触为【无】，设置【填充类别】为【线性】，单击其左边的，弹出编辑渐变色条框，在渐变色条上多次单击，增加多个颜色块，以便选择想要的颜色，具体操作请参考本例操作步骤（4）。

（10）颜色选定后，画布中的曲线对象就变得五彩缤纷了，将其取名为"五彩挂饰.jpg"，并保存到本章结果文件夹中。

例3.2 制作如图3-13所示的枫叶画。

制作分析：本例主要是利用【钢笔工具】和【线性】填充功效完成一片枫叶的制作。利用【克隆】和【数值变形】制作出多片枫叶。显示在画布上的文本，利用了【文本】|【附加到路径】命令，同时应用了笔触。

操作步骤如下：

（1）新建一画布，宽度×高度设为200×300像素，背景色为白色，【分辨率】设为72像素/英寸。

（2）单击工具箱中的【钢笔工具】，在画布上绘制枫叶的路径，如图3-14所示。绘制完毕后，可通过【钢笔工具】在路径上单击，增加控制点，再利用选择区域中的【部分选定工具】，以对枫叶进行调整，使之更逼真。

图3-13 枫叶画

图3-14 枫叶路径的绘制

（3）单击【渐变工具】，选择【线性】填充，编辑如图 3-15 所示的渐变色块。其中最左方色块的颜色值为＃993300，最右方色块的颜色值为＃996600，中间的色块自行添加直到协调为止。设置笔触的颜色为＃996600。将其保存到本章结果文件夹中，命名为"一片枫叶.jpg"。

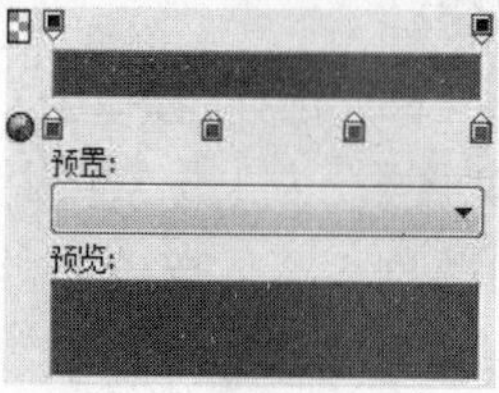

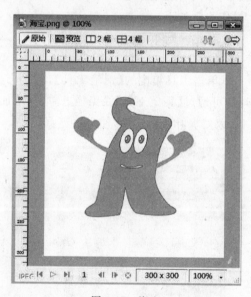

图 3-15　编辑渐变色块

（4）选中绘制好的枫叶对象，将其缩小到合适大小，多次克隆枫叶，分别选中，选择【修改】|【变形】|【数值化变形】命令，输入不同的旋转角度，就得到不同角度的枫叶。

（5）单击文本工具，在对应的属性面板中，单击 按钮（设置【文本方向】为【垂直方向从右向左】），在画布上输入"停车坐爱枫林晚，霜叶红于二月花"。

（6）画出如图 3-16 所示的路径，同时选中文本和路径，选择【文本】|【附加到路径】命令，即将文本按路径方向排列。

（7）选中该文本，应用笔触。设置笔触【蜡笔】，各项【属性】参数为【倾斜】、【笔尖大小】为 1、【纹理】为【五彩纸屑】以及笔触相对于路径的位置设为【路径内】。也可自定笔触选项和各项【属性】参数。文件名为"枫叶.png"，并保存到本章结果文件夹中。

例 3.3　制作如图 3-17 所示的海宝。

图 3-16　文本与路径

图 3-17　海宝

制作分析：本例主要是综合利用制作和修饰路径的工具，如【钢笔工具】、【部分选定工具】和【自由变形工具】，完成海宝的制作。

操作步骤如下：

（1）新建一画布，宽度和高度均设为 300 像素，背景色设为白色，【分辨率】设为 72 像素/英寸。

（2）利用【钢笔工具】制作如图 3-18 所示的海宝轮廓，不设置填充色，设置笔触的颜色为♯7CCEF3。

（3）继续利用【钢笔工具】和【部分选定工具】修整图3-18，使轮廓更柔滑，并填充颜色为♯7CCEF3。放大图像到300%，利用【椭圆工具】画出海宝的眼睛：外圆填充白色，中间圆填充颜色为♯7CCEF3，最内层圆填充白色。选中这些圆组成的眼睛，将他们旋转15°。再克隆一个眼睛，如图3-19所示排列。用【椭圆工具】画出海宝的嘴，单击工具箱中的【自由变形工具】，用鼠标推拉嘴部路径，如图3-19所示。

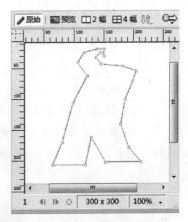

图3-18 海宝轮廓路径

（4）继续利用【钢笔工具】，绘制海宝的手，并利用相关的工具修饰手路径，如图3-20所示。

（5）将制作好的手贴于海宝的腰身，选中所有的对象，选择【修改】|【组合】命令，将对象组合到一起，文件取名为"海宝.png"，并保存到本章结果文件夹中。

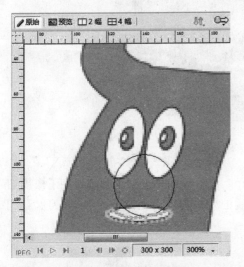

图3-19 【自由变形工具】的使用

图3-20 手的绘制

3.4 课内实验题

1. 位图的编辑操作

（1）在工作区建立一个背景色为白色、大小为400×300像素的画布，导入本章素材文件夹中的campus1.jpg，将画布设置为符合图像大小。并用裁剪工具将图像裁剪为360×280像素，将其保存到磁盘上，命名为exe3-1.jpg。

（2）用【模糊工具】处理图像上的文字"晨读"，然后用【锐化工具】处理图像上的文字"晨读"，试观察比较两种工具处理图像的不同结果。

（3）对图像中树干部分用【减淡工具】和【加深工具】分别作减淡和加深处理,试观察比较两种工具处理图像的不同结果。

（4）用【涂抹工具】处理图像上的文字"晨读",并观察涂抹处理后的结果。

（5）用【橡皮擦工具】擦除图像上的文字"晨读",用【橡皮图章工具】修补被擦除的颜色,并缩小为原图的 70%,将其保存到磁盘上,命名为 exe3-2.jpg。

（6）用【椭圆选取框工具】选取 330×250 像素的椭圆形区域,并设置 30 像素的羽化半径,如图 3-21 所示,将其保存到磁盘上,命名为 exe3-3.jpg。

（7）用【套索工具】和【多边形套索工具】,分别选取图 3-21 中左、右两个坐姿人物,并将他们复制到新创建的画布中,并观察效果。

图 3-21　添加羽化效果的图像

（8）打开本章素材文件夹中的 campus2.jpg 文件,如图 3-22(a)所示。用【橡皮图章工具】为枯树添加树叶,应用【橡皮图章工具】后的效果如图 3-22(b)所示,将其保存到磁盘上,命名为 exe3-4.jpg。

(a)　　　　　　　　　　　　　　　　(b)

图 3-22　【橡皮图章工具】应用前后效果图

（9）打开本章素材文件夹中的 campus3.jpg 文件,用【魔术棒工具】选取"钟楼"建筑以外的天空,如图 3-23(a)所示。然后利用反选,选取"钟楼"建筑,如图 3-23(b)所示。将"钟楼"建筑复制到新建的画布中,并将新画布中的对象缩小 50%,将其保存到磁盘上,命名为 exe3-5.jpg。

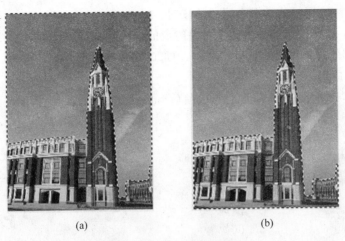

(a)   (b)

图 3-23 【魔术棒工具】选取对象

操作提示：

(1) 工具箱中的【裁剪工具】■ 可以裁剪对象中的某一合适区域,将其他部分裁剪掉。裁剪对象的大小,可在裁剪区对应的【属性】面板中,输入宽和高,然后按 Enter 键确定。

(2) 当用选区工具选取要制作部分的图像的羽化效果时,一定要记着反选,然后在对应的【属性】面板中设置【边缘】为羽化。

2. 基本矢量图形的绘制

画出图 3-24 中所示的各种多边形及圆形(填充颜色设为♯FFCC00),将其保存到磁盘上,命名为 exe3-6.jpg。

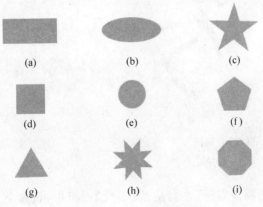

(a)   (b)   (c)

(d)   (e)   (f)

(g)   (h)   (i)

图 3-24 各种多边形图形

操作提示：参考 3.2.3 节掌握矢量图形绘制的基本方法中的绘制基本形状和自动形状,其中多边形的制作参考例 3.1。

3. 填充的应用

制作如图 3-25 所示的具有金属感的按钮。

操作提示：这些按钮都是由两个对象组成的,外面的对象是圆角矩形或圆形,内部的对象是圆,外部的对象填充的是星状放射,内部的对象填充的是线性渐变。

4. 笔触的应用

(1) 绘制一个如图 3-26 所示的彩边圆角矩形,完成操作后,将其保存到磁盘上,命名为 exe3-7.jpg。

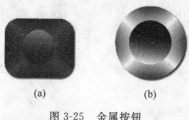

(a)　　　　　(b)

图 3-25　金属按钮

图 3-26　彩边圆角矩形

(2) 利用钢笔和画圆工具,画出如图 3-27 所示的图形,完成操作后,将其保存到磁盘上,命名为 exe3-8.jpg。

(3) 修改图 3-27(b)的图形,将上边圆形图的参数【笔尖大小】改为 30、【纹理】为【网格线 1】;将抛物线形状的图像改为红色、【纹理】为【钢琴键】、【纹理总量】为 60%;将垂直形状的图像改为黄色、【边缘柔化】为最高、【纹理】为【旋绕】。观察修改后的结果,将其保存到磁盘上,命名为 exe3-9.jpg。

(4) 画出图 3-28 所示人的头像,将其保存到磁盘上,命名为"人头.png"。

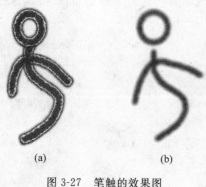

(a)　　　　　(b)

图 3-27　笔触的效果图

图 3-28　人的头像

操作提示:

(1) 选中无填充的圆角矩形,在对应的【属性】面板中,设置笔触为【随机】|【五彩纸屑】,设置颜色避开黑、白、灰即可。通过【笔尖大小】的设置,可控制圆角矩形五彩纸屑的边宽。【纹理】及【纹理总量】的设置,可控制每一片纸屑的填充样式和填充的数目。

(2) 利用笔触的相应设置完成图 3-27 的制作。选择笔触为【非自然】|【3D 光晕】,【纹理】为【草】,完成左图的制作,并在【编辑笔触】对话框中的【选项】项,设置【间距】为 20%、【笔尖】为 4、【笔尖间距】为 30%。

（3）首先用【钢笔工具】做出脸部轮廓，再继续利用【钢笔工具】、【部分选择工具】和【自由变形工具】进行适当调整。在对应的【属性】面板中，选择笔触为【随机】|【点】，【纹理】为 DNA。在【编辑笔触】对话框中设置自行设置【间距】、【笔尖】和【笔尖间距】的数量，并观察。仍然利用制作脸部轮廓的笔触，用钢笔工具画出五官。

3.5　课外思考与练习题

（1）请通过实验操作来比较【钢笔工具】 和【矢量路径工具】 在绘制自由形状的矢量图形时的区别。

（2）在画布上绘制了某个对象，如何能精确地知道该对象的宽度、高度和坐标位置？

（3）尝试用 12 种笔触类型和 52 种纹理来绘制对象。

（4）如何改变填充效果中的渐变色？

（5）将文本转化为路径和将文本附加到路径上，在文本编辑上有何区别？

（6）仿照 3.4 节实验的内容中的填充的应用，制作出其他形状和颜色的金属按钮。

（7）请制作如图 3-29 所示的邮票，将制作结果保存为"邮票.png"。

图 3-29　邮票

操作提示：锯齿边的制作：利用笔触【喷枪】|【基本】，设置笔触的颜色为白色、【笔尖】大小为 7、【边缘】柔化度为 0。单击【基本】的【笔触选项】对话框，单击【高级】按钮，弹出【编辑笔触】对话框，打开【选项】选项卡，修改【间距】为 140%，其中的海宝图像是例 3.3 的制作结果。

第4章 图层、对象与蒙版

4.1 实验的目的

(1) 掌握 Fireworks 8 图层的应用技巧。
(2) 掌握 Fireworks 8 的蒙版技术及其应用。
(3) 掌握滤镜设置的方法。
(4) 掌握效果应用的方法。

4.2 实验前的复习

4.2.1 Fireworks 8 的图层基础

Fireworks 中的图层,主要是用于处理图像在空间的上下位置的摆放关系。一个图像可看成是处于多个层次的图像,被合并到一个图层上之后形成的。掌握这点,就可把一个图像的多个部分,分别在不同的层次中完成,完成之后,再合并到一个图层中。

在图层面板中,有很多操作选项,这里只介绍部分选项的意义。

1. 重制层

在网页层的下面添加一个新图层,此图层的内容与当前选定图层的内容相同。选中要复制的图层,单击【层】面板中的按钮,在弹出的菜单中选择【重制层】命令,打开【重制层】对话框,如图 4-1 所示。通过这个对话框,可以设置要添加图层的数量和插入新图层的位置。

图 4-1 【重制层】对话框

2. 共享此层

在制作动画时,若某一个图像在各个帧中都存在,并且不改变,为了操作方便,可以将此层设置为所有帧共享的图层。

3. 单层编辑

这是一个选择开关,选中时,可以把图层的操作限制与当前层,从而避免了对其他层的误操作。

4. 锁定全部

除了对某个图层可以锁定外,选中该选项,可以锁定所有的图层。

4.2.2 Fireworks 8 的蒙版技术及其应用

1. Fireworks 8 中的蒙版类型

在 Fireworks 中,根据所使用对象的不同,蒙版类型分为矢量蒙版和位图蒙版。

1) 矢量蒙版

当用矢量绘图工具绘制的对象被使用时,创建的就是一个矢量蒙版,该矢量蒙版对象会根据自己的路径形状,对被遮盖对象的可视区域进行裁剪。矢量蒙版包括矢量图形蒙版和文字蒙版。

2) 位图蒙版

当使用可用于编辑蒙版的位图工具创建对象时,得到的就是一个位图蒙版,Fireworks 8 中的位图蒙版是以蒙版对象中的像素来影响被蒙版所蒙盖的对象的可视区域的。位图蒙版被应用的方式有两种:一是使用一个已有的位图图片作为蒙版,这种方法的具体操作步骤和矢量蒙版的应用方法比较相似;另一种方法是使用空蒙版。

2. 蒙版的创建

1) 创建蒙版的两种命令

【粘贴为蒙版】和【贴入内部】的命令均可创建蒙版,但它们执行的操作是不同的。

(1) 选择【粘贴为蒙版】的命令创建蒙版,则可按以下的操作步骤进行:

① 选择想要作为蒙版的对象,按住 Shift 键,可选择多个要作为蒙版的对象。

② 将所创建的蒙版对象移动到所需要的位置。用来做蒙版的对象,可以放在被遮盖对象的前方或后方。

③ 选择【编辑】|【剪切】命令,把想要作为蒙版的对象剪切下来。

④ 选择希望被应用蒙版的对象(若有多个对象希望被应用蒙版,则这些对象必须先被组合在一起)。

⑤ 粘贴蒙版,可以选择两种方式:第一种选择【编辑】|【粘贴为蒙版】命令;第二种选择【修改】|【蒙版】|【粘贴为蒙版】命令。

(2) 选择【贴入内部】的命令创建蒙版时,则可按以下的操作步骤进行:

① 选中要作为蒙版内显示内容的一个或多个对象。

② 将被显示对象移动到合适的位置。

③ 选择【编辑】|【剪切】命令,将被显示对象剪切下来。

④ 选中要作为蒙版的对象,然后选择【编辑】|【贴入内部】命令。

2) 创建蒙版的两种命令之间的不同

选择【粘贴为蒙版】和【贴入内部】的命令所产生的效果虽然比较相似,但仍有不同之处:

(1) 选择【粘贴为蒙版】命令时,剪切和粘贴的对象是要作为蒙版的对象。而【贴入内部】命令则恰恰相反,剪切和粘贴的对象是要被遮盖的对象。

(2) 对于矢量蒙版,若选择【粘贴为蒙版】的命令操作时,默认情况下,矢量蒙版对象本身的外框是不会出现的,但可以在其对应的【属性】面板中,通过【显示填充和笔触】的复选框的选择来决定是否显示外框。而【贴入内部】命令不会影响矢量蒙版对象本身的外框。

4.2.3　Fireworks 8 的滤镜及其设置方法

Fireworks 8 中有功能强大的的滤镜,可用来改善图像效果,也可以优化和增强矢量对象、位图图像和文本对象的视觉效果。

打开滤镜菜单的方式有两种:一种是单击菜单栏上的【滤镜】,如图 4-2(a)所示;另一种是单击【属性】面板中的【添加动态滤镜或选择预设】┿按钮，如图 4-2(b)所示。

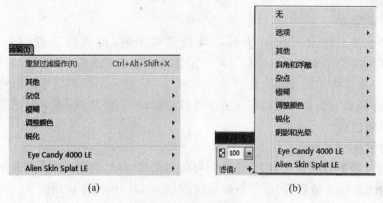

(a)   (b)

图 4-2 【滤镜】菜单

1. 内置滤镜

Fireworks 中的内置滤镜有以下常用的种类。

1)【其他】滤镜

Fireworks 8 中将一些不便于分类的滤镜统称为【其他】滤镜，包括【查找边缘】滤镜和【转换为 Alpha】滤镜。前者会勾勒出有着鲜明颜色反差的图像边界，后者是将图像中被选择的部分作为 8 位灰度的图像存放。

2)【杂点】滤镜

该滤镜只有一种【新增杂点】滤镜，通过杂点数量的设置，会在对象表面均匀的分布许多杂乱的像素点。

3)【模糊】滤镜

该滤镜包括有【放射状模糊】滤镜、【模糊】滤镜、【缩放模糊】滤镜、【运动模糊】滤镜、【进一步模糊】滤镜和【高斯模糊】滤镜。它们使图像产生柔化、模糊朦胧效果。

4)【调整颜色】滤镜

该滤镜包括【亮度\对比度】滤镜、【反转】滤镜、【曲线】滤镜、【自动色阶】滤镜、【色相/饱和度】滤镜、【色阶】滤镜和【颜色填充】滤镜。他们可调节图像的亮度、色调、色阶。

注意：菜单栏上的【滤镜】|【调整颜色】中没有【颜色填充】滤镜这一项。

5)【锐化】滤镜

该滤镜包括【锐化】滤镜、【进一步锐化】滤镜和【钝化蒙版】滤镜。这些滤镜是为了增大对象边缘两侧像素之间的对比度，从而达到增强局部细节的效果。

6) Eye Candy 4000 LE 滤镜

该滤镜是 Fireworks 8 中内置的一个 Eye Candy 4000 的精简版本，它包括 Bevel Boss 滤镜、Marble 滤镜和 Motion Trail 滤镜。

其中 Bevel Boss 滤镜主要用于生成图像的斜边和浮雕效果，在这个滤镜中还包括有各项参数的设置，如【Basic】设置（基本参数设置）、Lighting 设置（照明设置）以及 Bevel Profile 设置（斜边轮廓设置）。

Marble 滤镜主要用于在图像区域中生成大理石形状的花纹,在打开的 Marble 滤镜对话框中可以设置有关大理石纹理的各项属性。

Motion Trail 滤镜要用于生成对象的运动轨迹,在打开的 Motion Trail 滤镜对话框中可以设置运动轨迹的各项属性,如运动轨迹的方向、长度、不透明度等。

2. 外部滤镜

选择【编辑】|【首选参数】命令,打开【首选参数】对话框,在该对话框中选择【文件夹】选项卡,勾选【Photoshop 增效工具】,打开【选择 Photoshop 插件文件夹】对话框,选择需要的滤镜文件。

重新启动 Fireworks 8 后,Photoshop 滤镜就会添加到【滤镜】菜单中。

取消【文件夹】选项卡中【Photoshop 增效工具】前的复选框,就可删除 Photoshop 滤镜。

4.2.4 Fireworks 8 的效果及其应用

Fireworks 8 中除了滤镜效果以外,还有【斜角和浮雕】(其级联菜单中的各项内容)、【阴影和光晕】(其级联菜单中的各项内容)。在 Fireworks 8 中,将【斜角和浮雕】、【阴影和光晕】以及【滤镜】统称为特效。特效是可以应用于矢量对象、位图图像和文本对象。

1. 斜角和浮雕效果

【斜角和浮雕】存在的位置,如图 4-2(b)所示,其级联菜单中包括【内斜角】、【凸起浮雕】、【凹入浮雕】和【外斜角】。选择【斜角和浮雕】的各级联菜单命令,可以编辑相应的效果设置,如【斜角边缘形状】的设置、【对比度】的设置、【柔和度】的设置、【宽度】的设置等。其中【内斜角】和【外斜角】效果可产生凸起的外观;【凸起浮雕】和【凹入浮雕】效果使图像看上去从背景上凸出或凹陷下去。

2. 阴影和光晕效果

【阴影和光晕】存在的位置,如图 4-2(b)所示,其级联菜单中包括【内侧发光】、【内侧阴影】、【发光】、【投影】和【纯色阴影】。选择【阴影和光晕】的各级联菜单命令,可以编辑相应的效果设置,如【不透明度】的设置、【柔化】的设置、【角度】的设置等。其中【内侧阴影】可以实现光线照射对象在内部生成阴影,【投影】可以实现光线照射对象在外部生成阴影;【纯色阴影】通过相关参数的设置,可以使对象的阴影产生一定的角度和距离;【内侧发光】可以使对象的内部产生光芒,【发光】可以使对象的外部发生光芒。

4.3 典型范例的分析与解答

例 4.1 制作如图 4-3 所示的手镯。

制作分析:本例利用 Eye Candy 滤镜和【贴入内部】的命令创建蒙版以完成手镯的制作。

操作步骤如下:

(1) 新建画布宽度和高度均设为 300 像素,【颜色】设为白色,【分辨率】设为 72 像素/英寸。显示标尺,并在画布中心显示辅助线。

（2）单击工具箱中的【椭圆工具】，在辅助线交叉的中心点，即画布的中心，按住 Shift＋Alt 键拖曳绘制一个圆形，其直径为 264 像素，设置【填充类别】为【实心】，填充色自定，继续在画布中心，拖出一个圆形，其直径为 198 像素。选中两个对象，选择【修改】|【组合路径】|【打孔】命令，合成为一个路径，所得图形如图 4-4 所示。

图 4-3　手镯

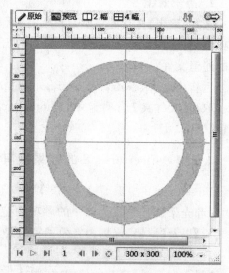

图 4-4　绘制同心圆

（3）选中对象，在对应的【属性】面板中，如图 4-2(b)所示，选择 Eye Candy 4000 LE|Bevel Boss 命令，在 Basic 对话框中按图 4-5 设置各项参数。

选择 Lighting 选项卡，在 Direction 后的文本框中输入 152，在 Inclination 后的文本框中输入 61，其他参数值不变。

选择 Bevel Profile 选项卡，选中列表框中第一个 Button。

（4）单击 OK 按钮，完成后的效果图，如图 4-6 所示。

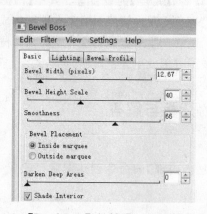

图 4-5　【Bevel Boss】对话框【Basic】项参数设置

图 4-6　参数设置后的效果图

（5）展开【层面板】，单击【新建层】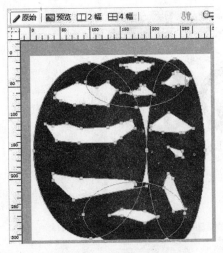按钮。在新的图层2中绘制如图4-7所示的路径，其中椭圆的填充色为♯A43A0A。

（6）选中这些路径，选择【修改】|【平面化所选】命令，转化为位图编辑模式，再用工具箱中的【涂抹工具】任意涂抹，如图4-8所示。涂抹的力度、方向、方法不一样，会有不同的涂抹效果。

图 4-7　绘制路径图

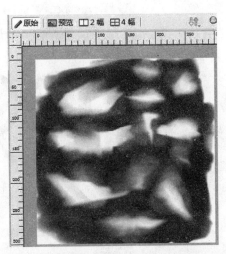

图 4-8　涂抹后的效果图

（7）仅选中【层2】中的涂抹后的位图，选择【编辑】|【剪切】命令，再选中【层1】中的合成路径图，选择【编辑】|【粘贴于内部】命令。

选择【阴影和光晕】|【阴影】命令，为图形添加阴影效果。将文件命名为"手镯.png"，并保存到本章结果文件夹中。

例4.2　制作如图4-9所示的奥运五环旗。

图 4-9　奥运五环旗

制作分析：本例主要利用【刀子工具】和对象在图层中的相对位置来制作的。

操作步骤如下：

（1）新建画布宽度和高度设为 400×300 像素，背景色设为白色，【分辨率】设为 72 像素/英寸。选取椭圆工具，绘制如图 4-10 所示的 5 个圆圈（参考例 4.1）。圆圈的颜色从左到右，从上到下，分别设置为＃0181C0、＃000000、＃EF1A2E、＃FBB12E 和＃00A650。

图 4-10　绘制 5 圆圈

（2）观察对应的【层】面板，【层 1】中每一个圆圈对象，都默认称为"合成路径"，按圆圈的颜色，分别重新命名每个对象为"蓝色"、"黑色"、"红色"、"黄色"和"绿色"，如图 4-11 所示。

（3）仅选中图 4-12 中的黄色圆圈，选中工具箱中的【刀子工具】，按图 4-12 所示方向对该圆圈切割。

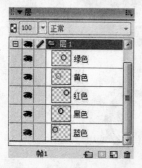

图 4-11　【层 1】中的对象

图 4-12　切割黄圆圈对象路径

（4）切割后，按图 4-13 所示命名被分割后的路径。

同时选中"内右上黄色"（指内圆路径）和"外右上黄色"（指外圆路径），选择【修改】|【组合路径】|【打孔】命令，合成为一个路径对象，在【层 1】中将该对象命名为"右上方黄圆"，同样的操作对"内左下黄色"和"外左下黄色"，将它们合成为一个路径对象，命名为

"左下方黄圆"。

（5）选中【层1】中"右上方黄圆"对象，按住鼠标将其拖到"蓝色"对象的下方。

（6）分别选中"黑色"、"黄色"和"绿色"圆对象，用【刀子工具】按图4-14所示进行分割。

图 4-13　重命名分割路径

图 4-14　其他对象的分割路径

接下来的操作同（4），注意对象之间的顺序关系。

（7）选中所有对象，选择【修改】|【组合】命令，组合成一个对象。将文件命名为"奥运五环旗.png"，并保存到本章结果文件夹中。

例4.3　制作如图4-15所示的闹钟。

图 4-15　闹钟

制作分析：本例综合利用矢量工具、渐变工具完成闹钟外观的制作，并利用克隆和数值变形命令完成刻度的制作。

操作步骤如下：

（1）新建画布宽度和高度均设为340像素，背景色设为白色，【分辨率】设为72像素/

英寸。显示标尺,并在画布中心显示辅助线。

(2)制作闹钟的外观。

① 在画布中央拖出一个圆形,设其半径为 280 像素,填充色自定,并在【层】面板中将该对象命名为"辅助圆"。单击工具箱中的【圆角矩形】工具,设其宽度和高度,分别为 250 像素,填充色设为♯999999,在【层】面板中命名该对象为"圆角矩形"。

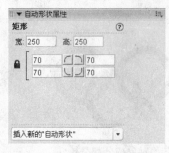

图 4-16　圆角矩形属性

② 选中"圆角矩形"对象,选择【窗口】|【自动形状属性】命令,打开【自动形状属性】面板,在这个面板中可以重设圆角矩形的宽度和高度,以及修改矩形圆角的样式和圆角的弧度,在选择矩形角度为圆弧状的同时,输入角度为"70",如图 4-16 所示。

③ 在【层】面板中,选中"圆角矩形"和"辅助圆"对象。选择【修改】|【对齐】命令,在打开的菜单中的选中【水平居中】和【垂直居中】选项,使两个对象水平和垂直方向对齐。继续从画布中心处,分别拖出一个半径为 220 像素的填充色为♯CCCCCC 的圆和一个半径为 208 像素的填充色为♯FFFFFF 的圆,在层面板中分别命名为"外圆"和"内圆",如图 4-17 所示。

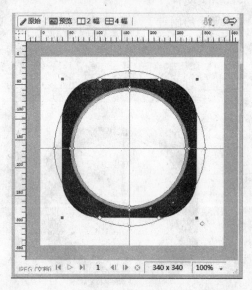

图 4-17　对象的组成

④ 在【层】面板中,选中"圆角矩形"对象,在对应的属性面板中,设置【填充类别】为【星状放射】,显示编辑颜色渐变面板,如图 4-18 所示。设置左边用椭圆圈起来的色块值为♯0066FF,右边用椭圆圈起来的色块值为♯0000FF。

⑤ 在【层】面板中,选中"外圆"对象,选择【修改】|【排列】|【移到最前】命令,将该圆移到编辑的最前方,对其设置【线性】渐变,移动色块直到认为合适为止,如图 4-19 所示。

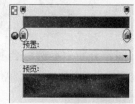

图 4-18　编辑颜色渐变面板

⑥ 在【层】面板中,选中名为"内圆"对象,将其移到编辑的最前面,再选中"外圆"对象,选择【修改】|【组合路径】|【打孔】命令,所得图形如图 4-20 所示。将【层】面板中的"合成路径"改名为"钟表框"。

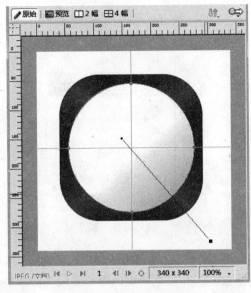

图 4-19　编辑【线性】渐变

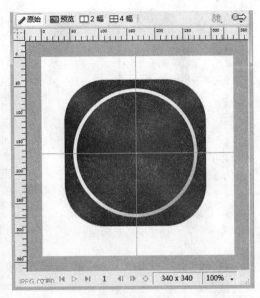

图 4-20　打孔后的对象

⑦ 删除"辅助圆"对象,选中"圆角矩形"对象,在对应的【属性】面板中,设置立体效果:选择【斜角和浮雕】|【内斜角】命令,设置效果为"平滑"、【宽度】为 21、【按钮预设】为"凸起",其他参数默认;选择【阴影和光晕】|【投影】命令,设置效果【距离】12、【角度】315、其他参数默认。

⑧ 选中【层】面板中的"钟表框"对象,在对应的【属性】面板中,设置立体效果:选择【斜角和浮雕】|【内斜角】命令,设置效果为"第一帧"、【宽度】为 14、【按钮预设】为"凸起"、其他参数默认。

(3) 制作闹钟的表盘。

① 从画布的中心处拖出一个半径为 208 像素的圆,设置【填充类别】为【实心】,填充色为♯FFFFFF,并将层面板中对应的名称改为"钟表面"。

② 表盘刻度的制作:选中矩形工具,制作宽度和高度分别为 3 像素和 208 像素的矩形,并处于画布的垂直中心处。该矩形仍处于选中状态,单击工具箱中的【刀子工具】,利用辅助线,按住 Shift 键,先裁减矩形的一头,以便留下一部分作为表盘上的刻度,如图 4-21 所示。同样的方法,裁减矩形区域,留下矩形的另一头。

如图 4-22 所示,将【层】面板中的两个对象选中后,按 Del 键删除。即删除掉矩形的中间一段,仅留下两头的矩形作为刻度。

③ 选中两头的两个矩形,选择【修改】|【组合路径】|【联合】命令,将它们形成一个操作对象,并在【层】面板中取名为"刻度"。选择【编辑】|【克隆】命令,复制一个对象后,接着选择【修改】|【变形】|【数值变形】命令,弹出【数值变形】对话框,在下拉列表中选择【旋转】

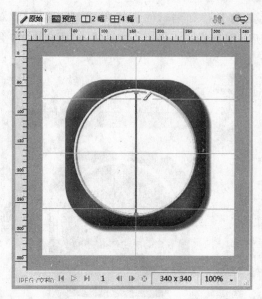

图 4-21　切割路径

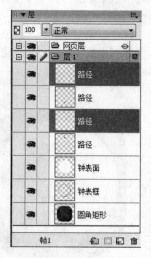

图 4-22　【层】面板中两个对象的删除

选项,在角度旋转框中填入 30,单击【确定】按钮。在【历史记录】面板中,按住 Shift 键,选中"克隆"和"变形",然后单击该面板左下角的【重放】按钮,直到出现的图形和最初的图形达到重合为止,如图 4-23 所示。

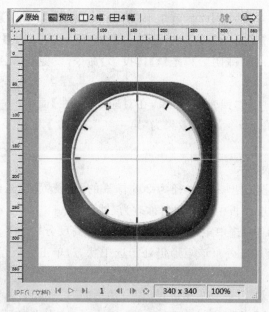

图 4-23　执行【重放】操作后的对象

（4）在画布的中心拖出一个半径为 13 像素的圆,同时选中该圆和钟表面这两个对象,选择选择【修改】|【组合路径】|【打孔】命令,形成一个合成路径对象,将此时的文件保存为"闹钟坯.png",存于本章结果文件夹中。然后根据自己的喜好,利用钢笔工具或工

具面板上的一些图形制作工具,如箭头等,制作出自己喜好的时针、分针和秒针的样式。把所有的对象组合成一个对象,将文件命名为"闹钟.png",并存于本章结果文件夹中。

4.4 课内实验题

1. 给对象添加动态效果和风格

(1)制作图4-24中所示的添加各种动态效果的多边形及圆形对象,对象的颜色自定,将其保存到磁盘上,命名为exe4-1.jpg。

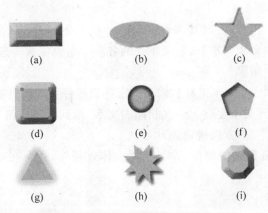

图4-24 各种添加效果的多边形示意图

(2)制作下列4种带阴影的按钮,如图4-25所示。完成后,将其保存到磁盘上,命名为exe4-2.jpg。

图4-25 四种带阴影效果的按钮

(3)制作下列4种按钮,如图4-26所示。完成后,将其保存到磁盘上,命名为exe4-3.jpg。

图4-26 具有内部斜角的按钮

(4)制作下列6种具有各种风格的五角星,如图4-27所示。完成后,将其保存到磁盘上,命名为exe4-4.jpg。

(a) (b) (c) (d) (e) (f)

图 4-27 具有各种风格的五角星

操作提示：

（1）参考 3.2.3 节掌握矢量图形绘制的基本方法中的绘制基本形状和自动形状。其中多边形的制作参考例 3.1。

选中任意一个对象，在对应的【属性】面板，如图 4-2(b)中，单击滤镜旁的下拉箭头，在下拉列表中选择【斜角和浮雕】级联菜单中的各项命令去完成。选择【阴影和光晕】|【投影】命令可产生图像的阴影。

（2）单击工具箱中的【文本工具】，输入文字并设置好各项属性后，就可拖到矩形按钮上，要使文字有阴影，只要重复输入一次相同的文字，拖到矩形按钮上，再稍微错开就行了（利用键盘上的"上下左右"方向键微调）。

（3）具有纹理的五角星的制作，除了应用立体效果外，还要在对应的【属性】面板上，设置【纹理】选项。

2. 对象变形处理

（1）画出原始图形（见图 4-28(a)），可以用 3 种倾斜方式变换原始对象，这 3 种方式分别为水平方倾斜（见图 4-28(b)）、倾斜为梯形（见图 4-28(c)）和倾斜为倒梯形（见图 4-28(d)），变换后将其保存到磁盘上，命名为 exe4-5.jpg。

(a)   (b)   (c)   (d)

图 4-28 对象倾斜效果示意图

（2）将原始图形（见图 4-29(a)），按拖动右下活动块扭曲图形翻转方式（见图 4-29(b)）和拖动右上活动块扭曲图形翻转方式（见图 4-29(c)）变换原始对象，将其保存到磁盘上，命名为 exe4-6.jpg。

(a)   (b)   (c)

图 4-29 扭曲图形示意图

操作提示：

（1）直接在工具箱中选取属于自动形状的五角星，应用效果后，选中该对象，选择【修改】|【变形】|【倾斜】命令，对象周围出现带有控点和中心点的变换框，拖动这些控点和中心点就可以得到各种倾斜样式的图形。

（2）选中原始图像，选择【修改】|【变形】|【扭曲】命令，对象周围出现带有控点和中心点的变换框，拖动不同的控点和中心点就可扭曲出不同的图形。

3．层的操作

（1）打开本章素材文件夹中 campus3.jpg 文件，观察【层】面板中的图层情况。将图层名称为"背景"的改为"楼层建筑物"。

（2）导入本章素材文件夹中 campus3.jpg 文件，观察【层】面板中的图层情况。重命名图层名称为"楼层建筑物"。

（3）选中"楼层建筑物"图层，使用工具箱中的一些工具，对编辑区中的图像进行操作，观察其结果和【层】面板中的变化。锁定"楼层建筑物"图层，使用工具箱中的一些工具，对编辑区中的图像进行操作，观察其结果和【层】面板中的变化。

（4）在图片中制作一浮云中的太阳，如图 4-30 所示，将其保存到磁盘上，命名为 exe4-7.jpg。

图 4-30　添加太阳到图片中

4．蒙版的操作

（1）打开本章素材文件夹中的 exe4-5.jpg，设置画布的背景颜色为♯FFFFCC。用空蒙版的方法，给图像添加渐变效果的蒙版，结果如图 4-31 所示，将其保存到磁盘上，命名为 exe4-8.jpg。

（2）导入本章素材文件夹中的 yan.jpg 和 campus.jpg 图片，将其制作成如图 4-32 所示的眼睛里的风景。

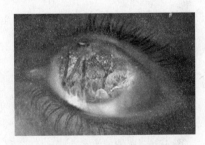

图 4-31　添加空蒙版后的效果图　　　　　图 4-32　眼睛里的风景

（3）以未命名方式打开本章素材文件夹中的"柠檬.jpg"和例 4.3 完成的"闹钟.png"文件，将其制作成如图 4-33 所示的柠檬闹钟。

操作提示：

（1）选中位图图像，首先将画布的背景颜色设为♯FFFFCC，然后，单击【层】面板底部的【添加蒙版】按钮 ▣，即将一个空的蒙版应用到选中的位图对象上，最后对该对象实施线性填充。

（2）首先沿着眼球边缘绘制一个路径图形，设置【填充类别】为【实心】，填充色为＃FFFFFF、【边缘】为【羽化】、笔触为【无】，如图4-34所示。

图4-33　柠檬闹钟

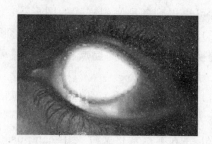

图4-34　路径对象

接着将campus.jpg作为蒙版对象导入，将该图片中的"晨读"两字去掉，并调整其大小，拖入眼球图片的编辑区中，如图4-35所示。

仅选中作为蒙版的校园风景图片，选择【编辑】|【剪切】命令，再选中眼球边缘路径，选择【修改】|【蒙版】|【粘贴为蒙版】（或选择【编辑】|【粘贴为蒙版】）命令。将其保存到磁盘上，命名为campusyan.jpg。

（3）选中闹钟对象，单击【层】面板底部的【添加蒙版】按钮  ，将一个空蒙版应用到该对象。选取相应的像素如图4-36所示。

图4-35　拖入用来作为蒙版的位图

选择【渐变工具】，在【属性】面板中设置【放射状】渐变，从左上方向右下方拖曳鼠标，如图4-37所示，接着再从右上方到左下方拖曳鼠标，重复操作几次，直到合适为止。

图4-36　闹钟的像素选取

图4-37　渐变的方向

4.5　课外思考与练习题

（1）试比较工具箱中的【缩放工具】、【倾斜工具】、【扭曲工具】对对象操作后的结果有何异同？

（2）给对象设置特殊效果后，如何隐藏和删除某个特殊效果。

（3）在编辑操作时，克隆一个对象和复制一个对象有何区别？

（4）如何将一个对象的笔触、效果、填充等属性粘贴到另一个对象上。

（5）如何将几个不同的效果类型组合保存为一个特殊效果？如何对其他对象使用这个效果？

（6）在用缩放、旋转等方式变换对象时，如何能做到数字化精确变换对象？

（7）制作如图 4-38 所示的八角星图形和 4 种不同效果的矩形按钮图形。完成操作后，将其保存到磁盘上，命名为 exe4-9.jpg。

（8）利用本章所学的知识，作出如图 4-39 所示的手机，也可以随意制作出自己喜爱的各式各样的手机。

图 4-38　添加动态效果后的图形　　　　图 4-39　手机

操作提示：首先看清手机体是由几个对象组成的，在对这些对象分别添加特效，在添加特效的过程中，要不断地尝试，直到满意逼真为止。

（9）请制作如图 4-40 所示的柠檬里跃出的蛇头，所用到的文件"蛇.jpg"存在于本章素材文件夹中。

操作提示：首先抠出"蛇.jpg"图片中的蛇头，将它放到柠檬图片上，相对位置如图 4-40 所示。接下来的操作请参考柠檬闹钟的制作。

图 4-40　柠檬里跃出的蛇头

第 5 章　制 作 动 画

5.1　实验的目的

(1) 掌握帧的操作方法。
(2) 掌握 Fireworks 8 中动画的创建方法。

5.2　实验前的复习

5.2.1　帧的操作方法

Fireworks 主要通过帧的播放形成动画,所以管理帧对于动画的创建是非常重要的。打开【帧】面板,单击面板右上方的菜单按钮▤,选择不同的选项,可以控制动画的显示,在这里主要介绍【添加帧】、【重制帧】、【删除帧】、【分散到帧】和【属性】。

1. 添加帧

在 Fireworks 8 中创建动画时,文档中只有一帧,若要在当前帧下添加新帧,只需单击【帧】面板菜单中的【添加帧】命令,在出现的【添加帧】的对话框中,可以输入添加新帧的数目,有 4 种插入方式的选择:

(1)【在开始】:表示在帧列表的顶部插入指定数目的新帧。
(2)【在当前帧之前】:表示在当前帧的上方开始插入指定数目的新帧。
(3)【在当前帧之后】:表示在当前帧的下方开始插入指定数目的新帧。
(4)【在结尾】:表示在帧列表的尾部插入指定数目的新帧。

注意:添加的新帧中是没有任何对象的。

2. 重制帧

若需要当前帧的对象出现在所有添加的新帧中,则需单击【帧】面板菜单中的【重制帧】命令,在出现的【重制帧】的对话框中,其选项同【添加帧】的对话框选项一样,其操作也一样。

3. 删除帧

若在操作过程中,发现某帧或某些帧是多余的,则只需选中某帧,或按住 Ctrl 键,选中某些不需要的帧,或按住 Shift 键,选中某些连续的不需要的帧,然后单击【帧】面板菜单中的【删除帧】即可。

4. 分散到帧

若想画布中的对象能够在不同的帧中出现,则选中画布中的所有的对象,然后单击【帧】面板菜单中的【分散到帧】,单击播放按钮 ▷,就可以看到连续显示的所有对象。

5. 属性

若想帧画面停留的时间改变,则单击【帧】面板菜单中的【属性】命令,出现【帧延时】对话框,即可设置帧延时的时间(按住 Shift 键,可连续选中多个帧,可修改多个帧画面的延时时间;按住 Ctrl 键,可分别选中多个帧,修改个别帧画面的延时时间)。

5.2.2 Fireworks 8 中动画的创建方法

1. 逐帧动画的创建

1) 将多个文件按照一个动画文件的格式打开

选择【文件】|【打开】命令,在【查找范围】内找到需要的文件后,选中【以动画打开】复选框。

2) 将多个文件分散到帧

在同一个文档中,导入所需的文件对象,然后选中所有的对象,单击【帧】面板菜单中的【分散到帧】命令,单击播放按钮 ▷ ,就可以看到连续显示的所有对象。

2. 补间动画的创建

(1) 将对象转换为元件。选中画布中的对象,选择【修改】|【元件】|【转化为元件】命令后,出现如图 5-1 所示的【元件属性】对话框,在【名称】文本框中可设置元件的名称,选择元件的【类型】为【图形】,单击【确定】按钮,即将该对象转换为图形元件。

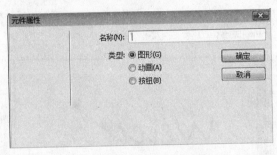

图 5-1 【元件属性】对话框

转换为元件的对象,可存放在【库】中,当把【库】中的某个元件放置到画布上时,该元件被称为实例。库中的元件可多次放置到画布中,也就是说多个同名实例可以和一个元件对应。当改变一个元件属性时,将会改变元件的所有的实例的属性。

(2) 对同一个元件的两个或多个实例应用中间帧功能,就可以创建以这两个实例分别作为首帧和尾帧的动画。选中两个或多个实例,然后选择【修改】|【元件】|【补间实例】命令,出现如图 5-2 所示的【补间实例】对话框,在该对话框中的【步骤】文本框中输入帧数,并选中【分散到帧】选项,单击【确定】按钮确认后,就可利用播放按钮 ▷ ,来观看完整的动画效果。若输入帧数为 10,此时会产生以两个实例作为起始和结束的两个首尾帧以及中间 10 个过渡帧,共计 12 个帧。

图 5-2 【补间实例】对话框

3. 利用元件创建动画

在 Fireworks 中,选中实例后,选择【修改】|【动画】|【选择动画】命令,在显示的【动画】对话框中设置参数,就可以轻松地完成一些较复杂的动画效果:

在【帧】文本框中输入要创建的动画的帧数；

在【移动】文本框中输入动画从起点到终点要移动的距离。其值大于0，位移方向朝右；其值小于0，位移方向朝左。

在【方向】文本框中输入实例要移动的角度。如果实例水平右移，实例运动轨迹与X轴正方向的夹角是0°，则【方向】文本框中输入的数值为0；如果实例水平左移，则【方向】文本框中输入的数值为180。

在【缩放到】文本框中输入实例的缩放比例。若将实例放大为元件的120%，应输入数值120。

在【不透明度】文本框中输入动画从透明到不透明的开始和结束的透明度。

在【旋转】文本框中输入实例旋转的度数，并在右边的单选区中选择旋转的方向是【顺时针】还是【逆时针】。

5.3 典型范例的分析与解答

例 5.1 制作如图 5-3 所示的"书写"动画。

图 5-3 "书写"动画示意图

制作分析：本例主要利用在不同帧上擦除相应的文字像素，而得到书写单词的动画效果。

操作步骤如下：

（1）新建一画布，宽度×高度设为 400×300 像素，背景色自定。

（2）利用文本工具在画布上书写 Welcome，文本大小、样式自定。打开本章素材文件夹中的笔.png 文件，用鼠标将其中的笔直接拖曳到刚建好的画布中，如图 5-4 所示。

（3）选中文字，选择【修改】|【平面化所选】命令，转化为位图像素。

（4）打开【帧】面板，单击【重置帧】按钮，在当前帧之后增加 26 帧。

（5）在【帧】面板中选中帧 1，用橡皮擦擦除画布中的文字像素后，仅留下一支笔在图 5-4 的位置。

（6）在【帧】面板中选中帧 2，用橡皮擦擦除大部分文字像素后，并移动笔到如图 5-5

图 5-4　笔的初始位置

所示的位置。

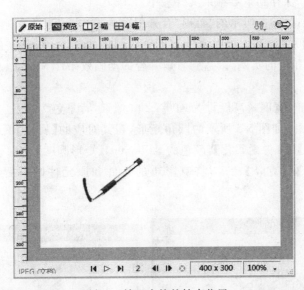

图 5-5　帧 2 中笔的结束位置

（7）从【帧】面板中帧 3 开始，如图 5-6 所示，依次将笔放在黑色结点处，并删除该结点后的像素（结点越多，效果越逼真）。

（8）设置【帧】面板中所有的帧的延时为"30/100"秒。

（9）在最后一帧处添加一个空白帧。播放动画预览效果。

（10）选择【文件】|【图像预览】命令，打开【图像预览】对话框，单击【格式】文本框右边的下拉列表按钮，在弹出的菜单中选择【GIF 动画】选项，单击右下角的【导出】按钮，出现【导出】对话框，将该文件导出到本章结果文件夹中，命名为"书写.gif"。同时，将文件

图 5-6　笔与结点的对应位置

命名为"书写.png",保存到本章结果文件夹中。

例 5.2　制作如图 5-7 所示的"竹扇"合开的动画。

制作分析：本例主要利用补间实例和不分散到帧的特性,完成扇面的制作。接下来在对应的帧上删除相应的实例,以达到竹扇开合的动画效果。

操作步骤如下:

(1) 新建一画布,宽度×高度设为 400×200 像素,背景色为白色。选择工具箱中的【圆角矩形工具】,画一如图 5-8 所示的圆角矩形,在其对应的【属性】面板上,设置【线性】渐变,笔触为【铅笔】|【1 像素柔化】,颜色为#666600,【矩形圆度】为 64。将圆角矩形转换为元件,选择【编辑】|【克隆】命令,将克隆出的元件和原元件倾斜后,按如图 5-8 所示摆放。

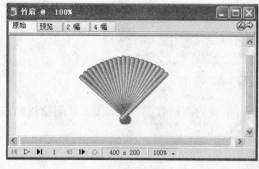

图 5-7　竹扇

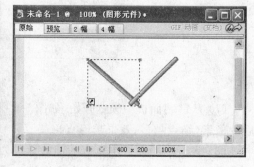

图 5-8　两个"圆角矩形"实例的始末位置

(2) 选中图 5-8 所示的两个实例,选择【修改】|【元件】|【补间实例】命令,在显示的【补间实例】对话框中的【步骤】文本框中输入 19,不选"分散到帧"选项,即可形成如图 5-9所示的扇形。

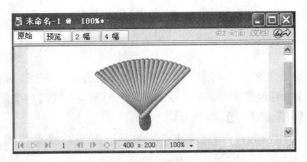

图 5-9　21 个实例组成的扇形示意图

（3）为使图 5-9 所示的扇形更接近于打开的扇子,选中实例 2～实例 20,通过键盘上的"↑"方向键使其向上移动 3 个像素,同理选中实例 3～实例 19,使其向上移动 2 个像素,选中实例 4～实例 18,使其向上移动 1 个像素,以此类推,分别选中实例 5～实例 17、实例 6～实例 16……直到最后一个实例 11 被向上移动 1 个像素,最后得到如图 5-10 所示的竹扇。

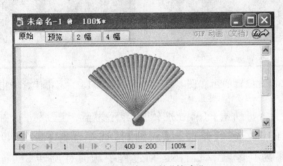

图 5-10　打开的"竹扇"

（4）打开【帧】面板,单击【重置帧】按钮,在当前帧之后增加 40 帧。

（5）在【帧】面板中单击第 2 帧,删除最右边的 1 个实例,单击第 3 帧,删除最右边的 2 个实例,以此类推,单击第 21 帧,删除最右边的 20 个实例。单击第 22 帧,保留最左边的 2 个实例,删除其他实例,同理单击第 23 帧,保留最左边的 3 个实例,以此类推,单击第 40 帧,保留最左边的 20 个实例。保留第 41 帧。播放动画预览效果,将该文件导出保存为 GIF 动画文件,命名为"扇子.gif",保存到本章结果文件夹中。

例 5.3　制作如图 5-11 所示的"舞台灯光"动画。

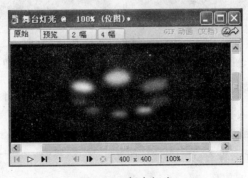

图 5-11　舞台灯光

制作分析：本例主要是对选中的元件,利用【修改】|【动画】|【选择动画】命令,完成灯光旋转的动画效果。

操作步骤如下：

(1) 新建一画布宽度和高度均为 400 像素,背景色为♯666666。在画布上画一大圆,再画一小圆,他们的相对位置如图 5-12 所示,在他们对应的【属性】面板上,不设置填充色,笔触为【铅笔】|【1 像素柔化】,颜色自定。

(2) 选中图 5-12 所示的小圆,克隆出 7 个小圆按图 5-13 所示排列,并将大圆删除。

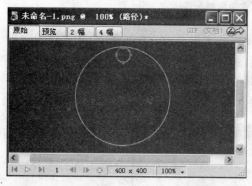

图 5-12　两个对象相对位置的示意图　　　图 5-13　"小圆"对象相对位置的示意图

(3) 如图 5-14 所示,将所有的圆分别依次填充为蓝、红、绿、白,并将所有圆的笔触设置为【无】。选中所有的圆,选择【修改】|【动画】|【选择动画】命令,设置动画的【帧】数为10、动画【移动】的距离为 0 像素、动画在运动过程中顺时针旋转 360°,其他参数默认。

选中该元件,选择【修改】|【变形】|【扭曲】命令,如图 5-15 所示。

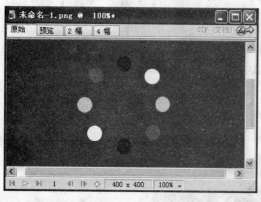 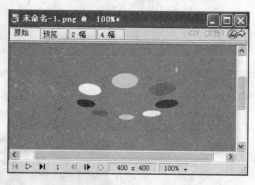

图 5-14　填充了颜色的"小圆"对象　　　　图 5-15　扭曲后的动画元件

选中该动画元件,选择【滤镜】|【模糊】|【高斯模糊】命令,打开【高斯模糊】对话框,在【模糊范围】文本框中输入 4.0,单击【确定】按钮。

(4) 选择【修改】|【画布】|【画布颜色】命令,将画布颜色重新定义为♯000000,播放动画预览效果,将该文件导出保存为 GIF 动画文件,命名为"舞台灯光.gif",并保存在本章结果文件夹中。

5.4 课内实验题

1. 简单动画的制作

(1) 将本章素材文件夹中的 shu1.jpg,shu2.jpg,…,shu8.jpg 这 8 个文件,制作成一个每过半秒钟,依次循环显示的动画文件,其中 8 幅图片必须叠放在一起。制作好的动画文件命名为 exe5-1.gif,并保存到磁盘上。

(2) 创建大小为 400×300 像素的画布,输入文字"知识的源泉",字体为"华文新魏",颜色自定,文字"知识的源泉"从 70 像素起由大变小到 10 像素为止,每帧文字依次缩小10 像素,每 4 分之一秒变化一次。制作好的动画文件命名为 exe5-2.gif,并保存到磁盘上。

(3) 创建一个大小为 400×300 像素的画布,输入文字"人生的伴侣,知识的源泉",字体为"黑体",文字"人生的伴侣,知识的源泉"沿着弧形路径从 25 像素起由大变小到 10 像素为止,每帧文字依次缩小 5 像素。然后再使文字增大到 15 像素,同时使这些文字分别用红、黄、蓝 3 种颜色各闪烁 1 次,每 4 分之一秒变化一次,如图 5-16 所示。制作好的动画文件命名为 exe5-3.gif,并保存到磁盘上。

(4) 创建大小为 300×250 像素的画布,输入文字"人生的伴侣,知识的源泉"、字体为方正舒体、颜色为♯0000FF、文字大小为 20 像素。制作文字"人生的伴侣,知识的源泉"沿着圆形路径旋转的动画文件,如图 5-17 所示。制作好的动画文件命名为 exe5-4.gif,并保存到磁盘上。

图 5-16 附加到弧形路径的动态文字

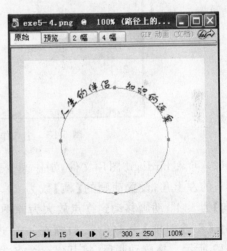

图 5-17 沿着圆形路径旋转的文字

操作提示：

(1) 将多个文件按照一个动画文件的格式打开。将【帧延时】设为 50/100 秒。

(2) 文字大小从 70 像素开始,每次递减 10 像素,直到最终文字大小变为 10 像素为止,这就一共需要 7 帧来完成。除第一帧以外,以后的每一帧,将文字减少 10 像素。将【帧延时】设为 25/100 秒。

（3）首先在画布上用钢笔工具绘制一条无笔触的弧形线段，输入文字"人生的伴侣，知识的源泉"，然后将该文字对象附加到路径上。按照制作要求，一共需要 10 帧，选中其中的第 5、7、9 帧，删除文字对象，形成文字播放时的闪烁效果，并将这 3 帧的【帧延时】时间设置为 25/100 秒。选中第 6、8、10 帧，将文字对象分别设置为红色、黄色和蓝色、字的大小设为 15 像素。

（4）文字对象"人生的伴侣，知识的源泉"附加到圆形路径上后，按照制作要求，一共需要 16 帧。要使文字对象沿着圆形路径移动，就需要在文本【属性】面板的【文本偏移】文本框中输入合适的偏移量。

2. 运动图形的操作

（1）导入本章素材文件夹中的 bird.gif 图片文件，制作直线运动的动画，使小鸟图片从画布的右下角移动到画布的左上角，如图 5-18 所示。将其命名为 exe5-5.gif 文件，并保存到磁盘上。

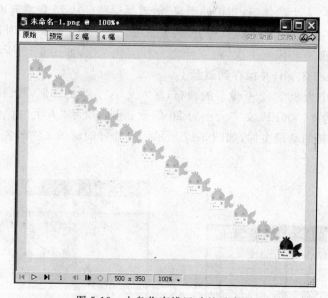

图 5-18　小鸟作直线运动的示意图

（2）导入 bird.gif 图片文件，制作渐变运动的动画，使小鸟图片从画布的右下角移动到画布的左上角，设置动画的【帧】数为 20、动画【移动】的距离为 460 像素、动画移动的【方向】为 144°、动画移动到终点放大为原图像的 150%、动画起始【不透明度】为 50%、动画终止【不透明度】为 100%、动画在运动过程中顺时针旋转 360°，动画运动的轨迹如图 5-19 所示。播放动画后，将其保存命名为 exe5-6.gif，并保存到磁盘上。

（3）建立一个背景色为 #99FFCC，大小为 400×200 像素的文档，导入本章素材文件夹中的图片文件 camp1.jpg 、camp4.jpg 和 camp7.jpg，制作椭圆形的遮罩动画效果，将其命名为 exe5-7.gif，并保存到磁盘上。

操作提示：

（1）将导入的图片放置在画布的右下角，将其转化为图形原件，再复制一个，将其放置在画布的左上角。选中这 2 个实例，创建补间动画。

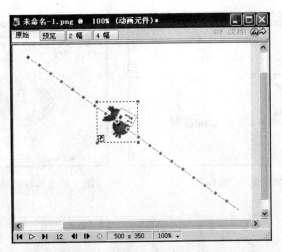

图 5-19　小鸟渐变运动的示意图

（2）将导入的图像转化为图形元件后再选中，选择【修改】|【动画】|【选择动画】命令，在显示的【动画】对话框中设置如图 5-20 所示的参数。

（3）在画布中导入 camp1.jpg 、camp4.jpg 和 camp7.jpg 文件后，按如图 5-21 所示位置单击鼠标排放此 3 张图片。

将这 3 张图片转换为元件，设置元件的【类型】为【动画】。在显示的【动画】对话框中，将【帧】数设定为 12，其他参数默认不变。

此时图像中心出现一个红色圆点，用鼠标向右拖动红色圆点到合适的位置，如图 5-21 所示。

图 5-20　【动画】对话框

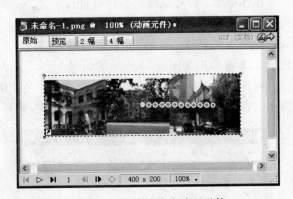

图 5-21　图像转换为动画元件

接着在帧 1 处绘制一个合适大小的椭圆，填充色为＃FFFFFF，如图 5-22 所示。

选中椭圆和背景图片，选择【修改】|【蒙版】|【组合为蒙版】命令，将椭圆和背景图片合并为一个遮罩组。然后可利用【裁减工具】裁减出一个合适的区域，最终结果如图 5-23 所示。

3. 几何曲线的制作

制作如图 5-24 所示的几何曲线图，将其命名为 exe5-8.gif，并保存到磁盘上。

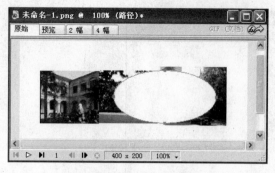
图 5-22　添加新的"椭圆"层

图 5-23　具有遮罩效果的动画示意图

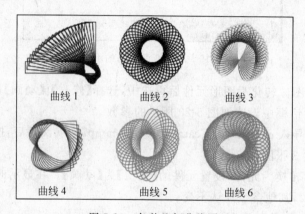

曲线1　　　　　曲线2　　　　　曲线3

曲线4　　　　　曲线5　　　　　曲线6

图 5-24　各种几何曲线图

操作提示：所有曲线的颜色可自行定义。分析曲线由哪些图形构成是完成曲线制作的关键所在。

曲线 1 的两个"矩形"实例样式及摆放位置，如图 5-25 所示，接下来的操作参考例 5.2，即可画出如图 5-24 所示的曲线 1。

对于曲线 2 的 2 个实例是重合的椭圆：一个椭圆和一个旋转 180°的椭圆，如图 5-26 所示。在 2 个实例之间增加一定数目的实例，就可完成图 5-24 所示的曲线 2。

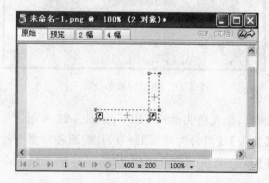
图 5-25　两个"矩形"实例的始末位置

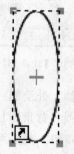
图 5-26　重合的两个"椭圆"实例

对于曲线 3、曲线 4、曲线 5、曲线 6,按照图 5-27 所示,放置好两个实例的起始位置,然后在 2 个实例之间增加一定数目的实例,就可完成图 5-24 所示的曲线 3、曲线 4、曲线 5、曲线 6。

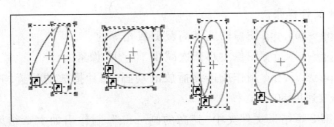

图 5-27　曲线 3～6 的两个实例的起始位置

曲线 3 中被克隆的实例经倾斜后,再被旋转了 180°。若被克隆的实例被旋转 90°或不被旋转呢? 其结果怎样? 请自行试验。

曲线 4 中的图形是用钢笔工具绘制的,克隆的实例被顺时针旋转 90°。可以使用钢笔工具在画布上做出不同的曲线,再按照上述的步骤操作,就会得到不同的几何曲线图。

曲线 5 中被克隆的实例经缩小后,再被旋转 180°。

曲线 6 是由一大一小相内切的圆组成,将其转换为元件后,再克隆,将克隆出的实例旋转 180°。

注意:其中的一个实例一定是另外一个实例克隆并经变形得来的。

5.5　课外思考与练习题

(1)【重制帧】与【添加帧】的操作结果有何不同?

(2) 若对象已处于选中状态,那么在复制帧时,其结果与对象不处于选中状态时,有何不同,请通过实验来观察。

(3) 请使用【帧】面板菜单中的【分散到帧】的操作方法做出同本章结果文件夹中的 exe5-1. gif 文件一样的效果。

(4) 按下列要求制作动画,将其保存到磁盘上,制作效果参考本章结果文件夹中的 background1. gif 文件样张。

① 利用多个窗口打开本章素材文件夹中的 tu1. jpg～tu5. jpg 文件,观察他们的大小。

② 按 tu1. jpg～tu5. jpg 的顺序,每幅图像较前一幅图像的宽和高依次减少 20 像素,如 tu1. jpg 大小为 300×200 像素、tu2. jpg 大小为 280×180 像素……tu5. jpg 大小为 220×120 像素。

③ 将 tu1. jpg～tu5. jpg 制作成连续播放的动画,同时还需要从 tu5. jpg～tu1. jpg 连续播放。

④ 设定文件的每帧播放速度为 80/100 秒。

⑤ 将操作结果保存为 background1. gif 动画文件。

操作提示：单击【帧面板】中新建帧按钮，在每一个新帧上放置图片，并按题目的要求改变图像的大小。

（5）按下列要求制作动画，将其保存到磁盘上，制作效果参考本章结果文件夹中的background2.gif 文件样张。

① 将 tu0.jpg～tu5.jpg 图像的宽和高裁剪成相等的。

② 使 tu0.jpg～tu5.jpg 图像大小依次减少 10×10 像素。

③ 将 tu1.jpg～tu5.jpg 制作成连续播放的动画，图片播放的位置均从中心开始，设定文件的每帧播放速度 80/100 秒。

（6）请利用第 2 章结果文件夹中"梵高的画.png"，制作出如本章结果文件夹中的梵高的画展.gif 文件样张。

① 使图 2-1 中的图片依次沿顺时针方向播放。

② 在第 5 帧上插入文字"梵高的画"。

③ 在第 6 帧上显示图 2-1 所示的图片。

④ 设定文件的每帧播放速度 50/100 秒。

（7）以未命名方式打开第 4 章结果文件夹中的闹钟坯.png 文件，为该闹钟添加时针、分针和秒针，并使秒针动起来。将文件命名为闹钟.gif 动画文件，保存到磁盘上。

操作提示：在打开的图像中，添加自己喜爱的时针和分针，选择所有的对象，将他们组合为 1 个对象，命名为"闹钟"。用矩形工具作一个宽和高分别为 3 像素和 84 像素的秒针，填充色自定，无笔触。用刀子工具从矩形中央切割，将切割的另一半不设置填充色，如图 5-28 所示。

组合切割的两个路径，并转化为元件。选择【修改】|【动画】|【选择动画】命令，打开如图 5-20 所示的【动画】对话框。其中的参数【帧】设置为 60、【移动】设置为 0、【方向】设置为 0、【缩放到】设置为 100、【不透明度】设置为 100 到 100、【旋转】设置为 360，选中"顺时针"。

选中"闹钟"对象，单击【层】面板右上方的菜单按钮，选中【共享此层】。

设置【帧延时】为 100/100 秒。

图 5-28　刀子切割后的路径

第6章　切片与文件的优化输出

6.1　实验的目的

(1) 掌握创建和导出切片的方法。

(2) 掌握创建和导出热点的方法。

(3) 掌握文件的优化方法。

6.2　实验前的复习

6.2.1　创建和导出切片的方法

1. 切片的创建

一个切片是组成图像的一个矩形区域,在这个区域上,不仅可以建立链接、翻转和动画,还可以利用切片来舍弃图片上不需要的内容,以用于在 Dreamweaver 中对切片处的内容重新进行编辑。创建切片有两种方法:

1) 使用工具箱中的工具创建切片

单击工具箱中的【切片工具】 和【多边形切片工具】 ,可以在图像中指定的位置处创建切片。在对应的【属性】面板中:设定【高】和【宽】的值来定义切片的大小;设定 X 和 Y 的值来定义切片在图像中的位置,如图 6-1 所示。

图 6-1　切片的【属性】面板

2) 通过菜单命令创建切片

选中要插入切片的一个对象或多个对象,选择【编辑】|【插入】|【切片】命令,即可创建指定对象的切片。

2. 在切片上设置 URL

选中需要添加超级链接的切片对象,在其对应的【属性】面板中设置:在【链接】文本框中输入需要链接的地址,或从其下拉列表中选择现有的 URL 地址;在【替代】文本框中输入提示信息内容,内容可显示在手形光标旁边;在【目标】下拉列表中可以选择框架目标,以表示从哪个窗口打开链接所指向的页面,有如下 4 项选择:

(1) _blank:表示在新的窗口中打开链接所指向的页面。

（2）_self：表示在当前窗口中打开链接所指向的页面。

（3）_parent：表示在当前窗口的上一级窗口中打开链接所指向的页面。

（4）_top：表示在当前窗口中打开链接所指向的页面，如果当前窗口包含框架，则会删除所有的框架。

3. 创建切片响应

Fireworks 提供了两种方式创建切片的交互响应：

1）直接采用拖曳翻转的方式

该方式是创建交互响应最简单的方式，只需要把一个切片上的行为手柄拖到目标切片上，就可以快速的建立交互响应。

2）利用【行为】面板的方式

首先选中一个切片，然后选择【窗口】|【行为】命令，打开【行为】面板，单击该面板上的
按钮，在弹出的快捷菜单中选择不同的命令，给切片添加不同的响应。

4. 切片的导出

选择【文件】|【导出】命令，在【导出】对话框中，在【保存在】文本框后选择需要的保存路径；在【文件名】文本框中输入包含切片的文件名称；在 HTML 下拉列表中选择【导出HTML 文件】的格式；在【切片】下拉列表中选择【导出切片】，系统会根据绘制的切片对象生成多个切片文件；选中【包括无切片区域】复选框，单击【保存】按钮。导出包含有切片的HTML 文档，在 Dreamweaver 中打开时，可以删除包含在切片区域的内容，重新编辑。

或选中切片，单击右键，在弹出的菜单中选择【导出所选切片命令】。

6.2.2 创建和导出热点的方法

若想将切片中指定的区域链接到其他的地方，则可以通过创建热点，并给热点添加URL 来实现。

1. 热点的创建

创建热点同创建切片一样，也有两种方法。

1）使用工具箱中的工具创建热点

单击工具箱中的【矩形热点工具】、【圆形热点工具】和【多边形热点工具】，可以在图像或切片中创建热点。在其对应的【属性】面板中：设定【高】和【宽】的值来定义热点的大小；设定 X 和 Y 的值来定义热点在图像或切片中的位置，这类似于切片的创建。

2）通过菜单命令创建热点

选中要插入热点的一个对象或多个对象，选择【编辑】|【插入】|【热点】命令，创建指定对象的热点。

2. 在热点上设置 URL

这类似于在切片上设置 URL。

3. 创建热点响应

这类似于创建切片响应。

4. 热点的导出

若是在切片上创建了热点，则类似于切片的导出；若是直接在对象上创建热点，则在

【导出】对话框中,在【切片】下拉列表中选择"无",其他类似于切片的导出。

6.2.3 文件的优化方法

图像文件的优化,就是在最大限度保证图像质量的基础上,通过压缩图像与减少图像颜色等方法来缩小图像体积,以达到输出的网页图像在具有良好浏览效果的同时,也能够快速地被下载。

1. 使用优化设置

选择【窗口】|【优化】命令打开【优化】面板,此时在【优化】面板中可以创建自定义的优化设置,还可以用该面板中的颜色表来修改图形的调色板,如图6-2所示。

1) 选择预设的优化设置

在【优化】面板第一行的下拉列表中可以选择
Fireworks 8 预设的几种优化设置,其设置格式有 7 种:
【GIF 网页 216】、【GIF 接近网页 256 色】、【GIF 接近网页
128 色】、【GIF 最合适 256】、【JPEG-较高品质】、【JPEG-
较小文件】和【动画 GIF 接近网页 128 色】,在【颜色】、【抖动】、【失真】旁的文本框中可以设置图像新的属性。

2) 设置自定义优化

在【优化】面板的第二行左边的下拉列表中可以选择
导出文件格式,其导出格式有 12 种:GIF、GIF 动画、
JPEG、PNG 8、PNG 24、PNG 32、TIFF 8、BMP 8 等。

图 6-2　【优化】面板

2. 预览和比较优化设置

在 Fireworks 8 文档窗口,除了【原始】选项卡以外,还有【预览】、【2 幅】和【4 幅】选项卡。

选择【预览】选项卡,可以看到图像优化后的效果(在文档的左下角看到该图像文件的大小以及在网页上下载该图像文件大约需要的时间)。

选择【2 幅】或【4 幅】选项卡,将同时显示原始的图像效果和优化后的图像效果。

选择【文件】|【图像预览】命令,也可以对图像优化,同时能够看到文件优化后的预览效果。

6.3　典型范例的分析与解答

例 6.1　制作如图 6-3 所示的显示"梵高作品"的效果图。

制作分析:本例主要利用切片的【添加交换图像行为】的命令,完成图像随数字改变的翻页效果。

操作步骤如下:

(1) 选择【文件】|【新建】命令,新建宽度×高度为 400×400 像素,背景色为透明的画布,作出如图 6-4 所示的页面。

(2) 单击工具箱中的【切片工具】,在图 6-4 中的深灰色圆角矩形区域和标有 1、2、3、

图 6-3　显示"梵高作品"的效果图

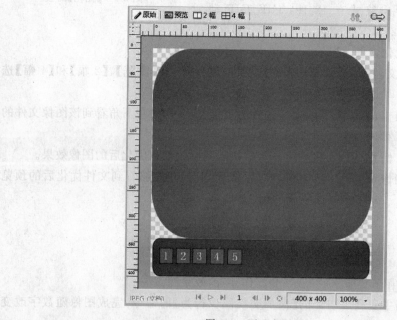

图 6-4　页面布局图

4、5 的区域分别绘制一个矩形切片,如图 6-5 所示。在【层】面板中,将它们分别命名为"圆角矩形切片"、"1 切片"、"2 切片"、"3 切片"、"4 切片"和"5 切片"。

(3) 接下来的操作,要求当分别滑过图 6-5 中的 1、2、3、4 和 5 时,"圆角矩形切片"处

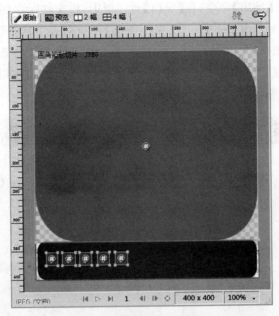

图 6-5　绘制矩形切片的效果图

会有不同的梵高的画出现。选中"1 切片",单击中心圆形按钮 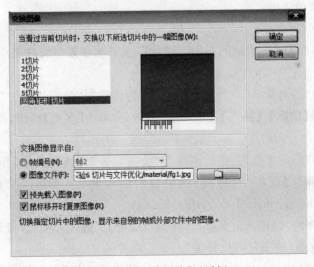,在弹出的快捷菜单中选择【添加交换图像行为】命令,出现如图 6-6 所示的【交换图像】对话框,单击选中"圆角矩形切片"和【图像文件】前的单选按钮,选择本章素材文件夹中的 fg1.jpg 图像。单击【确定】按钮。

图 6-6　【交换图像】对话框

　　(4)同样,分别选中"2 切片"、"3 切片"、"4 切片"和"5 切片",为其增加【添加交换图像行为】命令。注意交换图像的行为仍然在"圆角矩形切片"区域,交换的图像分别来自本章素材文件夹中的 fg2.jpg、fg3.jpg、fg4.jpg 和 fg5.jpg。

（5）选择【文件】|【导出】命令，在【导出】对话框中，将文件保存到本章结果文件夹中，在【文件名】文本框中输入梵高作品，在【保存类型】下拉列表中选择【HTML 和图像】，在HTML 下拉列表中选择【导出 HTML 文件】，在【切片】下拉列表中选择【导出切片】，选中【包含无切片区域】和【将图像放入子文件夹】复选框，单击【保存】按钮。

例6.2 制作如图 6-7 所示的网页页面效果。

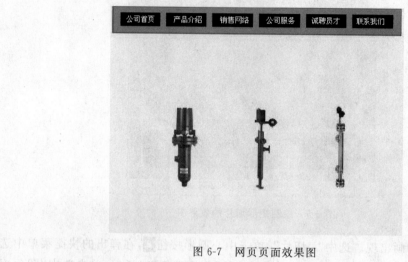

图 6-7　网页页面效果图

制作分析：本例主要利用 Fireworks 的工具，完成导航条的制作，并为导航条上的每一个对象创建切片。接着利用切片的【添加弹出菜单命令】为"产品介绍"创建子菜单，最后为每一个对象添加链接。

操作步骤如下：

（1）首先制作如图 6-7 所示的页面。图片存在于本章素材文件夹中，分别为"液位开关.jpg"、"液位计.jpg"和"液位变送器.jpg"。

（2）同时选中"公司首页"、"产品介绍"、"销售网络"、"公司服务"、"诚聘英才"和"联系我们"对象，选择【编辑】|【插入】|【矩形切片】命令，单击【多重】按钮，即为所有选中的对象创建了切片。

（3）分别选中"公司首页"、"销售网络"、"公司服务"、"诚聘英才"和"联系我们"切片对象，在对应的【属性】面板的【链接】项中分别输入 index. htm、xiaoshou. htm、fuwu. htm、chengpin. htm、mailto:melody@sina. com. cn。

（4）为"产品介绍"创建弹出菜单，弹出菜单内容有"液位开关"、"液位计"、"液位变送器"、"RF 液位变送器"和"RF 液位开关"。

单击"产品介绍"切片上的圆形标志，从弹出菜单中选择【添加弹出菜单命令】。打开【弹出菜单编辑器】对话框，在【内容】选项卡中输入如图 6-8 所示内容。

（5）单击【继续】按钮，会分别进入【外观】、【高级】和【位置】选项卡，可重新设置弹出菜单的风格。按 F12 键，预览生成的弹出菜单效果如图 6-9 所示。

（6）打开【优化】面板，选择输出格式为【GIF 接近网页 256 色】。选择【文件】|【导出】

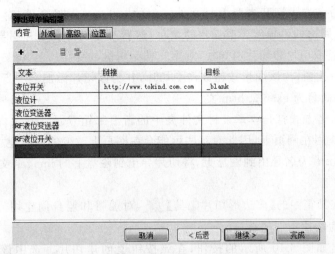

图 6-8 【弹出菜单编辑器】对话框

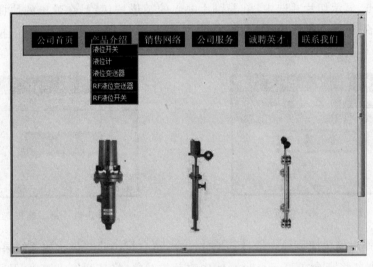

图 6-9 弹出菜单的显示

命令,在【导出】对话框中,将文件保存到本章结果文件夹中,在【文件名】文本框中输入 index,在【保存类型】下拉列表中选择【HTML 和图像】,在 HTML 下拉列表中选择【导出 HTML 文件】,在【切片】下拉列表中选择【导出切片】,选中【包含无切片区域】和【将图像 放入子文件夹】复选框,单击【保存】按钮。

6.4 课内实验题

1. 切片的创建和编辑

(1) 导入本章素材文件夹中的 tu0.jpg 图像文件,分别对船身和船帆创建切片,并观 察【层】面板上的变化;为切片添加超链接,使其链接到指定的 URL;按下 F12 键在浏览器 中浏览效果,然后将其导出到磁盘上,命名为 exe6-1.htm 文件。

（2）以未命名方式打开本章素材文件夹中的 tu0. jpg 图像文件，对整个轮船创建切片，通过拖曳其周边的引导线更改切片的大小，然后改变切片和切片引导线的颜色，观察其效果；隐藏、显示切片和切片引导线，观察文档编辑区的变化。

（3）制作一按钮，为该图形按钮制作一切片，并为该切片添加多个行为。将制作结果导出到磁盘上，命名为 exe6-2. htm 文件。

（4）以未命名方式打开本章素材文件夹中的新浪邮箱登录. Gif 文件，该图像中某些内容以后需要应用在网页上，因此对某些可能会在网页上改变的内容建立切片，将该图像用"邮箱登录. htm"为名导出到磁盘上，将切片导出到磁盘上的 images 文件夹中。

操作提示：

（1）选择工具箱中的【多边形切片工具】 ，对船帆和船身创建切片。在对应的【属性】面板中，可为切片添加超链接。

（2）制作出如图 6-10 所示的按钮，在该按钮上创建切片。选中该按钮对象，打开【帧】面板，选中帧 1，在其后重置帧 2。选中帧 2，隐藏切片，改变按钮的颜色，如图 6-11 所示。单击帧 1，显示切片并选中，单击切片中心的圆形按钮 ，在弹出的快捷菜单中选择【交换图像】命令，出现【交换图像】对话框，选中【帧编号】单选按钮，在其下拉列表中选择【帧 2】选项，单击【确定】按钮。

图 6-10　第一帧按钮

图 6-11　第二帧按钮

继续在弹出的快捷菜单中选择其他的命令，请自行实验并显示相关结果。

（3）对那些将来会在 Dreamweaver 中改动的对象，将其制作成切片，保留那些需要的图片，如图 6-12 所示。

2. 热点的创建和编辑

（1）导入本章素材文件夹中的 tu2. jpg 图像文件，对画面中的几个人物，分别使用工具面板中不同的热点工具创建热点，观察这几个工具的区别。

（2）给（1）中创建的热点，添加 URL，注释文本和自定义热点名。将文件导出保存到磁盘上，命名为 exe6-3. htm。

（3）以"未命名"的方式打开本章素材文件夹中的 zz. jpg 图像文件，分别在图像上的"我"、"他"、"梵高"三个文字上创建热点，并且当鼠标移到热点文字上的时候，会触发翻转的效果。将文件导出保存到磁盘上，命名为 exe6-4. htm。

操作提示：

（1）分别单击工具箱中的"矩形热点"工具、"圆形热点"工具、"多变形热点"工具，创

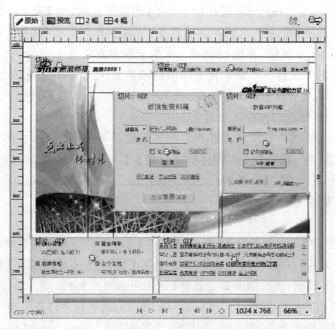

图 6-12　切片制作

建如图 6-13 所示的画中人物热点。观察【层】面板上【网页层】的变化。

（2）打开 zz.jpg 图像文件，在图像上的"我"、"他"、"梵高"三个文字上创建热点，如图 6-14所示。

图 6-13　使用不同的热点工具创建的热点

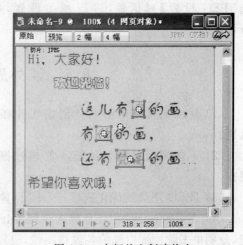

图 6-14　在切片上创建热点

打开【帧】面板，在当前帧之后添加 3 帧，每一帧分别对应本章素材文件夹中的 tu1.jpg、03.jpg 和 04.jpg，当选中不同的热点文字的时候，会出现不同的图片。其结果显示请参考本章结果文件夹中的 exe6-4.htm 文件。

3. 图像的导出与优化

（1）导入本章素材文件夹中的 xiaolu.jpg 图片文件，将该图片按比例缩小为原始图片的 50%，并用 exe6-5.jpg 为名保存在磁盘上；将该图片按【宽】为 120 像素、【高】为 100 像素，缩小后用 exe6-6.jpg 为名保存在磁盘上；将该图片左上角按【宽】为 120 像素、【高】为 100 像素，裁切一块区域，并用 exe6-7.jpg 为名保存在磁盘上。

（2）以未命名方式打开本章素材文件中的图片文件 campus.jpg，分别设置图片的【品质】值为 100 和 10，比较设置两种不同【品质】值设置后的图片效果，然后分别用 exe6-8.jpg 和 exe6-9.jpg 为名将它们保存在磁盘上。

（3）以未命名方式本章素材文件夹中的图片文件 campus.jpg，在图片合适的位置上输入文字"校园晨光"，设置【字体】为【华文行楷】、【大小】为 40 像素、颜色为 #FFFF00。将文字品质设为 100、图片【品质】设为 10。通过预览，观察图片的效果，然后用 exe6-10.jpg 为名保存在磁盘上。

操作提示：

（1）通过【文件】|【图像预览】命令，在【文件】选项卡中完成各项设置。

利用【切片工具】，在该图片左上角开始处，按【宽】为 120 像素、【高】为 100 像素，裁切一块区域，右击该区域，在快捷菜单中选择【导出所选切片】命令。

（2）以未命名方式打开图片文件 campus.jpg 后，选择【2 幅】选项卡，分别选中这两幅图片，在【优化】面板上按要求设置，并比较设置后的图片效果。

（3）在图片上输入文字后，选择【窗口】|【优化】命令，打开【优化】面板，在【优化】面板中设置图片的【品质】值为 10，单击【选择性品质】旁的按钮，打开【可选 JPEG 设置】对话框，进行相关设置，如图 6-15 所示。

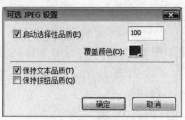

图 6-15 【可选 JPEG 设置】对话框

6.5 课外思考与练习题

（1）使用工具箱中的工具创建切片和热点与通过菜单命令创建切片和热点有何区别？

（2）不规则形状的切片能不能通过拖曳引导线的方法改变形状？请通过实验来观察。

（3）JPEG 图像的优化选项与 GIF 图像的优化选项有什么区别与联系？

（4）在 Fireworks 中任意导入一幅 GIF 格式的图像，在文件编辑窗口单击"4 幅"按钮，分别单击除原图以外的各窗口图像，设置【失真】值分别为 15、55、100，观察其效果；设置【颜色】值分别为 4、32、64，观察其效果。

（5）在 Fireworks 中任意导入一幅 JPEG 格式的图像，在文件编辑窗口单击"4 幅"按钮，分别单击除原图以外的各窗口图像，设置【品质】值分别为 5、20、40，观察其效果。

（6）修改例 6.1，要求当鼠标滑过数字时，背景色和数字颜色均改变。

（7）请按照自己的设计思路继续完善例 6.2。

（8）按下列要求制作出如图 6-16 所示的效果。

图 6-16　页面效果图

① 打开本章素材文件夹中的"中国地图.png"文件,为地图上的区域标上省名或直辖市名。

② 鼠标移到地图上相应的区域,会显示相应的标志性建筑物图片。如鼠标移到上海区域,会在页面的右侧显示上海的标志性建筑。

注意:其他省市的标志性建筑,如果本章素材文件夹中没有,可到相关网站上去搜索。

第7章 Flash 8 动画对象绘制和编辑

7.1 实验的目的

(1) 熟悉 Flash 8 绘图工具的使用方法。
(2) 掌握图形对象的编辑操作。
(3) 掌握文字的编辑操作。

7.2 实验前的复习

7.2.1 绘图工具的功能

线条工具用于绘制任意的矢量线段。按住 Shift 键拖曳,可绘制出与水平方向成 45°角的直线。

矩形工具用来绘制矩形、圆角矩形和正方形。按住 Shift 键拖曳鼠标绘制正方形。

椭圆工具主要用于绘制实心或空心椭圆或圆。

钢笔工具用于绘制直线段、曲线和任意形状的封闭图形。

铅笔工具主要用于绘制矢量线和任意形状的图形。

刷子工具用于绘制自由形状的矢量色块图形,还能像毛笔一样书写文字。

选择工具的主要作用是选取、移动和复制对象,改变对象的形状。

部分选取工具用于选择子对象,并对其进行移动、拖拉、变形等操作。

墨水瓶工具的作用是改变已绘制的矢量线段的属性。它不仅可以为已有的边框线改变颜色、线宽等属性,还能为没有框线的色块添加边框线。

颜料桶工具可以对封闭的区域填充颜色。这个封闭区域可以是一个空白区域,也可以是一个已有颜色的区域,填充颜色可以是纯色、渐变色。

套索工具用于选择不规则区域。

任意变形工具用于对图形进行缩放、旋转、倾斜、变形等操作,操作对象可以是矢量图,也可以是位图和文字。旋转时按住 Shift 键,能使对象旋转 45°。

填充变形工具主要用于图形的渐变色填充。使用该工具可以调整填充颜色的范围、方向、角度等,以达到特殊色彩填充的效果。

滴管工具用于从指定位置获取色块和线段的颜色等属性,再将这些属性赋给其他目标图形。滴管工具能吸取矢量线、矢量色块的属性,还能吸取位图和文字的属性。

橡皮擦工具用于擦除整个图形或图形的一部分,它只能用于矢量图。

文本工具用于输入、编辑文本内容。

7.2.2 对象的编辑操作

1. 对象的组合

对多个对象进行组合的操作：选择【修改】|【组合】命令，或按 Ctrl＋G 键，将多个对象群组，成为一个组合体。

用来组合的对象可以是场景中的任何一种对象，如图像、线条、图形、元件以及文本等。

2. 对象的拆分

当对图形的某一部分进行操作时，需要将图形拆分为多个独立的对象，拆分操作又称为取消组合操作。将组合对象拆分为独立个体的操作：选择【修改】|【取消组合】命令，或按 Shift＋Ctrl＋G 键。

组合与拆分是一个互为逆操作。

3. 对象的分离

分离操作也称为打散操作。主要用于将组合对象、实例和位图分离成独立的可编辑的元素。分离可以大大减小导入图形文件的大小。

对象分离的操作可选择【修改】|【分离】命令，或按 Ctrl＋B 键。

4. 复制与删除对象

选中对象，按住 Ctrl 键拖曳对象；选中对象，按 Del 键。

5. 对象的缩放

对图形缩放的操作方法有：

(1) 应用工具箱中的【任意变形工具】，此操作方法简便，但对象的缩放比例不精确。

(2) 选择【窗口】|【变形】命令，在【变形】面板中直接输入缩放的宽度和高度比例。

(3) 选择【窗口】|【信息】命令，在【信息】面板中输入缩放的宽度和高度的数值。

缩放操作仅改变对象的大小，而不影响对象的基本形状。

6. 对象的旋转

(1) 旋转就是绕着中心点将对象转动一个角度。任意旋转对象的操作方法：

① 单击工具箱中的【任意变形工具】按钮。

② 选择【修改】|【变形】|【任意变形】命令，用鼠标拖曳操作对象四周的活动块，完成缩放、旋转、倾斜、变形等操作。

(2) 精确地旋转和倾斜对象的操作方法：

① 选择【窗口】|【变形】命令，在【变形】面板中输入旋转角度，完成对象的旋转。

② 选择【修改】|【变形】级联菜单中的命令，用鼠标拖曳操作对象四周的活动块，完成缩放、旋转、倾斜、变形等操作。

7. 对象的复制并应用旋转

对象的复制并应用旋转是一种非常有用的操作，巧妙地应用这种方法可以很方便地制作有规律的几何图形。对象的复制并应用旋转的操作方法：

(1) 选中对象将其转换成图形元件，单击工具箱中的【任意变形工具】，用鼠标将对象的中心点调整到合适的位置。

（2）选择【窗口】|【变形】命令，在【变形】面板中输入旋转角度，然后单击【变形】面板右下角的【拷贝并应用变形】按钮 ，就可以按照输入的旋转角度旋转并复制对象，多次单击该按钮，可生成有规律旋转的几何图形。

8. 对象的翻转

翻转对象亦称镜像对象，即把对象在水平方向或垂直方向旋转180°，其效果就像在镜子中所成的像。对象的翻转的操作方法：

（1）选择【修改】|【变形】|【水平翻转】命令；选择【修改】|【变形】|【垂直翻转】命令。

（2）使用【任意变形工具】翻转对象，由左往右拖曳图形中间的活动块，可将图形水平翻转；由上往下拖曳图形中间的活动块，图形垂直翻转。

（3）使用【任意变形工具】按 Alt 键拖曳活动块，使对象沿中心点翻转，按 Shift 键拖曳活动块，使对象沿对称点翻转。

9. 轮廓线的编辑

图形的边框线又称轮廓线。轮廓线的编辑方法：

（1）使用属性面板修改矢量线的颜色、粗细及线型等属性。

（2）使用【墨水瓶工具】改变已绘制的矢量线属性。

10. 填充色块的编辑

属性面板、颜料桶工具和填充变形工具都具有对填充色块的编辑功能。

7.2.3　对象的排列与对齐

1. 对象的排列

在绘图层中对象的合理排列和调整有利于动画布局的合理性，增加动画的可视性。操作方法：选择【修改】|【排列】命令中的级联菜单项。

2. 对象的对齐

对象的对齐操作可以在【对齐】面板中完成。选择【窗口】|【对齐】命令，打开【对齐】面板，选择相应的对齐命令按钮。

7.2.4　文字的编辑

1. Flash 8 中提供了三种文本对象类型

（1）静态文本：其特点是在动画播放过程中，文本区域的文本是不可编辑和改变的。

（2）动态文本：应用动态文本输入的文本内容，在动画播放中可以动态更新文本内容。

（3）输入文本：其主要功能是允许动画浏览用户在各种表单中根据需要输入相应的文本内容，实现人与动画的交互。

三种文本对象类型的主要区别在于其功能不同。

2. 文字的输入

单击工具箱中的【文本工具】按钮，可在【属性】面板中设置文字属性。

Flash 8 提供了三种文字排列方式：水平方向文字从左到右的排列方式、从左向右的竖行排列方式以及从右向左的竖行排列方式。其中从左到右水平方向的排列方式是系统的默认状态。

3. 文本内容的编辑

文本内容的编辑包括插入、删除、改写、移动、复制等。操作步骤如下：

（1）利用工具箱中的【箭头工具】选中需要编辑的文本；

（2）双击文本对象，进入文字编辑模式；

（3）在文字编辑模式中完成插入文字、删除文字等编辑操作。

复制、移动文本的操作同图形对象。文本同样也能像图形一样进行旋转、翻转、倾斜等操作。

4. 文字转换为图形

在动画制作中，文字不但能进行格式化和简单的变形，为了使文字具有更多的变化效果，还可以把文字转换为图形来处理。

文字转换为图形的操作：选择【修改】|【分离】命令。

7.3 典型范例的分析与解答

例 7.1 制作如图 7-1 所示的"梅花"图案。

解法 1 的操作步骤如下：

（1）选择【文件】|【新建】命令，新建一个文档。

（2）单击工具箱中的【椭圆工具】按钮，在颜色选项区或【属性】面板中将【填充色】设置为无，按住 Shift 键，在工作区中绘制一个圆。

（3）使用【选择工具】选中圆，选择【修改】|【转换为元件】命令，打开【转换为元件】对话框。在对话框中选择【图形】单选项，如图 7-2 所示，单击【确定】按钮，将对象转换为元件。

图 7-1 "梅花"图案   图 7-2 【转换为元件】对话框

（4）单击工具箱中的【任意变形工具】按钮，单击工作区中的圆，圆四周出现 8 个活动块。将圆的中心点拖曳到圆的正下方，如图 7-3(a)所示。

（5）按 Ctrl+C 键，选择【编辑】|【粘贴到当前位置】命令，复制一个圆的副本，并使副本重叠在原图形上，选择【修改】|【变形】|【缩放与旋转】命令，打开【缩放和旋转】对话框，如图 7-4 所示。在【旋转】文本框中输入 72，单击【确定】按钮，结果如图 7-3(b)所示。

（6）同步骤(5)，依次再复制 3 个圆，旋转角度分别设为 144°、216°、288°。选择工具箱中的【箭头工具】将工作区中的 5 个圆全部选中，如图 7-3(c)所示。

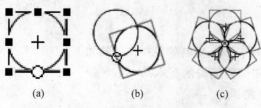

(a)　　　　　　(b)　　　　　　(c)

图 7-3　绘制梅花轮廓的过程

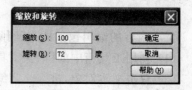

图 7-4　【缩放和旋转】对话框

（7）选择【修改】|【分离】命令，将其打散。按住 Shift 键，并用【选择工具】选择多余的线条，按 Del 键，将其删除，如图 7-5(a)所示。

（8）单击工具箱中的【颜料桶工具】按钮，在【混色器】面板中【类型】选择放射状，颜色最左边设置为红色，中间偏左设置为黄色，右边设置为浅绿色，填充花朵，如图 7-5(b)所示。

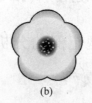

(a)　　　　　　　　(b)　　　　　　　　(c)

图 7-5　梅花的填色和去轮廓线

（9）单击工具箱中的【刷子工具】按钮，选项区【刷子大小】选择最小，【笔触颜色】和【填充色】都选择黄色，在花朵的红色部分点些小点，表示花蕊。使用【选择工具】清除花朵的轮廓线，如图 7-5(c)所示。至此"梅花"制作完毕。

解法 2 的操作步骤如下：

步骤（1）～（4）同上。

（5）选择【窗口】|【变形】命令，打开【变形】面板，选择【旋转】单选项，并在【旋转】文本框中输入旋转角度 72°。

（6）依次单击【变形】面板右下角第 1 个【复制并应用变形】按钮，复制并旋转生成 4 个圆，如图 7-3(c)所示。

其余操作步骤同解法 1，这里不再赘述。

例 7.2　将本章素材文件夹中的 xh.swf 和 yu.jpg 图片导入工作区，按下列要求完成操作，操作结果如图 7-6 所示。

（1）导入 xh.swf 文件，删除第 1 帧。对图片添加笔触高度为 2 像素、笔触样式为实线、颜色为红色的轮廓线。

（2）导入图片 yu.jpg，删除图片背景，添加笔触高度为 2 像素、笔触样式为实线、颜色为黑色的轮廓线，将其宽度缩小为 80 像素，按样例排放。

图 7-6　年年有鱼

（3）制作彩色文字"年年有"，【字体】为"隶书"，【字体大小】为 80 像素，粗体字。分别对文字使用蓝、红、绿颜色添加笔触高度为 0.75 像素、笔触样式为实线的轮廓线。

（4）将图片以 ny. wmf 和 ny. fla 为名导出，保存在磁盘上。

制作分析：根据题目要求，在本例题中图片和文字必须分别放在不同的图层中。删除图片背景，首先要对图片分离，然后使用【套索工具】中的【魔术棒】选项，残余的部分使用【橡皮擦工具】擦除。图片添加或改变轮廓线颜色、文字填充渐变色和轮廓线都必须先分离。

操作步骤如下：

（1）选择【文件】|【新建】命令，新建一个文档。

（2）选择【文件】|【导入】|【导入到舞台】命令，打开【导入】对话框，选中本章素材文件夹中的 xh. swf 文件，单击【打开】按钮，将其导入到工作区。右击第 1 帧，选择快捷菜单中的【删除帧】命令。选中图片，选择【修改】|【分离】命令，将图片打散。

（3）选择工具箱中【墨水瓶工具】，在属性面板中设置【笔触颜色】为红色、【笔触高度】为 2、【笔触样式】为实线，单击图片边缘，为图片添加轮廓线。单击图片中鱼的线条，改变线条的颜色。

（4）单击【时间轴】面板左下角的【插入图层】按钮，插入图层 2。选中第 1 帧，选择【文件】|【导入】|【导入到舞台】命令，打开【导入】对话框，选中本章素材文件夹中的 yu. jpg 文件，单击【打开】按钮，将其导入到工作区。选中图片，选择【修改】|【分离】命令，将图片打散。选择【套索工具】中的【魔术棒】选项，单击白色背景，按 Del 键将其删除。残余的部分使用【橡皮擦工具】擦除干净。

选择工具箱中【墨水瓶工具】，在属性面板中设置【笔触颜色】为黑色、【笔触高度】为 2、【笔触样式】为实线，单击图片边缘，为图片添加轮廓线。在【属性】面板中锁定高宽比例，在【宽】文本框中输入 80，将其缩小，存放在工作区的右上方。

（5）单击【时间轴】面板左下角的【插入图层】按钮，插入图层 3。选中第 1 帧，选择工具箱中的【文字工具】，在属性面板中设置【字体】为"隶书"，【字体大小】为 80 像素，粗体字，输入文字"年年有"。

选中文本，选择【修改】|【分离】命令，将其打散。使用工具箱中的【颜料桶工具】分别为它们填充线性渐变色。使用【填充变形工具】改变颜色的分布和角度。

单击工具箱中的【墨水瓶工具】按钮，【笔触颜色】分别选择蓝、红、绿色，对文字添加轮廓线。

（6）选择【文件】|【导出】|【导出图像】命令，打开【导出图像】对话框，输入文件名 ny，【文件类型】选择"Windows 元文件（＊. wmf）"，单击【保存】按钮。

选择【文件】|【另存为】命令，打开【另存为】对话框，输入文件名 ny，单击【保存】按钮。

例 7.3 按下列要求制作如图 7-7 所示的扇面。

（1）制作扇面，将本章素材文件夹中的"山水. jpg"图片作为扇面背景图。

图 7-7 阴影文字

（2）制作阴影文字"难得糊涂"，要求【字体】为"华文行楷"，【字体大小】为 60 像素，文字的颜色为黑色。对文字添加颜色为＃FFFF00 的阴影，阴影向外扩大 3 像素。

（3）将图片以 yyz.wmf 和 yyz.fla 为名导出，保存到文件夹中。

制作分析：根据题目要求，在本例中应用【选择工具】制作扇面。应用【滴管工具】为扇面填充位图。选择【修改】|【形状】命令制作文字阴影。

操作步骤如下：

（1）选择【文件】|【新建】命令，新建一个文档。

（2）选择工具箱中的【矩形工具】，【笔触颜色】选择黑色，【填充色】选择无，【笔触高度】为 2，绘制一个空心矩形。选择工具箱中的【选择工具】将矩形修改为扇形，使用时注意鼠标箭头的变化。

（3）单击【时间轴】面板左下角的【插入图层】按钮，插入"图层 2"。选择【文件】|【导入】|【导入到舞台】命令，在"图层 2"中导入图片"山水.jpg"，并将图片调整到合适的位置和合适的大小（可先交换 2 个图层上下位置，然后调整图片，再将图层恢复原样）。分离该图片后用【滴管工具】单击该图取样，然后将其删除，用【颜料桶工具】为扇区填充位图。

（4）选中"图层 2"的第 1 帧，选择工具箱中的【文字工具】，在属性面板中设置【字体】为"华文行楷"，【字体大小】为 60 像素，【文本（填充）颜色】为黑色，输入文字"难得糊涂"。

（5）选中文本，按住 Ctrl 键拖曳文本，复制一个副本。选中原文本中的文字，在【属性】面板中【文本（填充）颜色】选择＃FFFF00 色。选择【修改】|【分离】命令（连续两次），将其打散。

选择【修改】|【形状】|【扩散填充】命令，打开【扩散填充】对话框，在【距离】文本框中输入 3 像素，【方向】选项中选择【扩散】单选项，如图 7-8 所示，单击【确定】按钮。

图 7-8　【扩散填充】对话框

拖曳文本副本与原文本稍有错开，形成文字的阴影效果。加阴影的文字制作完毕。

（6）选择【文件】|【导出】|【导出图像】命令，打开【导出图像】对话框，输入文件名，【文件类型】选择"Windows 元文件（＊.wmf）"，单击【保存】按钮。

选择【文件】|【另存为】命令，打开【另存为】对话框，输入文件名，单击【保存】按钮。

例 7.4　按下列要求制作如图 7-9 所示的心形图形。

（1）设置工作区的背景色为＃CCFFFF。制作心形图形，使用放射渐变白到粉红色填充。

（2）制作红色空心心形图形。

（3）制作斑马线心形图形，将本章素材文件夹中的 tp1.jpg 和 tp2.jpg 图片填充心形图形。

（4）制作"手拉手　心连心"阴影文字。

（5）将图片以 xin.fla 为名保存在文件夹中，导出 xin.swf 文件。

制作分析：根据题目要求，在本例中应用【钢笔工具】制作心形图形，使用【部分选取工具】编辑心形图形，使用【颜料桶工具】填充渐变色和位图，填充的位图必须分离。

操作步骤如下：

图 7-9　手拉手　心连心

（1）选择【文件】|【新建】命令，新建一个文档。

（2）选择工具箱中的【钢笔工具】，【笔触颜色】选择红色，绘制一个空心的心形图形。选择工具箱中的【部分选取工具】对心形图形进行编辑。按 Ctrl＋C 键复制心形图形，单击【时间轴】面板左下角的【插入图层】按钮，插入图层 2 和图层 3，按 Ctrl＋V 键粘贴心形图形。

选中图层 1 中的心形图形，使用【颜料桶工具】填充类型选择放射状，颜色设置为白到粉红色，填充心形图形。选择【修改】|【转换为元件】命令，将心形图形转换为图形元件。

（3）制作红色空心心形图形。

选中图层 2 中的心形图形，按 Ctrl 键拖曳复制一个心形图副本，使用【任意变形工具】将其缩小。使用【选择工具】移动图形位置，使两图形的中心位置重叠，使用【颜料桶工具】填充红色。选择【修改】|【转换为元件】命令，将心形图形转换为图形元件。

（4）制作斑马线心形图形，填充位图。

选中图层 3 中的心形图形，双击心形线条将其全部选中，在【属性】面板中设置笔触高度为 10，单击右侧的【自定义】按钮，在【笔触样式】对话框中选择【斑马线】选项，单击【确定】按钮。斑马线心形图形制作完成。

单击【时间轴】面板左下角的【插入图层】按钮，插入图层 4，复制斑马线心形图形。

选中图层 3，选择【文件】|【导入】|【导入到舞台】命令，在【导入】对话框中选择本章文件夹中的 tp1.jpg 图片，单击【打开】按钮。选中图片，选择【修改】|【分离】命令，将图片打散。选择工具箱中的【滴管工具】，单击位图取样，单击心形图形填充位图。

选中图层 4，重复此操作完成另一个填充位图的斑马线心形图形。

（5）分别选中图层 1 和图层 2，将库中的图形元件拖曳到工作区，使用【任意变形工具】将其缩小，旋转角度，按样张排放。

（6）单击【时间轴】面板左下角的【插入图层】按钮，插入图层 5。选中第 1 帧，选择工具箱中的【文字工具】，在属性面板中设置【字体】为"华文新魏"，【字体大小】为 60 像素，【文本（填充）颜色】为灰色，输入文字"手拉手 心连心"。选中文本，按 Ctrl 键拖曳文本，复制一个副本。将副本中的文字颜色设置为红色。拖曳文本副本与原文本稍有错开，形成文字的阴影效果。阴影的文字制作完毕。

（7）选择【文件】|【另存为】命令，打开【另存为】对话框，输入文件名 xin，单击【保存】按钮。

选择【文件】|【导出】|【导出影片】命令，打开【导出影片】对话框，输入文件名 xin，单击【保存】按钮。

7.4　课内实验题

（1）导入配套光盘本章素材文件夹中的 ex-1.wmf 文件，如图 7-10(a)所示，按下述要求完成各项操作：

① 将其轮廓线改为红色，【笔触高度】为 2 像素，【笔触样式】为实线。

② 将图形对象的鞋子、裤子、领结分别改为蓝色、黄色、黑色。

③ 将图形对象的帽子改为尖顶，并用颜色♯D09C00 填充改变部分，如图 7-9(b)所示。

④ 在合适的位置上输入文字"小精灵"，字体为"华文彩云"、字号为 40 像素、颜色为图形对象手的颜色。

⑤ 在合适的位置上输入文字"小鸡"，并用滴管工具将文字"小精灵"的格式粘贴到文字"小鸡"上。

⑥ 将图片以 exe7-1.wmf 为名导出，保存到磁盘上。

(a)　　　　　　　　(b)

图 7-10　小精灵

（2）将本章素材文件夹中的三幅图片："云和太阳.wmf"、"房子.wmf"、"鸟.wmf"导入工作区，如图 7-11(a)所示，按下述要求完成操作。

① 适当缩放图片的比例，将三个图片放在合适的位子上，如图 7-11(b)所示。

② 用铅笔画出地平线、田间小路。【笔触样式】为实线；【笔触高度】分别为：5 像素、3 像素。

③ 用滴管测试田野和小路的颜色，并给田野和小路添加放射渐变的颜色。

④ 将图片以 exe7-2.wmf 为名导出，保存到磁盘上。

（3）将本章素材文件夹中的图片"鸟.wmf"导入工作区，如图 7-12(a)所示，按下述要求完成操作。

① 将小鸟对象放大一倍。将小鸟对象打散后，改变其身体的颜色为♯68FF68。

(a)

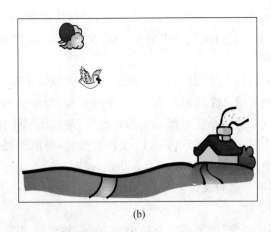

(b)

图 7-11　太阳和云、鸟、房子

② 将小鸟对象水平翻转。

③ 将小鸟对象改为黑白色,然后用交换轮廓线和实体的黑白色,观察效果。

④ 将小鸟对象顺时针旋转 60°,再逆时针旋转 30°,观察其效果。

⑤ 将图片以 exe7-3.wmf 为名导出,保存到磁盘上。

(a)　　　　　　　　　　　　　(b)

图 7-12　小鸟编辑处理后的示意图

(4) 将本章素材文件夹中的 1.wmf 图片导入工作区,如图 7-13(a)所示,按下述要求完成各项操作。

① 修改对象的轮廓线,使对象变为咧嘴状,如图 7-13(b)所示。

② 用套索工具将对象的脚选中,并分离,如图 7-13(c)所示。将对象的脚水平翻转,并拉长。

③ 将处理后对象的脚,装到对象的身上,如图 7-13(d)所示。

(a)　　　　　(b)　　　　　(c)　　　　　(d)

图 7-13　对象编辑处理后的示意图

④ 将图片以 exe7-4. wmf 为名导出，保存到磁盘上。

（5）将本章素材文件夹中的 1. wmf 和"树叶. wmf"图片导入工作区，然后完成下列各项操作。

① 分别对这 2 个图形做 5 次平滑处理，与原图形作比较。

② 分别对这 2 个图形再做 10 次平滑处理，与原图形作比较。

③ 分别对这 2 个图形做 3 次伸直处理，与原图形作比较。

④ 分别对这 2 个图形再做 12 次伸直处理，与原图形作比较。

⑤ 将图片以 exe7-5. wmf 为名导出，保存到磁盘上。

（6）将本章素材文件夹中的"象. wmf"和"树叶. wmf"图片导入工作区，然后完成下列各项操作。

① 将名为"象"的图形对象缩小为 70％，并旋转 40°。

② 将名为"树叶"的图形对象作顺时针旋转 90°和逆时针旋转 90°。

③ 将名为"树叶"的图形对象作水平和垂直翻转。

④ 删除上述变形，然后再恢复。

⑤ 变更名为"象"的图形对象的中心点，然后再按不同的中心点做旋转变形。

⑥ 将上述 2 个图形对象叠放在一起，然后改变图形对象的叠放次序。

⑦ 将上述 2 个图形对象放在合适的位置上，锁定这 2 个图形对象，然后再解除锁定。

（7）再将本章素材文件夹中的鸟. wmf 图片导入工作区，然后完成下列操作。

① 将工作区中"鸟"、"树叶"、"象"三个图形对象分别作"垂直对齐"、"水平对齐"、"居中对齐"、"向上对齐"、"向下对齐"、"水平居中对齐"。

② 将工作区中"鸟"、"树叶"、"象"三个图形对象分别作"垂直分布"、"水平分布"。

③ 对"鸟"和"象"2 个图形对象设置宽度相同、高度相同、高度和宽度都相同。

（8）输入文字"动画设计"，并制作立体倒影效果。效果如图 7-14 所示，并将图片以 exe7-6. wmf 为名导出，保存到磁盘上。

（9）制作如图 7-15 所示的扇面和带阴影文字，扇面背景图为"湖光山色. jpg"，文字内容为"诗与画"，【字体】为"隶书"，【字体大小】为 65 像素，【字符间距】为 10，颜色为 ＃000099。文字的阴影颜色为黄色，扩展填充 3 像素，并设置【柔化填充边缘】为 4 像素，【步骤数】为 3。将操作结果以 exe7-7. wmf 为名导出，保存在磁盘上。

操作提示：参见例 7.3。

图 7-14　文字的立体倒影

图 7-15　带阴影文字

（10）将本章素材文件夹中的三叶草. gif 图片导入工作区，按图 7-16 完成下列操作。

① 设置工作区的背景色为♯FFFFCC。调整图片大小宽度为100,高度为120。去掉图片的背景色,添加【笔触高度】为2像素、【笔触样式】为实线的绿色轮廓线。复制两个图片,底部对齐排列。

② 制作空心字和放射状渐变色填充的文字"三叶草",【字体】为"华文行楷",【字体大小】为65像素,【字符间距】为10。

③ 将图片以 exe7-8.wmf 为名导出,保存在磁盘上。

操作提示:图片去背景色的操作参见例 7.2 步骤(4)。制作空心字的操作,先分离文字,然后使用【墨水瓶工具】为文字添加轮廓线,最后使用【选择工具】将文字拖曳出来。

(11) 设置工作区背景色为♯0000FF,绘制太极图,输入文字"太极文化源远流长"【字体】为"华文新魏",【字体大小】为60像素,颜色为♯FFCC00,按图 7-17 对文字变形。将图片以 exe7-9.wmf 为名导出,保存 exe7-9.fla 文件。

图 7-16 空心字和彩色渐变文字

图 7-17 太极图和变形文字

操作提示:绘制太极图:先绘制一个大的空心圆,再绘制一个半径为大圆二分之一的空心圆,在空心圆的中心再绘制一个小空心圆,组合空心小圆和圆,再复制一个副本,分别横向放在大圆中,然后分别填充黑、白色。

文字变形使用【任意变形工具】中的【封套】选项。

注意:使用【任意变形工具】中的【封套】选项前必须对操作对象分离。

(12) 按图 7-18 制作花朵,颜色自定,将图片以 exe7-10.wmf 为名导出,保存在磁盘上。

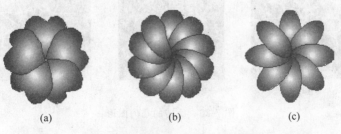

(a)   (b)   (c)

图 7-18 花朵图案

操作提示:图 7-18(a)为心形花瓣、旋转 72°;图 7-18(b)为椭圆花瓣、旋转 36°;图 7-18(c)旋转 54°。操作方法参见例 7.1。

7.5　课外思考与练习题

（1）如何使用铅笔、刷子、颜料桶、橡皮擦、墨水瓶等工具？

（2）如何绘制带圆角的矩形？如何绘制五角星？

（3）怎样建立一个新的渐变色？怎样编辑渐变色？

（4）如何叠放、缩放、旋转、翻转、倾斜、排列、组合、拆分和分离元件实例？

（5）制作蓝底黄色荧光文字 Welcome，字体为 Lucida Sans Unicode；大小为 90 像素，分别为文字 Welcome 添加"发光"、"渐变发光"、"投影"、"斜角"、"模糊"等滤镜，试比较不同的效果。

（6）仿照图 7-19，制作旋转的文字。仿照图 7-20，制作旋转的几何图形。

图 7-19　旋转的文字

操作提示：图 7-19 先输入竖排文字"动画"，将中心点移到文字下方，在【变形】面板中运用【复制并应用变形】。

图 7-20(a)原始图形是上、下排放的，一大一小的六边形。图 7-20(b)原始图形是一个矩形，在【变形】面板中运用【复制并应用变形】时，每次缩小为前一矩形的 95%。图 7-20(c)原始图形是上、下排放的是一个三角形和一个六边形。

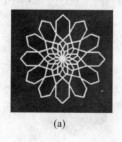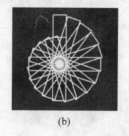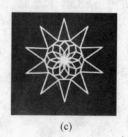

(a)　　　　　　　(b)　　　　　　　(c)

图 7-20　旋转的几何图形

第8章　逐帧动画与渐变动画

8.1　实验的目的

(1) 掌握帧的基本概念及操作。

(2) 理解逐帧动画的基本概念及操作方法。

(3) 掌握渐变动画的基本概念及操作方法。

(4) 掌握滤镜的操作方法。

8.2　实验前的复习

8.2.1　帧的基本概念及操作

1. 帧的定义和类型

帧是 Flash 中一个重要的概念,通常把 Flash 动画中的某个静止画面称为一帧,若干帧的连续显示就形成动画。可以通过时间轴面板在时间上组织动画。帧的数量和播放速度决定了动画播放的时间。

帧主要有下列几种类型,分别是关键帧、空白关键帧、普通帧和渐变帧等。

(1) 关键帧:包含内容或对动画的改变起决定性作用的帧,在帧区中显示为黑色实心小圆点。

(2) 空白关键帧:不包含任何 Flash 对象的帧,在帧区中显示为空心小圆点。当对帧添加了对象后就转换为关键帧。

(3) 普通帧:相邻关键帧中对象的延续,普通帧在帧区中显示为空心小矩形。

(4) 渐变帧:渐变帧有 2 种,分别是运动渐变帧和形状渐变帧。在两个关键帧之间用浅蓝色(形状渐变的帧用浅绿色)填充,并用带箭头的直线连接两个关键帧的帧称为渐变帧。

2. 帧的编辑

1) 选择帧的操作方法

(1) 选择单个帧:单击需要选择的帧。

(2) 选择连续多个帧:单击需要选择的第一个帧,按住 Shift 键,单击需要选择的最后一个帧。或者直接用鼠标拖曳需要选择的帧。

(3) 选择全部帧:选择【编辑】|【选择所有帧】命令,或右击任意帧,在弹出的快捷菜单中选择【选择所有帧】命令。

2) 插入帧的操作方法

(1) 插入关键帧:选择【插入】|【关键帧】命令,或右击需插入关键帧的帧,在弹出的快捷菜单中选择【插入关键帧】命令,也可以按 F6 键。

（2）插入空白关键帧：选择【插入】|【空白关键帧】命令，或右击需插入空白关键帧的帧，在弹出的快捷菜单中选择【插入空白关键帧】命令，也可以按 F7 键。

（3）插入普通帧：选择【插入】|【帧】命令，或右击需插入普通帧的帧，在弹出的快捷菜单中选择【插入帧】命令，也可以按 F5 键。

3）复制帧的操作方法

（1）选中需复制的帧，选择【编辑】|【拷贝帧】命令，单击目标帧，选择【编辑】|【粘贴帧】命令。

（2）右击需复制的帧，在弹出的快捷菜单中选择【拷贝帧】命令，右击目标帧，在弹出的快捷菜单中选择【粘贴帧】命令。

4）删除帧与清除帧的操作方法

（1）右击需删除的帧，在弹出的快捷菜单中选择【删除帧】命令，可删除所选的帧。

（2）选中需清除的帧，选择【编辑】|【清除帧】命令，可将选中的渐变帧、普通帧和关键帧转变为空白关键帧。

（3）右击需清除的关键帧，选择【清除关键帧】命令，可将关键帧转化为普通帧。

8.2.2　逐帧动画的定义、特点及操作方法

（1）定义：每一帧都是关键帧的动画称为逐帧动画。逐帧动画用于制作一些特效以及那些难以通过运动渐变和形状渐变来自动完成的动画效果。

（2）特点：应用逐帧动画制作方法制作的动画效果好，动画变化准确、真实。不足之处是用此方法制作动画工作量太大。

（3）操作方法：制作动画中的每一幅画面时都先要插入关键帧，然后绘制该关键帧的内容。

8.2.3　渐变动画的定义、特点及操作方法

渐变动画分为运动渐变动画和形状渐变动画两类。

1. 运动渐变动画

（1）定义：两个关键帧内的同一对象发生了位置、大小、旋转、扭曲、颜色的变化，Flash 根据这种变化而自动产生两个关键帧内渐变帧的动画，称为运动渐变动画。运动渐变动画的对象可以是实例、组合对象和文字对象，产生的效果有移动、缩放、旋转、自定义路径运动、色彩渐变、加速和减速运动等。

（2）特点：创建运动渐变动画的特点是开始帧和结束帧放置的对象必须是同一个对象，中间不能加入其他内容。必须将运动对象转换为元件或组合对象，否则达不到运动效果。

（3）操作方法：对开始帧和结束帧分别插入关键帧，右击开始帧，在弹出的快捷菜单中选择【创建补间动画】命令，或在【属性】面板的【补间】下拉列表中选择【运动】选项。在时间轴上可以看到在开始帧和结束帧之间出现一条带有箭头的直线，帧区的颜色为浅蓝色，表示运动渐变动画创建成功，若出现一条连接两个关键帧的虚线，则表示动画存在错误，无法自动完成渐变。

2. 形状渐变动画

(1) 定义：两个关键帧内相应对象的形状发生了变化，Flash 根据这种变化而自动产生两个关键帧内渐变帧的动画称为形状渐变动画。

(2) 特点：形状渐变动画的特点是动画的开始帧和结束帧中对象的形状发生了变化，或者是 2 个不同的对象。因此，动画中的对象不能以整体出现，必须通过选择【修改】|【分离】命令，将对象打散。这是对象实现形状渐变动画的关键，也是两种渐变动画的根本区别。

(3) 操作方法：对开始帧和结束帧分别插入关键帧，并将开始帧和结束帧的对象打散，然后右击开始帧，在【属性】面板的【补间】下拉列表中选择【形状】选项。在时间轴上可以看到在开始帧和结束帧之间出现一条带有箭头的直线，帧区的颜色为浅绿色，表示形状渐变动画创建成功。

注意：

(1) 在创建运动渐变动画时，首、尾 2 个关键帧中的对象必须组合或转换为图形元件。

(2) 在创建形状渐变动画时，首、尾 2 个关键帧中的对象必须打散。

(3) 要改变运动渐变动画中对象的透明度、亮度、色调，或者运动渐变动画中对象要做水平翻转、垂直翻转时，该对象必须设置为图形元件。

(4) 常用功能键的用法：F4 键为浮动面板隐藏/显示切换，F5 键为插入普通帧，F6键为插入关键帧，F7 键为插入空白关键帧，F8 键为将选中的对象转换为元件。

8.2.4　滤镜的操作方法

Flash 8 新增了滤镜功能，使部分文字特效可以轻松实现，效果也更加丰富多彩。

1. 添加滤镜

给文字添加滤镜主要通过工作区下方的【滤镜】面板来完成。其操作步骤如下：

(1) 在【属性】面板中选择【滤镜】选项卡，打开【滤镜】面板。

如果【属性】面板没有显示，可以选择【窗口】|【属性】|【滤镜】命令，打开【滤镜】面板，如要节省屏幕空间，可单击鼠标右键将【滤镜】面板组合至其他面板。

(2) 在【滤镜】面板中，单击添加滤镜 ✛ 按钮，显示"添加滤镜"菜单，再单击需要的效果，其中包括投影、模糊、发光、斜角、渐变发光斜角和调整颜色等。

注意： 滤镜只能应用于文本，影片剪辑和按钮。

2. 查看和删除滤镜

在工作区上选中要查看或删改的对象，打开【滤镜】面板后即可查看应用于该对象的所有滤镜；在该对象的滤镜列表中，选择要删除的滤镜，单击删除滤镜 ━ 按钮，即可删除该滤镜。

8.3　典型范例的分析与解答

例 8.1　制作如图 8-1 所示的逐帧动画。

制作要求：

(1) 创建 450×400 像素的动画文档，帧频为 10fps(帧/秒)。

图 8-1　逐帧动画编辑示意图

(2) 打开本章素材文件夹中的 lt8-1. fla 库文件，在图层 1 中，每隔 4 帧导入库中的元件 1 到元件 9。延续到第 40 帧。

(3) 在图层 2 第 1 帧中导入库中影片剪辑元件 10，复制一个副本，将其水平翻转，按图 8-1 排放。

(4) 在图层 3 第 1 帧中输入文字"逐帧动画"，字体为"华文行楷"、45 磅、加粗、蓝色，字符间距为 10。要求第 1 帧至第 15 帧每隔 5 帧出现一个字。

(5) 在图层 4 第 16 帧中输入文字"爱"，字体为"华文行楷"、90px、粉红色。制作逐笔模拟书写文字的逐帧动画。在爱字最后笔画的帧中插入元件 18，适当放大，放在"爱"字的右下角。

(6) 将操作结果保存为 zzdh. gif 文件，导出 zzdh. swf 影片文件。

制作分析：根据题目要求，不同的动画对象应放在不同的图层上。第(2)题的操作关键是制作动画的对象必须对齐，制作逐字显示的逐帧动画，文字必须分离。制作逐笔模拟书写文字的逐帧动画，文字必须彻底分离，结合工具箱中的【橡皮擦工具】完成第(5)题的操作。

操作步骤如下：

(1) 选择【文件】|【新建】命令，新建一个文档。选择【修改】|【文档】命令，在【文档属性】对话框中将宽度设置为 450 像素，帧频设置 10fps。

(2) 选择【文件】|【导入】|【打开外部库】命令，打开 lt8-1. fla 库文件。选中第 1 帧，将库中元件 1 拖曳到工作区，在【属性】面板中锁定高宽比例，将元件实例的宽度设置为 120。选择【窗口】|【对齐】命令，在【对齐】面板中，单击【相对舞台】按钮；单击【水平中齐】和【垂直中齐】按钮；选中第 5 帧，按 F5 键插入空白关键帧，导入库中的元件 2，重复上述操作使元件 2 实例与元件 1 实例对齐。

重复上述的操作，每隔4帧插入空白关键帧，导入库中的元件，元件实例在工作区中水平、垂直居中。右击第40帧，在快捷菜单中选择【插入帧】命令，插入普通帧。

（3）选择【插入】|【时间轴】|【图层】命令，插入图层2。选中第1帧，将库中影片剪辑元件10拖曳到工作区。在【属性】面板中将元件实例的宽度设置为130，约束高宽比例。按Ctrl键拖曳复制一个副本，使用【任意变形工具】将其水平翻转，按图8-1排放。

（4）单击【时间轴】左下角的【插入图层】按钮，插入图层3。选中第1帧，单击工具箱中的【文本工具】，在属性面板中设置字体为华文行楷、45磅、加粗、蓝色，字符间距为10，输入文字"逐帧动画"。按Ctrl+B键，将文字分离。分别在第5、10、15帧中插入关键帧。选中第5帧，选中"帧动画"三个字，按Del键将选中的文字删除。选中第10帧，删除"动画"两个字，以此类推。

（5）插入新图层4，在第16帧中插入关键帧，单击工具箱中的【文本工具】，在属性面板中设置字体为华文行楷、90px、粉红色，输入文字"爱"。选择【修改】|【分离】命令将文字分离。将显示窗口放大200％。选中第18帧插入关键帧，单击工具箱中的【橡皮擦工具】，将文字按笔画从后往前擦除，每擦除一笔隔一帧插入关键帧，直到全部擦完。选中第16帧，按Shift键单击文字最后一笔擦除的关键帧，右击选中的帧区，在快捷菜单中选择【翻转帧】命令。选中第33帧，导入库中的元件18，使用【任意变形工具】适当放大，放在"爱"字的右下角。

（6）选择【控制】|【测试影片】命令，测试动画。选择【文件】|【导出】|【导出影片】命令，打开【导出影片】对话框，输入文件名zzdh，保存类型选择GIF动画格式，单击【保存】按钮，打开如图8-2所示的【导出GIF】对话框，单击【确定】按钮，保存GIF动画文件。在资源管理器中对GIF动画文件右击，在快捷菜单中选择【打开方式】|Internet Explorer命令，可以看到动画在浏览器中播放。

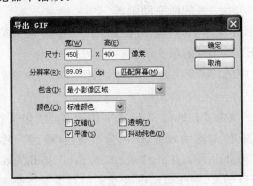

图8-2 【导出GIF】对话框

选择【文件】|【导出】|【导出影片】命令，打开【导出影片】对话框，输入文件名zzdh，保存类型选择Flash影片格式swf，单击【保存】按钮，打开【导出Flash Player】对话框，单击【确定】按钮。

例8.2 制作如图8-3所示的渐变动画。

制作要求：

（1）设置动画帧频为6fps。打开本章素材文件夹中的lt8-2.fla库文件，导入库中名

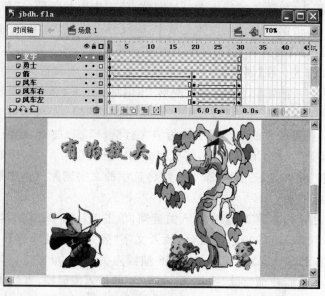

图 8-3　渐变动画编辑示意图

为"树"的图形元件,适当放大,按样例放置。

(2) 图层 2 导入库中的"小孩 1"和"小孩 2"影片剪辑元件,将其缩小按样例排放。

(3) 图层 3 导入库中的"勇士"影片剪辑元件,水平翻转,放在工作区的左下角。

(4) 图层 4 导入库中的"风车"图形元件第 1 帧到第 20 帧静止,第 20 帧到第 30 帧顺时针旋转一次。

(5) 图层 5 第 20 帧导入库中的"风车"图形元件,第 20 帧到第 30 帧制作风车向左下运动、Alpha 由 100%渐变为 0%的渐变动画。

(6) 图层 6 第 20 帧导入库中的"风车"图形元件,第 20 帧到第 30 帧制作风车向右下运动、Alpha 由 100%渐变为 0%的渐变动画。

(7) 图层 7 导入库中的"箭"影片剪辑元件,制作第 1 帧到第 20 帧射向风车的渐变动画,延续到第 30 帧。

(8) 插入图层,输入文字"有的放矢",文字的字体为"华文行楷"、60 像素、颜色为 00CCFF,并添加"渐变发光"的滤镜效果,颜色分布为白、蓝、黄、黑。

(9) 操作结果保存为 jbdh. fla、jbdh. swf、jbdh. html、jbdh. exe 文件。

制作分析:根据题目要求,制作运动渐变动画的对象应该是组合的对象或元件,动画对象透明度的改变必须将对象转换为元件。

操作步骤如下:

(1) 选择【文件】|【新建】命令,新建一个文档。选择【修改】|【文档】命令,打开【文档属性】对话框,在对话框中将【帧频】设置为 6fps,单击【确定】按钮。

(2) 选择【文件】|【导入】|【打开外部库】命令,打开 lt8-2. fla 文件。双击图层区将图层名改为"树"层。选中第 1 帧,将库中的"树"图形元件拖曳到工作区右侧,使用工具箱中的【任意变形工具】适当放大。右击第 30 帧,在快捷菜单中选择【插入帧】命令,插入普

通帧。

(3) 选择【插入】|【时间轴】|【图层】命令,插入图层 2,双击图层区将图层名改为"小孩"层。选中第 1 帧,将库中的"小孩 1"和"小孩 2"影片剪辑元件拖曳到工作区右侧,使用工具箱中的【任意变形工具】将其适当缩小按样例排放。

(4) 选择【插入】|【时间轴】|【图层】命令,插入图层 3,双击图层区将图层名改为"勇士"层。选中第 1 帧,将库中的"勇士"影片剪辑元件拖曳到工作区左侧,使用工具箱中的【任意变形工具】将其水平翻转。

(5) 选择【插入】|【时间轴】|【图层】命令,插入图层 4,双击图层区将图层名改为"风车"层。选中第 1 帧,将库中的"风车"图形元件拖曳到工作区。选中第 20 帧,按 F6 键插入关键帧,选中第 30 帧,按 F6 键插入关键帧,右击第 20 帧,在快捷菜单中选择【创建补间动画】命令,选中第 20 帧,在【属性】面板的【旋转】下拉列表中选择【顺时针】选项,次数输入 1。

(6) 选择【插入】|【时间轴】|【图层】命令,插入图层 5,双击图层区将图层名改为"风车左"层。选中第 20 帧,将库中的"风车"图形元件拖曳到工作区,与图层 4 中元件实例重合。选中第 30 帧,按 F6 键插入关键帧,将"风车"元件实例朝左下拖曳,选中该实例,在【属性】面板的【颜色】下拉列表中选择 Alpha 选项,并将其值设置为 0%。右击第 20 帧,在快捷菜单中选择【创建补间动画】命令,完成改变透明度的运动渐变动画。

(7) 重复步骤(6)的操作。

(8) 选择【插入】|【时间轴】|【图层】命令,插入图层 7,双击图层区将图层名改为"箭"层。选中第 1 帧,将库中"箭"影片元件拖曳到工作区左下侧,使用工具箱中的【任意变形工具】旋转一个角度,选中第 20 帧,按 F6 键插入关键帧,将影片元件的实例拖曳到风车,右击第 1 帧,在快捷菜单中选择【创建补间动画】命令。

(9) 选择【插入】|【时间轴】|【图层】命令,插入图层 8,双击图层区将图层名改为"文字"层。选中第 1 帧,选择工具箱中的【文本工具】,在属性面板中【字体】选择"华文行楷"、【字体大小】选择 60、【文本(填充)颜色】选择♯00CCFF,输入文字"有的放矢"。选中文字,单击【滤镜】面板中的【添加滤镜】按钮,在下拉列表中选择【渐变发光】选项,颜色分布选择白、蓝、黄、黑。文字的滤镜效果制作完成。

拖曳"勇士"层到"文字"层的下方,改变图层叠放次序。

(10) 选择【文件】|【另存为】命令,打开【另存为】对话框,输入文件名 jbdh,单击【保存】按钮。选择【文件】|【发布设置】命令,打开【发布设置】对话框,选中文件保存的类型,选择【发布】命令。

例 8.3 制作符合下列要求的"梵高名画"演示动画,如图 8-4 所示。

制作要求:

(1) 创建 300×250 像素的动画文档,动画的【帧频】为 6fps。打开本章素材文件夹中的 lt8-3.fla 库文件,导入库中的 bg0077.gif 位图作为动画的背景图,动画延续到第 100 帧。

(2) 导入库中的 4 幅图像 tu1.jpg、tu2.jpg、tu3.jpg、tu4.jpg,其切换方式如下:

① 在第 1～15 帧中,tu1.jpg 缩小后逐渐放大为原图的大小,透明度的值由 60% 渐变

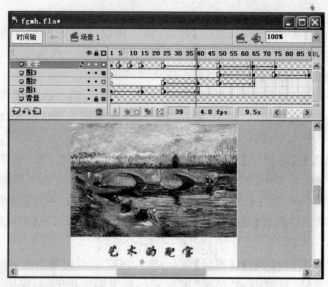

图 8-4 "梵高名画"动画编辑示意图

为 100%；延续 10 帧，从第 25～40 帧透明度的值由 100%渐变为 0%，在这 15 帧中用透明度变化实现与第 2 张图片的切换。

② 在第 25 帧处导入 tu2.jpg，设第 25～40 帧图透明度的值由 0%渐变为 100%，并使该图延续 10 帧，设第 50～65 帧图透明度的值由 100%渐变为 0%，在这 15 帧中用透明度变化实现与第 3 张图片的切换。

③ 在第 50 帧处导入 tu3.jpg，设第 50～65 帧图透明度的值由 0%渐变为 100%，并使该图延续 10 帧。

④ 在第 75 帧处导入 tu4.jpg，设第 75～90 帧图透明度的值由 40%渐变为 100%，并使该图延续到 100 帧。

(3) 在动画的底部输入文字"梵高名画"、"艺术的瑰宝"、"精神的粮食"，字体自定，制作成阴影效果，并使文字按下列要求变换：

① 第 1～15 帧显示文字"梵高名画"，每 5 帧变化一次，第 1 帧显示第 1 个字，第 5 帧显示第 1、2 两个字，第 10 帧显示第 1、2、3 三个字，第 15 帧显示四个字，并使四个字延续 10 帧。

② 第 25～40 帧完成文字"梵高名画"形状渐变为"艺术的瑰宝"，并使文字延续 10 帧。

③ 第 50～64 帧文字"艺术的瑰宝"的透明度的值由 100%渐变为 0%，在第 65～75 帧中文字"精神的粮食"的色调由红色渐变为蓝色，也就是色调的 RGB 值由 255,0,0 渐变为 0,0,255。并使文字延续到 100 帧。

制作分析：根据题目要求，本例可设置"背景层"、"文字层"以及对不同的图像变化对象设置不同的层。根据要求第(1)题可新建一个背景层，导入背景图片；按照在同一时刻不同的动画对象应设置不同的层的原则，第(2)题可设置 3 个层；第(3)题的 3 段文字变化分别是变形的逐帧动画(第 1～15 帧)、形状渐变动画(第 25～40 帧)和运动渐变动画(第

50~75 帧）。

操作步骤如下：

（1）选择【文件】|【新建】命令，新建一个文档。

（2）选择【修改】|【文档】命令，打开【文档属性】对话框，在对话框中将【帧频】设置为 6fps，【宽】设置为 300 像素，【高】设置为 250 像素，单击【确定】按钮。

（3）选择【文件】|【导入】|【打开外部库】命令，打开【导入】对话框，选中本章素材文件夹中的 lt8-3.fla 文件，单击【打开】按钮。

将库中的 bg0077.gif 位图导入到工作区，选择工具箱中的【任意变形工具】将图片适当放大与工作区一样大小，作为背景图片。选中第 100 帧按功能键 F5 插入帧，将动画延续到第 100 帧。双击图层名将其改为"背景"，选中该层，单击小锁图标将其锁住。

（4）单击【时间轴】面板左下角的【插入图层】按钮，插入 4 个图层，分别命名为"图 1"、"图 2"、"图 3"和"文字层"。

（5）选中层"图 1"的第 1 帧，导入库中的 tu1.jpg 位图，选择【修改】|【转换为元件】命令或按功能键 F8，将该图像文件转换为图形元件，选择【窗口】|【对齐】命令，打开【对齐】面板，依次单击【相对于舞台】、【上对齐】、【水平中齐】按钮，在工作区中对齐该图形实例。选择工具箱中的【任意变形工具】将该实例缩小。选中该实例，在【属性】面板的【颜色】下拉列表中选择 Alpha 选项，并将其值设置为 60%。

选中第 15 帧，按 F6 键插入关键帧，将实例的 Alpha 值设置为 100%，并把实例放大到原来大小。右击第 1 帧，在快捷菜单中选择【创建补间动画】命令，创建运动渐变动画。

选中第 25 帧，按 F6 键插入关键帧。选中第 40 帧，按 F6 键插入关键帧，将实例的 Alpha 值设置为 0%，右击第 25 帧，在快捷菜单中选择【创建补间动画】命令，创建改变透明度的运动渐变动画。

（6）选中层"图 2"的第 25 帧，导入库中的 tu2.jpg 位图，选择【修改】|【转换为元件】命令或按 F8 键，将该图像文件转换为图形元件，选择【窗口】|【对齐】命令，打开【对齐】面板，依次单击【相对于舞台】、【上对齐】、【水平中齐】按钮，在工作区中对齐该图形实例。

选中该实例，在【属性】面板的【颜色】下拉列表中选择 Alpha 选项，并将其值设置为 0%。选中第 40 帧，按 F6 键插入关键帧，将实例的 Alpha 值设置为 100%，右击第 25 帧，在快捷菜单中选择【创建补间动画】命令，创建改变透明度的运动渐变动画，完成与 tu1.jpg 的切换。选中第 50 帧，按 F6 键插入关键帧。选中第 65 帧，按 F6 键插入关键帧，将实例的 Alpha 值设置为 0%，右击第 50 帧，在快捷菜单中选择【创建补间动画】命令，创建改变透明度的运动渐变动画。

（7）选中"图 3"层，在第 50~65 帧和第 75~90 帧，分别导入库中的位图 tu3.jpg 和 tu4.jpg，按题目要求，仿照步骤（5）、（6）创建改变透明度的运动渐变动画。选中第 100 帧，按 F5 键插入普通帧。

（8）选中"文字"层的第 1 帧，单击工具箱中的【文字工具】按钮，在【属性】面板中将【字体】设置为"华文行楷"，【字体大小】为 24 像素，【文本（填充）颜色】为#000066。将鼠标指针移到工作区的合适处单击后确定文字输入位置，并输入文字"梵高名画"。按 Ctrl＋C 键和 Ctrl＋V 键，复制一个文字的副本，将文字副本的颜色改为红色，并将文字副本与原文字稍微错开,形成文字的阴影效果。

分别选中"文字"层的第 5、10、15 帧后插入关键帧,然后选中第 1、5、10 帧,分别删除那些帧中的文字"高名画"、"名画"、"画",制作文字逐个显示的效果。

(9) 在第 25 帧处插入关键帧,连续按 Ctrl+B 键,将文字"梵高名画"打散。在第 40帧处按 F7 键插入空白关键帧,输入文字"艺术的瑰宝",仿照步骤(8)制作成文字的阴影效果,并将其打散。选中第 25 帧,在【属性】面板的【补间】下拉列表中选择【形状】选项,完成文字"梵高名画"形状渐变为"艺术的瑰宝"。

选中第 50 帧,插入关键帧。将文字"艺术的瑰宝"转换为图形元件。选中该图形元件的实例,在【属性】面板的【颜色】下拉列表中选择 Alpha 选项,并将其值设置为 100%。选中第 64 帧,按 F6 键插入关键帧,将实例的 Alpha 值设置为 0%,右击第 50 帧,在快捷菜单中选择【创建补间动画】命令,创建改变文字透明度的运动渐变动画。选中第 65 帧,插入空白关键帧,输入文字"精神的粮食",仿照步骤(8)制作成文字的阴影效果后转换成图形元件,选中该图形元件的实例,在【属性】面板的【颜色】下拉列表中选择【色调】选项,并将 RGB 的值设置为 255、0、0。选中第 75 帧,按 F6 键插入关键帧,选中该图形元件的实例,在【属性】面板的【颜色】下拉列表中选择【色调】选项,并将 RGB 的值设置为 0、0、255。右击第 65 帧,在快捷菜单中选择【创建补间动画】命令,创建改变文字颜色的运动渐变动画。选中第 100 帧,按功能键 F5 插入普通帧。

(10) 按 Ctrl+Enter 键测试动画,用 fgmh.swf 为名保存文件。

8.4 课内实验题

(1) 按图 8-5 所示的样张导入配套光盘本章素材文件夹中的 picture1.jpg 文件作为动画背景,设置动画帧频为 6fps,制作模拟书写文字"争鸣"的逐帧动画,用 exe8-1.swf 为名保存文件。

图 8-5 模拟书写文字的逐帧动画

操作提示：选择【修改】|【文档】命令，修改帧频大小。插入新图层，单击【时间轴】面板左下角的【插入图层】按钮，或选择【插入】|【时间轴】|【图层】命令，逐帧动画与背景分层制作。模仿写字的逐帧动画的操作参见例 8.1 步骤(5)。

(2) 按下列要求制作动画，操作结果保存在磁盘上。

① 打开配套光盘本章素材文件夹中的 sy8.fla 库文件，设置工作区的大小为 550×200 像素。

② 图层 1 第 5 帧开始每隔 5 帧导入一幅图，相对工作区底对齐。

③ 图层 2 第 1 帧输入文字"百年奥运 中华圆梦"，文字的字体为"华文彩云"、50 像素、颜色为红色。制作每隔 10 帧颜色为红、绿、蓝的闪烁文字。

④ 将动画文件保存为 exe8-2.fla，导出为 exe8-2.gif 和 exe8-2.swf 文件。

操作提示：图片的对齐，选择【窗口】|【对齐】命令，打开【对齐】面板如图 8-6 所示。单击【相对于舞台】按钮，单击【底对齐】按钮。闪烁文字的制作，在第 8、18、28 帧中插入空白关键帧。

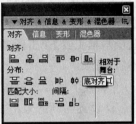

图 8-6 【对齐】面板

(3) 画出图 8-7 和图 8-8 的花朵，并按下列要求完成操作。

① 将图 8-7 的花朵居中放在工作区中，并在第 1～15 帧处顺时针旋转 20 次，第 16～30 帧处再逆时针旋转 20 次。第 31～50 帧处透明度的值由 100% 渐变到 0%。

② 将图 8-8 的花朵居中放在工作区中，并在第 51 帧到 70 帧处透明度的值由 0% 渐变到 100%。

图 8-7 绿色花朵

图 8-8 红色花朵

③ 在第 71～90 帧处使图 8-8 的花朵由黄色渐变到蓝色，动画延续到第 100 帧。

④ 将动画文件保存为 exe8-3.fla、exe8-3.swf、exe8-3.html、exe8-3.exe 文件。

操作提示：

① 绘制图 8-7 和图 8-8 的花朵的方法参见例 7.1。

② 花朵旋转、改变透明度都是运动渐变动画，选择【修改】|【转换为元件】命令，或按 F8 键，将花朵转换为图形元件。

③ 动画对象的旋转，选择【属性】面板的【旋转】下拉列表中的【顺时针】或【逆时针】选项，并输入次数。

④ 动画对象透明度的改变，选择在【属性】面板的【颜色】下拉列表中的【透明度】选项，设置 Alpha 的值。

(4) 按下列要求制作动画,操作结果保存在磁盘上。

① 绘制如图 8-9 所示的放射状渐变色填充的图形,制作第 1 帧到第 60 帧逆时针旋转 1 次的渐变动画。

② 制作三个颜色不同的动感小球,第 1～30 帧小球上的光点从左上角向右下角移动,第 30～60 帧再从右下角移到左上角,循环往复的动画。

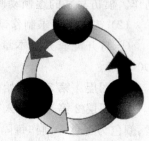

图 8-9 动感小球

③ 操作结果保存为 exe8-4.fla 文件,导出 exe8-4.swf 影片文件。

操作提示:动感小球的制作。选中第 1 帧,单击工具箱中的【椭圆工具】按钮,在选项区【笔触颜色】中选择无,【填充色】选择放射渐变红黑色,按住 Shift 键,在工作区绘制一个圆。使用工具箱中的【颜料桶工具】单击圆的左上角,注意:光点的位置随鼠标在圆中单击的位置不同而不同,请试着在不同位置单击,观察光点在圆上位置的变化。选中第 30 帧,使用【颜料桶工具】单击圆的右下角,选中第 1 帧,选择【属性】面板中【补间】下拉列表中的【形状】选项。

(5) 按下列要求制作动画,操作结果保存在磁盘上。

① 设置动画的大小为 400×300 像素,帧频为 10fps、背景颜色为 ♯FFFFCE。

② 居中输入文字"良师",颜色为 ♯0099CC(文字格式自定),第 10～20 帧居中渐变为"益友";第 30～40 帧渐变为"良师益友",并使"良师益友"延续到第 50 帧。

③ 操作结果保存为 exe8-5.fla 文件,导出 exe8-5.swf 影片文件。

操作提示:

① 动画的大小、帧频、背景颜色的设置,选择【修改】|【文档】命令或双击【时间轴】面板中的【帧频率】区。

② 形状渐变动画首尾关键帧中的对象除矢量图形外都必须分离,对象分离的操作,选择【修改】|【分离】命令或按 Ctrl＋B 键。

③ 形状渐变动画的创建,在【属性】面板的【补间】下拉列表中选择【形状】选项。

(6) 设置动画的大小为 800×65 像素,帧速度为 10fps,背景颜色为 ♯FFFFDD。打开配套光盘本章素材文件夹中的库文件 sy8.fla,用库中图形元件 fg 制作由左向右的运动渐变的动画,渐变动画的长度为 500 帧,将该动画文件以 exe8-6.swf 为名保存在磁盘上。

操作提示:

① 打开库文件的操作,选择【文件】|【导入】|【打开外部库】命令。

② 将图形元件 fg 拖曳到编辑区,与工作区左端对齐,如图 8-10 所示。单击第 500 帧,按 F6 键插入关键帧,将图形元件 fg 拖曳到编辑区,与工作区右端对齐。右击第 1 帧,在快捷菜单中选择【创建补间动画】命令。

(7) 打开配套光盘本章素材文件夹中的文件 exe8-7.fla,添加一个新的层,在新的层中完成下列要求的动画:

① 从第 76 帧处插入关键帧,居中输入文字"梵高",字体为"方正水柱体"、大小为 80

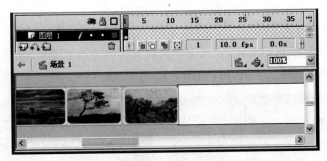

图 8-10　图形元件与工作区左端对齐

像素、颜色为＃993300，"梵高"文字延续 10 帧。

　　② 第 85～100 帧完成文字"梵高"形状渐变为文字"名画"。

　　③ 第 101～110 帧中文字"名画"的透明度的值由 100％渐变为 0％。

　　④ 从第 111 帧输入文字

名画
欣赏

并延续到第 120 帧，文字的大小自定。

　　⑤ 将该动画文件以 exe8-7.swf 为名保存在磁盘上。

　　⑥ 尝试完成该动画文件第 1～75 帧的操作。

　　操作提示：形状渐变动画的对象必须彻底分离，动画对象透明度改变的操作，必须先将动画对象转换为图形元件。

　　(8) 按下列要求制作动画，操作结果保存在磁盘上。

　　① 打开配套光盘本章素材文件夹中的 sy8.fla 库文件。导入位图 Picture.jpg，第 1～30 帧 picture 的透明度的值由 100％渐变为 20％，到第 60 帧再恢复到 100％。

　　② 新建图层，从第 1～60 帧导入位图 Plane.jpg，去掉白色背景，完成样例效果的动画制作。

　　③ 新建图层，导入库中的 wz.swf 影片剪辑元件。

　　④ 操作结果保存为 exe8-8.fla 文件，导出 exe8-8.swf 影片文件。

　　操作提示：去除图片背景色的操作，先按 Ctrl＋B 键或选择【修改】|【分离】命令，将图片分离，然后选择工具箱中【套索工具】中的【魔术棒】选项，单击图片背景，按 Del 键，将背景色去除，未去除干净的部分使用【橡皮擦工具】擦除。

　　(9) 按下列要求制作动画，操作结果保存在磁盘上。

　　① 打开配套光盘本章素材文件夹中的 sy8.fla 库文件，导入库中图形元件钟，延续到第 75 帧。

　　② 插入图层 2，导入库中图形元件"摆"，第 1～75 帧顺时针旋转一周。

　　③ 添加新图层，输入文字"时光飞逝"，字体为"华文行楷"、55 像素、红色。第 1 帧到第 40 帧，每隔 10 帧改变一种颜色（颜色自定）；第 10 帧垂直翻转，第 30 帧水平翻转。

　　第 46 帧到第 70 帧形状渐变为"珍惜"，字体为"华文行楷"、70 像素、粉红色、字符间距为 20。

④ 操作结果保存为 exe8-9.fla 文件,导出 exe8-9.swf 影片文件。

操作提示:文字颜色的变化,输入文字后将其转换为图形元件,然后在【属性】面板的【颜色】下拉列表中选择【色调】选项,如图 8-11 所示。

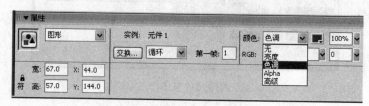

图 8-11 【属性】面板的【颜色】下拉列表

动画对象是绕中心点旋转的,使用【任意变形工具】可以改变中心点的位置。

(10) 按下列要求制作动画,操作结果保存在磁盘上。

① 设置工作区的大小为 500×300 像素。打开配套光盘本章素材文件夹中的 sy8.fla 库文件。将库中的 tree.jpg 图片拖曳到工作区,缩放至工作区大小,延续到第 25 帧。

② 插入图层 2,第 1 帧导入库中“小和尚”影片剪辑元件,适当缩小按样例排放。

③ 插入新图层,第 1 帧输入文字“小和尚念经”,字体为“华文行楷”、30 磅、颜色为 ♯990000。延续到第 25 帧。

④ 插入新图层,第 3 帧输入文字“有”,制作第 7 帧文字放大、第 11 帧文字还原的渐变动画。

插入新图层,第 5 帧输入文字“口”,制作第 9 帧文字放大、第 13 帧文字还原的渐变动画。以此类推,完成“无”和“心”字的渐变动画。

⑤ 将操作结果保存为 exe8-10.fla 文件,导出 exe8-10.swf 文件。

(11) 按下列要求制作聚焦文字动画,操作结果保存在磁盘上。

① 图层 1 导入配套光盘本章素材文件夹中的 picture2.jpg 图片作为动画背景。

② 插入图层 2,输入文字“月是故乡明”,字体为“华文彩云”、60 磅、黑色、粗体。转换为图形元件,延续到第 30 帧。

③ 插入新图层,第 1 帧导入图形元件,将图形元件放大、透明度的值设置为 0%;第 20 帧插入关键帧,将图形元件还原,色调设置为白色,第 1 帧到第 20 帧创建运动渐变动画。

④ 将操作结果保存为 exe8-11.fla 文件,导出 exe8-11.swf 文件。

操作提示:动画对象透明度和色调的改变,首先必须将动画对象转换为图形元件,然后在【属性】面板的【颜色】下拉列表中选择 Alpha 或【色调】选项。

(12) 按下列要求制作动画,制作结果保存在磁盘上。

① 打开配套光盘本章素材文件夹中的 sy8.fla 库文件,设置动画帧频为 6fps。导入库中的 bj 位图作为背景图,延续到第 40 帧。

② 插入图层 2,导入库中的 xm1、xm2、xm3 影片剪辑元件适当缩小按样例排放。

③ 插入图层 3,导入库中的 xm4 影片剪辑元件并将其缩小,第 1～30 帧制作元件实

例由小到大、由上往下的渐变动画,延续到第 40 帧。

④ 插入图层 4,输入文字"熊猫家园",字体为"隶书"、大小为 50px、颜色为黄色、粗体,添加"渐变发光"的滤镜效果,颜色分布为白、白、黑。

⑤ 将操作结果保存为 exe8-12.fla 文件,导出 exe8-12.swf 文件。

操作提示:滤镜效果的文字的操作。选中文字,在【滤镜】面板中,单击添加滤镜 ⚏ 按钮,在"添加滤镜"菜单中选择需要的滤镜效果。

(13) 按下列要求制作动画,制作结果保存在磁盘上。

① 打开配套光盘本章素材文件夹中的 sy8.fla 库文件。导入库中的 hua.jpg 作为背景图,延续到第 120 帧。

② 插入图层 2,在工作区的左上角输入文字"荷花绽放",字体为"隶书"、大小为 80px、颜色为♯FFCCFF、制作空心字,按样例排放。

③ 插入图层 3,导入库中的"蜜蜂"影片剪辑元件并将其缩小,第 1~20 帧、第 20~40 帧制作元件实例由右上往左下运动的渐变动画。第 41 帧水平翻转,第 41~60 帧、第60~80 帧、第 80~100 帧制作元件实例由左往右运动的渐变动画。

④ 插入图层 4,第 25 帧、第 45 帧、第 65 帧和第 85 帧分别导入"荷花"影片剪辑元件,并适当缩小。

⑤ 将操作结果保存为 exe8-13.fla 文件,导出 exe8-13.swf 文件。

操作提示:动画对象的水平翻转操作,使用【任意变形工具】或选择【修改】|【变形】|【水平翻转】命令。空心字的制作方法参见第 7 章。

8.5 课外思考与练习题

(1) 运动渐变动画、形状渐变动画和逐帧动画制作的基本条件是什么?它们之间有什么区别?

(2) 创建运动渐变和形状动画失败,时间帧上将如何表示?

(3) 试用运动渐变和形状渐变两种运动方式结合制作动画。

(4) 试制作 FLASH 文字的空心字和深入淡出效果。

(5) 试制作 FLASH 文字的缩放效果和色彩透明度渐变效果。

(6) 如何制作"圆"、"三角形"、"正方形"几种几何图形依次渐变的动画效果?

(7) 如何制作文字被风吹走、逐渐变小、颜色变淡,最后淡出画面的效果?

(8) 如何利用 Flash 制作出图片从画面的上、下、左、右飞入画面,然后在画面中心定格,再慢慢隐去的效果?

(9) 按下列要求制作动画,制作结果保存在磁盘上,动画效果参见图 8-12。

① 打开配套光盘本章素材文件夹中的 sy8.fla 库文件,设置帧频为 8fps,导入库中的图形元件 2 作为背景图。

② 插入图层,第 1~40 帧制作图形元件 3,由小变大、透明度的值由 0%~100% 的渐变动画,延续到第 50 帧。第 51~90 帧制作图形元件 3 由大变小、透明度的值由 100%~0% 的渐变动画。

图 8-12 "北京欢迎您"渐变动画

③ 插入图层,第 5 帧输入文字"北京欢迎您",字体为"华文行楷"、大小为 60、粗体、红色。制作每隔 5 帧出现一个字的逐帧动画。

第 35～55 帧制作文字渐变为图形(元件 4)的形状渐变动画。第 61～80 帧制作图形渐变为文字的形状渐变动画,延续到第 90 帧。

④ 插入新图层,第 1 帧导入库中的影片剪辑元件 1,放置在工作区的左上方,分别在第 4、9、14、19、24 和 29 帧处插入关键,每插入一个关键帧,元件实例向右移动一个字的距离。

⑤ 将操作结果保存为 exe8-14. fla 文件,导出 exe8-14. swf 文件。

(10) 按下列要求制作动画,制作结果保存在磁盘上。

① 打开配套光盘本章素材文件夹中的 sy8. fla 库文件,设置工作区大小为 240×160px,并设置合适的背景色。

② 在第 1～30 帧完成四幅水乡图片从上、下、左、右移入工作区,并放在合适的位置上。从第 31～40 帧四幅水乡图片逐渐淡出。

③ 在第 45 帧处插入关键帧,居中输入文字"水乡",字体为"华文行楷"、大小为 70px、颜色为#993300,文字延续 10 帧。

④ 第 55～70 帧制作文字"水乡"渐变为"如梦"的形状渐变动画。第 71～80 帧,文字"如梦"的透明度由 100%渐变为 0%。

⑤ 第 81 帧输入文字"水乡如诗",并延续到第 100 帧。

⑥ 将操作结果保存为 exe8-15. fla 文件,导出 exe8-15. swf 文件。

操作提示:分四个图层完成四幅水乡图片从上、下、左、右移入工作区的操作,如图 8-13 所示。

(11) 按下列要求制作动画,制作结果保存在磁盘上,动画效果参见图 8-14。

① 打开配套光盘本章素材文件夹中的 sy8. fla 库文件,设置工作区大小为 240×160px,帧频为 8fps。导入库中的 tp6. jpg 位图作为背景图,延续到第 260 帧。

② 插入图层 2,导入库中元件 1,第 1 帧到第 40 帧制作元件实例由大到小、由左下往右上方向运动的渐变动画。第 41 帧导入库中元件 2,第 41～80 帧制作元件实例由小到

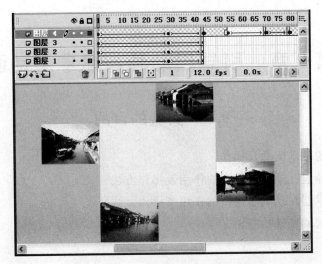

图 8-13 "水乡"渐变动画操作示意图

图 8-14 动画效果图

大的渐变动画。第80～120帧制作元件实例由大到小的渐变动画。

　　③ 插入图层3,第80帧导入库中的元件4,制作每隔5帧出现一个字的逐帧动画。第135～150帧制作元件实例横向缩放的渐变动画。第160～200帧形状渐变为元件7。第210～240帧制作颜色由黄色渐变为粉红色、粉红色渐变为浅蓝色的渐变动画。第240～260帧制作Alpha由100％渐变为0％的渐变动画。

　　④ 将操作结果保存为exe8-16.fla文件,导出exe8-16.swf文件。

第9章 引导层动画与遮罩层动画

9.1 实验的目的

（1）掌握层的基本概念及操作。

（2）掌握引导层在动画制作中的作用及操作方法。

（3）掌握遮罩层在动画制作中的作用及操作方法。

（4）掌握时间轴特效的应用。

9.2 实验前的复习

9.2.1 层的基本概念及其操作

1. 层的基本概念

层是 Flash 中又一个重要的概念，其作用是将动画对象分别存放在不同的层中，以便对对象进行操作与控制。帧在时间上组织场景，层则在空间组织场景。在层中处于上层的画面在动画中也处于上层，层的数量与最终输出的文件的大小没有太大的关系。

层分为普通层、引导层和遮罩层。当普通层和引导层关联后就变成被引导层，而与遮罩层关联后就变成被遮罩层。

2. 层的操作方法

1）插入层

单击时间轴左下角的【插入图层】按钮，或选择【插入】|【时间轴】|【图层】命令。

2）选取层

单击图层区中的图层行，或单击该图层的某一帧。被选中的图层，图层行呈黑底色，图层名称旁出现一个粉笔状图标。

3）重命名图层

（1）双击需改名的图层名称，输入新图层名，按 Enter 键确认。

（2）选中图层，选择【修改】|【时间轴】|【图层属性】命令，在【图层属性】对话框中更改。

4）改变图层顺序

拖曳图层到需要的位置，释放鼠标。

5）修改图层的属性

选中图层，选择【修改】|【时间轴】|【图层属性】命令，或双击图层名称前的图标，打开【图层属性】对话框，在对话框中可对图层的名称、所处的状态等进行设置或修改。

6）删除层

（1）选中要删除的层，单击时间轴左下角的【删除图层】按钮；

（2）右击要删除的层，在弹出的快捷菜单中选择【删除图层】命令。

7）隐藏图层

单击图层区上的"眼睛"图标所对应的圆点，当图层处于隐藏状态时，图层中的对象都将被隐藏。再次单击可以显示层。

8）锁定图层

单击图层区上的"锁"图标所对应的圆点，被锁定的图层中的对象不能被编辑，但不影响该图层中对象的显示。再次单击可对图层解锁。

9）线框模式的操作

单击图层区上的"方框"图标所对应的圆点，该图层中的对象将以轮廓方式显示。再次单击又可恢复图层的原状态。

9.2.2 引导层及其操作

1. 引导图层的作用

引导层的作用是确定与它关联图层中对象的位置或运动轨迹。引导层又分为普通引导层和运动引导层。普通引导层起辅助与其关联的图层中的对象的绘制和定位作用；运动引导层在制作动画时，可以起设置运动路径的引导作用。

2. 插入引导层的操作方法

（1）选中需关联运动路径的图层，选择【插入】|【时间轴】|【运动引导层】命令。

（2）单击时间轴左下角的【添加运动引导层】按钮。

（3）右击需关联运动路径的图层，在弹出的快捷菜单中选择【添加引导层】命令。

3. 引导层的操作要点

（1）创建的引导层必须位于与其关联的图层之上。

（2）引导层不支持全封闭的引导路径，引导路径应有一个小缺口。

（3）运动对象的中心点必须锁定在引导路径首、末端点处。

（4）引导层完成后应将其锁定，以便操作。

（5）引导层中引导路径在动画播放时不会被显示。若要在动画播放时显示引导路径，必须另外绘制。

9.2.3 遮罩层及其操作

1. 遮罩图层的作用

在 Flash 8.0 中，用于遮盖的对象所在的层称为遮罩层，被遮盖的对象所在的层称为被遮罩层。在 Flash 中，某层在被设置为遮罩层前遮住其下一层中的部分内容，当该层被设置为遮罩层后，这些内容便可显示出来。反之，某层在被设置为遮罩层前遮住其下一层中没有被遮住的部分内容，则在该层被设置为遮罩层后，这些内容会全部被遮住不显示。

利用遮罩层技术可制作出动画的很多特殊效果，例如图像的动态切换、动感效果 Banner 等。

2. 创建遮罩层的操作方法

（1）右击作为遮罩的图层，在弹出的快捷菜单中选择【遮罩层】命令。

（2）选择【修改】|【时间轴】|【图层属性】命令。

3. 取消遮罩效果

（1）双击遮罩图层的名称，打开【图层属性】对话框，选中【一般】单选项。

（2）右击作为遮罩的图层，在弹出的快捷菜单中去掉【遮罩层】命令前面的勾。

4. 遮罩层的操作要点

（1）当某个层被设置为遮罩层后，该层和与其相关联的普通层均被锁定，解锁后不会显示遮罩效果。

（2）遮罩层必须位于与其关联的被遮罩层之上。普通层只需拖到遮罩层下面，并将其锁住，就可以转换为被遮罩层。被遮罩层只需拖到遮罩层上面，就可以转换为普通层。

（3）如果用于遮罩的是矢量图形，应建立形状渐变动画；如果用于遮罩的是文本对象、图形实例或影片剪辑实例，应建立运动渐变动画。

9.2.4 场景及其操作

场景是用来组织动画的，一个动画如果有背景不同的片断，则可以分为不同的场景来制作。每个场景中的图层和帧均相对独立，可分别拥有各自独立的动画内容。

场景的创建、更名、切换、复制、移动、删除等操作的方法如下。

1. 添加场景

（1）选择【插入】|【场景】命令，可新建一个场景；

（2）选择【窗口】|【其他面板】|【场景】命令，打开【场景】对话框，在【场景】对话框中单击【添加场景】按钮 **+**。

2. 场景的更名

选择【窗口】|【其他面板】|【场景】命令，打开【场景】对话框，在【场景】对话框中选中要更名的场景，然后双击鼠标，在文本框中输入新的场景名称。

3. 切换当前场景

当所编辑的动画存在多个场景时，可以通过以下方法对当前场景进行切换。

（1）单击工作区右上角的【编辑场景】按钮，在弹出的场景列表框中选择所需场景的名称，可将该场景切换为当前场景。

（2）选择【窗口】|【其他面板】|【场景】命令，在【场景】对话框中选择所需场景名。

（3）选择【视图】|【转到】命令，在级联菜单中选择所需要的场景名。

4. 复制场景

选中要复制的场景，单击【场景】对话框右下角的【直接复制场景】按钮，可以复制一个当前场景的副本。

5. 删除场景

选择【窗口】|【其他面板】|【场景】命令，在【场景】场景对话框中，选择要删除的场景，然后单击【删除场景】按钮即可。

9.2.5 时间轴特效的功能及其应用

1. 时间轴特效的功能

在 Flash 8 中共包含 8 种特效，每种特效都以一种特定方式处理对象，并允许用户更改所需特效的个别参数。应用这些功能可以制作出很漂亮的特效，大大简化了动画制作的过程。

- 【变形】特效能产生淡入、淡出、放大、缩小、左旋和右旋的特效。
- 【转换】具有淡化、擦除或 2 种特效的组合向内或向外擦除选定的对象。
- 【分离】特效可产生对象发生爆炸效果的错觉。
- 【展开】特效可在一段时间内产生放大、缩小或者放大缩小对象。
- 【投影】特效可在选定对象下方创建阴影。
- 【模糊】特效可改变对象在一段时间内的 Alpha 值、位置或缩放比例，产生运动模糊特效。
- 【分散式直接复制】特效可按指定次数复制选定对象。
- 【复制到网络】特效可按指定的列数复制选定的对象，然后乘以指定的行数，从而创建元素的网格。

2. 时间轴特效的操作方法

选中操作对象，选择【插入】|【时间轴特效】命令，其子菜单中有【变形/转换】、【帮助】和【效果】3 个选项，按要求选择其中的命令。

9.3 典型范例的分析与解答

例 9.1 制作如图 9-1 和图 9-2 所示的按指定路径运动的引导层动画，动画用 ydcdh. swf 为文件名保存。

图 9-1 引导层动画编辑示意图(1)

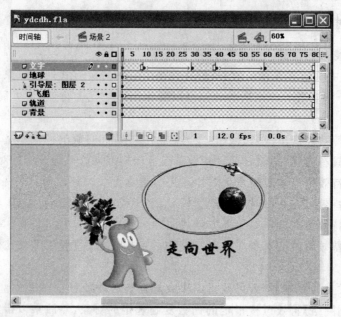

图 9-2　引导层动画编辑示意图(2)

制作要求：

(1) 创建 550×400 像素的动画文档,动画长度为 90 帧,动画素材在配套光盘本章素材文件夹中的 lt9-1.fla 库文件中。动画背景图为 bj.jpg,并将其 Alpha 值设置为 70%,导入库中的 hb 图形元件,将元件实例的大小设置为 180×200 像素。

(2) 插入图层,输入文字 Welcome to ShangHai,字体为"华文行楷"、50 像素、粗体字。制作颜色为红、浅蓝、黄色的具有闪烁效果的文字。

(3) 制作气球沿指定路径运动的引导层动画。

(4) 制作特效文字 2010 EXPO,要求:影片的宽度为 450、高度为 150,帧频为 10;字母的字体为 Century,大小为 72,字距为 0,文字样式为左起第五个,颜色为红、黄两色,文字特效为"蜂拥"。

(5) 插入新场景。

(6) 设置工作区背景色为♯FFCCFF。导入 hb 和 hua 图形元件按样例排放。动画延续到第 80 帧。

(7) 制作飞船围绕地球运行的引导层动画。

(8) 制作文字"走向世界"渐变为"展望未来",再渐变为"我们的朋友遍天下"的形状渐变动画。文字字体为"华文行楷"、50 像素、颜色为♯660000。

制作分析：制作引导层动画首先动画对象必须是图形元件或影片剪辑元件,在引导层中使用铅笔工具绘制曲线,关键是元件的中心点必须同曲线的首尾端点重合。由于引导层不支持全封闭的引导路径,在制作封闭曲线的引导层动画时,必须使用橡皮擦工具在路径中擦一个小缺口。为了使对象与曲线运动方向一致,还必须选中属性面板中【调整到路径】多选项。引导层中的引导路径在动画播放时不会被显示。若要在动画播放时显示引导路径,必须另外绘制。

特效文字的制作使用 FlaX 软件,操作参见例 1.5。

操作步骤如下:

(1) 选择【文件】|【新建】命令,新建一个文档。选择【文件】|【导入】|【打开外部库】命令,打开 lt9-1.fla 文件。选中第 1 帧导入库中的图像文件 bj.jpg。选择【修改】|【转换为元件】命令或按 F8 键,在对话框的【名称】文本框中输入 bj,【类型】选项中选择【图形】单选项,将其转换为图形元件 bj,选中元件实例,单击【属性】面板的【颜色】下拉列表中的【透明度】选项,将 Alpha 值设置为 70%。选中第 1 帧,将库中的 hb 图形元件拖曳到工作区,在属性面板中将元件实例的大小设置为 180×200,按样例排放。单击第 90 帧,按 F5 键插入帧,将背景延续到第 90 帧。

(2) 单击【时间轴】面板左下角的【插入图层】按钮,插入图层 2。双击图层名,将其改名为"文字"层。选中第 1 帧,单击工具箱中的【文本工具】按钮,在【属性】面板中【字体】选择华文行楷,【字体大小】选择 50px,粗体字,【文本(填充)颜色】选择红色,在工作区中输入文字 Welcome to ShangHai。分别在第 30 帧和第 60 帧插入关键帧,选中第 30 帧将文字颜色改为 #00FFFF,选中第 60 帧将文字颜色改为 #FFFF00。分别在第 25 帧、第 55 帧和第 85 帧插入空白关键帧。变色、具有闪烁效果的文字制作完毕。

(3) 单击【时间轴】面板左下角的【插入图层】按钮,插入图层 3。选中第 1 帧,将库中的"气球.jpg"图片导入到工作区。选择【修改】|【分离】命令,将其打散,使用工具箱中【套索工具】中的【魔术棒】选项,单击气球图像的白色背景,按 Del 键去除白色背景,没去除干净的部分使用工具箱中的【橡皮擦工具】将其擦除干净。选择【修改】|【转换为元件】命令或按功能键 F8,将其转换为图形元件 qq。使用工具箱中的【任意变形工具】,将其适当缩小。

单击【时间轴】面板左下角的【添加运动引导层】按钮,插入引导层。选中第 10 帧,按 F6 键插入关键帧,使用工具箱中的【铅笔工具】绘制一条曲线。

选中图层 3 第 10 帧,按 F6 键插入关键帧,使 qq 元件实例的中心点与曲线的右端点重合,选中第 90 帧,按 F6 键插入关键帧,使 qq 元件实例的中心点与曲线的左端点重合,右击图层 3 第 10 帧,在弹出的快捷菜单中选择【创建补间动画】命令。

(4) 启动 FlaX 特效文字制作软件;在影片属性面板中设置影片的大小为 410、高为 150,帧频为 10。在文本属性面板中输入字母 2010 EXPO,设置文字的字体为 Century,大小为 72,字距为 0,样式为左起第 5 个,颜色为红和黄。在特效属性面板选择文字的特效属性为"蜂拥"。选择【文件】|【导出 swf 文件】命令,将操作结果保存为 exe-1.swf 影片文件。

选择【文件】|【导入】|【到入到库】命令,将 exe-1.swf 影片文件导入到当前文档的库中。

单击【时间轴】面板左下角的【插入图层】按钮,插入新图层。双击图层名,将其改名为"特效文字"层。选中第 1 帧,将 exe-1.swf 影片剪辑元件导入到工作区的左上方。

(5) 选择【插入】|【场景】命令,插入场景 2。

(6) 选择【修改】|【文档】命令,打开【文档属性】对话框,【背景色】选择 #FFCCFF。

选中第 1 帧,导入库中的 hb 图形元件,使用工具箱中的【任意变形工具】,将图片适当缩小、水平翻转;导入库中的 hua 图形元件,使用工具箱中的【任意变形工具】,将图片适当缩小,按样例排放。单击第 80 帧,按 F5 键插入帧,将元件实例延续到第 80 帧。

(7) 单击【时间轴】面板左下角的【插入图层】按钮,插入图层 2。双击图层名,将其改名为"飞船"层。选中第 1 帧,导入库中的飞船影片剪辑元件。

单击【时间轴】面板左下角的【添加运动引导层】按钮,添加引导层。选中引导层第 1 帧,单击工具箱中的【椭圆工具】,【笔触颜色】选择黑色,【填充色】选择无,绘制一个空心椭圆,使用工具箱中的【橡皮擦工具】在椭圆上擦个小缺口。

选中"飞船"层第 1 帧,将飞船元件实例的中心点与曲线的右端点重合,使用工具箱中的【任意变形工具】,使飞船旋转一个角度。选中第 80 帧,按 F6 键插入关键帧,将飞船元件实例的中心点与曲线的左端点重合,右击"飞船"层第 1 帧,在弹出的快捷菜单中选择【创建补间动画】命令。选中属性面板中的【调整到路径】多选项。

单击【时间轴】面板左下角的【插入图层】按钮,插入新图层。双击图层名,将其改名为"轨道"层。选中第 1 帧,单击工具箱中的【椭圆工具】,【笔触颜色】选择红色,【填充色】选择无,绘制一个空心椭圆作为飞船的运动轨迹。拖曳"轨道"层至"飞船"层的下方。

单击【时间轴】面板左下角的【插入图层】按钮,插入新图层。双击图层名,将其改名为"地球"层。选中第 1 帧,将库中的"地球.jpg"图片导入到工作区,按步骤(3)的方法去掉白色背景,按 F8 键将其转换为图形元件。选中第 80 帧按 F6 键插入关键帧,右击第 1 帧,在弹出的快捷菜单中选择【创建补间动画】命令。在属性面板中选择【旋转】下拉列表中的【顺时针】选项,旋转次数为 1 次。

(8) 单击【时间轴】面板左下角的【插入图层】按钮,插入新图层。双击图层名,将其改名为"文字"层。选中第 1 帧,单击工具箱中的【文本工具】按钮,在【属性】面板中【字体】选择"华文行楷",【字体大小】选择 50px,【文本(填充)颜色】选择♯660000,在工作区右下方输入文字"走向世界"。选中第 10 帧按 F6 键插入关键帧,选择【修改】|【分离】命令,连续两次将其打散。选中第 30 帧按 F7 键插入空白关键帧,使用工具箱中的【文本工具】在工作区右下方输入文字"展望未来",选择【修改】|【分离】命令,连续两次将其打散。选中第 10 帧,在【属性】面板的【补间】下拉列表中选择【形状】选项,完成文字"走向世界"形状渐变为"展望未来"。选中第 40 帧按 F6 键插入关键帧。选中第 60 帧按 F7 键插入空白关键帧,使用工具箱中的【文本工具】在工作区右下方输入文字"我们的朋友遍天下",选择【修改】|【分离】命令,连续两次将其打散。选中第 40 帧,在【属性】面板的【补间】下拉列表中选择【形状】选项,完成文字"展望未来"形状渐变为"我们的朋友遍天下"。

(9) 选择【控制】|【测试影片】命令,或按 Ctrl+Enter 键测试动画。选择【文件】|【导出影片】命令,在对话框的【文件名】栏中输入 ydcdh,单击【保存】按钮,将文件保存在磁盘上。

例 9.2 制作如图 9-3 所示的遮罩动画,动画文件用 zzdh.swf 为名保存。

制作要求:

(1) 创建 550×400 像素的工作区,并设置背景颜色为♯0066FF,动画【帧频】为 8fps。动画素材在配套光盘本章素材文件夹中的 lt9-2.fla 库文件中。

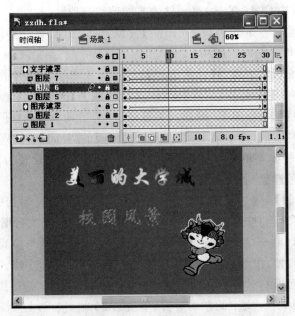

图 9-3　遮罩动画编辑示意图

（2）第 1～30 帧制作福娃的图形遮罩动画。

（3）第 1～30 帧制作多图层的"美丽的大学城"文字遮罩动画。

（4）第 1～30 帧制作"校园风景"文字遮罩动画。

（5）第 31～70 帧制作文字在渐变颜色的背景下淡入淡出滚动显示的遮罩动画。

（6）第 71～100 帧制作矩形由左向右扩展的遮罩动画。

（7）第 101～130 帧制作多边形由内向外扩展的遮罩动画。

（8）第 131～160 帧制作图片由小变大的遮罩动画。

（9）第 161～190 帧制作图片向左移动的遮罩动画，动画延续到第 200 帧。

制作分析：本例题是一个遮罩动画，遮罩动画的操作关键是：遮罩层必须位于与其关联的被遮罩层之上。普通层只需拖到遮罩层下面，并将其锁住，就可以转换为被遮罩层。被遮罩层只需拖到遮罩层上面，就可以转换为普通层。遮罩层只有一个，被遮罩层可以多个。当某个层被设置为遮罩层后，该层和与其相关联的普通层均被锁定，解锁后不会显示遮罩效果。

操作步骤如下：

（1）选择【文件】|【新建】命令，新建一个文档。选择【修改】|【文档】命令，打开【文档属性】对话框，【背景色】选择＃0066FF，【帧频】设置为 8fps。

（2）选择【文件】|【导入】|【打开外部库】命令，打开 lt9-2.fla 文件。选中第 1 帧导入库中的 fw 图形元件，选择【修改】|【分离】命令将其打散，单击工具箱中的【墨水瓶工具】按钮，【笔触颜色】选择黄色，【笔触高度】为 2、【笔触样式】为实线，单击元件实例边缘，为元件实例添加轮廓线。单击第 30 帧，按 F5 键插入帧，将元件的实例延续到第 30 帧。双

击轮廓线将其选中,按 Ctrl+X 键,将元件的实例剪切到剪贴板。

单击【时间轴】面板左下角的【插入图层】按钮,插入图层 2。选中图层 2 第 1 帧,按 Ctrl+V 键,粘贴元件实例的轮廓线。

单击【时间轴】面板左下角的【插入图层】按钮,插入图层 3,选中图层 3 第 1 帧,单击工具箱中的【矩形工具】按钮,在【属性】面板中【笔触颜色】选择无,【填充色】选择黑色,绘制一个小矩形,选中第 30 帧按 F6 键插入关键帧,使用工具箱中的【任意变形工具】,将矩形放大覆盖整个元件实例,选中第 1 帧,在【属性】面板的【补间】下拉列表中选择【形状】选项。右击图层 3,在快捷菜单中选择【遮罩层】命令,将图层 3 设置为遮罩层。双击图层名,将其改名为"图形遮罩"层。福娃的图形遮罩动画制作完毕。

(3) 单击【时间轴】面板左下角的【插入图层】按钮,插入图层 4,选中图层 4 第 1 帧,单击工具箱中的【文字工具】按钮,在【属性】面板中【字体】选择"华文行楷",【字体大小】选择 60px,粗体字,【文本(填充)颜色】选择♯FFFFFF。在工作区适当位置输入文字"美丽的大学城"。单击第 30 帧,按 F5 键插入帧,将文本对象延续到第 30 帧。

单击【时间轴】面板左下角的【插入图层】按钮,插入图层 5。选中图层 5 第 1 帧,导入库中的 bj1 图形元件,并与文字的左端对齐,单击第 30 帧,按 F6 键插入关键帧,将 bj1 元件实例与文字的右端对齐,右击图层 5 第 1 帧,在快捷菜单中选择【创建补间动画】命令,制作运动渐变动画。向上拖曳图层 5,与图层 4 交换位置。右击图层 4,在快捷菜单中选择【遮罩层】命令,将图层 4 设置为遮罩层。双击图层名,将其改名为"文字遮罩"层。

单击【时间轴】面板左下角的【插入图层】按钮,插入图层 6。选中图层 6 第 1 帧,单击工具箱中的【椭圆工具】按钮,在【属性】面板中【笔触颜色】选择无,【填充色】选择放射状红黑渐变色,在文字的左端绘制一个椭圆,按 F8 键使其转换为图形元件,单击第 30 帧,按 F6 键插入关键帧,将元件实例拖曳到文字的右端,右击图层 6 第 1 帧,在快捷菜单中选择【创建补间动画】命令,制作椭圆由左向右的运动渐变动画。

单击【时间轴】面板左下角的【插入图层】按钮,插入图层 7。按照上述方法制作放射状渐变色椭圆由右向左的运动渐变动画。分别右击图层 6 和图层 7,在快捷菜单中选择【属性】命令,打开【图层属性】对话框如图 9-4 所示,【类型】选择【被遮罩】单选项。

(4) 按照步骤(3)的方法制作"校园风景"文字遮罩动画。

(5) 单击【时间轴】面板左下角的【插入图层】按钮,插入图层 10,选中第 31 帧,单击工具箱中的【文本工具】按钮,在【属性】面板中【字体】为隶书,【字体大小】选择 30,【文本(填充)颜色】选择白色。打开文档"这里是.txt"。选中文本内容,按 Ctrl+C 键,将文本内容复制到剪贴板。按 Ctrl+V 键,将文本内容粘贴到当前窗口。

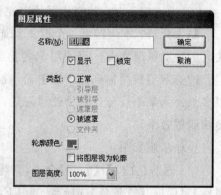

图 9-4 【图层属性】对话框

单击【时间轴】面板左下角的【插入图层】按钮,插入图层 11,单击工具箱中的【矩形工具】按钮,在【属性】面板中【笔触颜色】选择无,在【混色器】面板中,【填充样式】选择线型渐

变,【填充色】设置为从♯000000到♯FFFFFF再到♯000000在工作区中绘制一个矩形。选择【修改】|【变形】|【顺时针旋转90°】命令,使矩形旋转90°。使用【任意变形工具】缩放图形,如图9-5所示。单击第70帧,按F5键插入帧,将图形对象延续到第70帧。

选中图层10第31帧,按F8键,将其转换为图形元件,并将元件的实例拖曳到工作区的下方,与工作区下边界对齐,如图9-5所示。单击图层10第70帧,按F6键插入关键帧,将元件的实例拖曳到工作区的上方,与工作区上边界对齐。右击图层10的第31帧,在弹出的快捷菜单中选择【创建补间动画】命令。

图9-5 文本与工作区下边界对齐

交换图层10和图层11的位置。右击图层10,在弹出的快捷菜单中选择【遮罩层】命令,将图层10(文字层)设置为遮罩层。

(6) 单击【时间轴】面板左下角的【插入图层】按钮,插入图层12。选中图层12第71帧,导入库中的p19.jpg图片,单击第100帧,按F5键插入帧,将图片延续到第100帧。

单击【时间轴】面板左下角的【插入图层】按钮,插入图层13。选中图层13第71帧,单击工具箱中的【矩形工具】按钮,在【属性】面板中【笔触颜色】选择无,【填充色】任意,在图片的左侧绘制高度与图片相同的一个小矩形,单击第100帧,按F6键插入关键帧,使用【任意变形工具】将矩形放大覆盖整个图片。右击图层13第71帧,在快捷菜单中选择【创建补间动画】命令,制作运动渐变动画。

右击图层13,在弹出的快捷菜单中选择【遮罩层】命令,将图层13设置为遮罩层。

(7) 按照步骤(6)的方法,从第101~130帧制作多边形由内向外扩展的遮罩动画。

(8) 单击【时间轴】面板左下角的【插入图层】按钮,插入图层16。选中图层16第131帧,导入库中的p13.jpg图片,按F8键将其转换为图形元件。单击第160帧,按F6键插入关键帧。选中第131帧,使用【任意变形工具】将图片缩小,右击图层16第131帧,在快捷菜单中选择【创建补间动画】命令,制作图片由小变大的运动渐变动画。

单击【时间轴】面板左下角的【插入图层】按钮,插入图层17。选中图层17第131帧,单击工具箱中的【矩形工具】按钮,在【属性】面板中【笔触颜色】选择无,【填充色】任意,在工作区绘制一个与图片大小相同的矩形,右击图层17,在弹出的快捷菜单中选择【遮罩层】命令,将图层17设置为遮罩层。

单击【时间轴】面板左下角的【插入图层】按钮,插入图层18。选中图层18第161帧,导入库中的p13.jpg图片,按功能键F8将其转换为图形元件。使用【任意变形工具】将图片放大,单击第190帧,按F6键插入关键帧,将图形元件实例向左拖曳。右击图层18第161帧,在快捷菜单中选择【创建补间动画】命令,制作图片向左移动的运动渐变动画。选中图层18第200帧。按功能键F5插入帧,将操作结果延续到第200帧。

单击【时间轴】面板左下角的【插入图层】按钮,插入图层19。选中图层19第161帧,单击工具箱中的【矩形工具】按钮,在【属性】面板中【笔触颜色】选择无,【填充色】任意,在工作区绘制一个与原图片大小相同的矩形,右击图层19,在弹出的快捷菜单中选择【遮罩层】命令,将图层19设置为遮罩层。

（9）选择【文件】|【另存为】命令,在对话框的【文件名】栏中输入 zzdh,单击【保存】按钮,保存 zzdh.fla 文件。选择【控制】|【测试影片】命令,或按 Ctrl＋Enter 键测试动画,系统自动在磁盘上保存 zzdh.swf 影片文件。

例 9.3　制作如图 9-6 所示的引导层和遮罩层动画,动画文件保存在磁盘上。

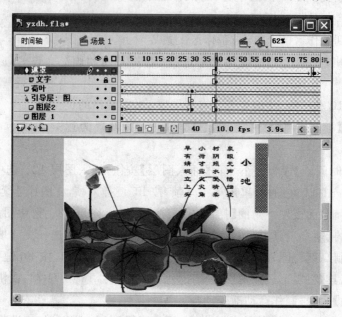

图 9-6　引导层和遮罩层动画编辑示意图

制作要求:

（1）设置动画帧频为 10fps。打开库文件 lt9-3.fla,图层 1 中导入库中位图"荷花",延续到 130 帧。

（2）图层 2 中导入库中"蜻蜓"影片剪辑元件,第 1～30 帧制作该元件实例的运动渐变动画片。延续到第 40 帧。

（3）第 41 帧将该实例水平翻转,第 41 帧到第 90 帧制作该实例的引导层动画,延续到第 100 帧。第 101～130 帧制作该实例飞出工作区的运动渐变动画。

（4）插入新图层,改名为"荷叶"层。第 1 帧导入库中位图"荷叶",适当缩小,第 1～30帧制作荷叶向右移动的运动渐变动画;第 31～130 帧制作荷叶顺时针旋转 1 次的运动渐变动画。

（5）插入新图层,改名为"文字"层。第 40 帧输入文字"泉眼无声惜细流,树阴照水爱晴柔,小荷才露尖尖角,早有蜻蜓立上头。"文字格式为"隶书"、20 像素、黑色,列间距为18px。标题"小池"大小为 30 像素。第 40～80 帧制作从右向左逐列显示的遮罩动画。第81～110 帧制作从左向右显示的遮罩动画,延续到 130 帧。

（6）测试动画,将操作结果保存为 yzdh.fla 文件,导出 yzdh.swf 文件。

操作步骤如下:

（1）选择【文件】|【新建】命令，新建一个文档。选择【修改】|【文档】命令，对话框中将帧频设置 10fps。

选择【文件】|【导入】|【打开外部库】命令，打开 lt9-3.fla 库文件。选中第 1 帧，将库中的位图"荷花"拖曳到工作区，适当纵向缩小，在工作区的上方留有一定的空间。右击第 130 帧，在快捷菜单中选择【插入帧】命令，延续背景图。

（2）单击【时间轴】左下角的【插入图层】按钮，插入图层 2。选中第 1 帧，将库中影片剪辑元件 1 拖曳到工作区外的右上方，适当缩小，选中第 30 帧，按 F6 键，插入关键帧，将元件实例拖曳到荷花的上方，右击第 1 帧，在快捷菜单中选择【创建补间动画】命令。选中第 41 帧，按 F6 键，插入关键帧。

（3）选中第 41 帧，选择【修改】|【变形】|【水平翻转】命令。单击【时间轴】左下角的【添加运动引导层】按钮，插入引导层。选中第 41 帧，按 F6 键，插入关键帧，选择工具箱中的【铅笔工具】，在选项区选择【平滑】选项，在工作区上绘制一条曲线，作为元件实例运动的路径。选中图层 2 第 41 帧，拖曳元件实例使其中心点同曲线的左端点重合；选中图层 2 第 90 帧，插入关键帧，拖曳元件实例使其中心点同曲线的右端点重合，右击图层 2 第 41 帧，在快捷菜单中选择【创建补间动画】命令。引导层动画制作完成。

选中第 101 帧，按 F6 键，插入关键帧，选择【任意变形工具】将元件实例水平翻转。选中第 130 帧，按 F6 键，插入关键帧，将元件实例拖曳到工作区外，右击第 101 帧，在快捷菜单中选择【创建补间动画】命令。

（4）插入图层 3，双击图层名称，输入"荷叶"。选中第 1 帧，将库中位图"荷叶"拖曳到工作区，按样例排放，选择工具箱中的【任意变形工具】，将位图缩小。选择【修改】|【转换为元件】命令，在对话框的【名称】文本框中输入 hy；【类型】选择【图形】单选项，将位图转换为图形元件。选中第 30 帧，按 F6 键，插入关键帧，将元件实例向右拖曳一段距离，右击第 1 帧，在快捷菜单中选择【创建补间动画】命令。选中第 130 帧，按 F6 键，插入关键帧。右击第 30 帧，在快捷菜单中选择【创建补间动画】命令。选中第 30 帧，选择【属性面板】|【旋转】下拉列表中选择【顺时针】选项，次数输入 1。

（5）插入新图层，双击图层名称，输入"文字"，选中第 40 帧，单击工具箱中的【文本工具】按钮，在【属性】面板中【字体】选择"隶书"，【字体大小】选择 20px，【文本（填充）颜色】选择黑色，列间距为 18px，【改变文本方向】选择垂直从右向左，在工作区右侧输入文字"小池，泉眼无声惜细流，树阴照水爱晴柔，小荷才露尖尖角，早有蜻蜓立上头。"标题文字的大小改为 30 像素。

单击【时间轴】面板左下角的【插入图层】按钮，插入图层 5，单击工具箱中的【矩形工具】按钮，在【属性】面板中【笔触颜色】选择无，【填充色】选择红色在工作区中绘制一个矩形，如图 9-6 所示。选中第 81 帧，按 F6 键，插入关键帧，将矩形移到文字的左侧。选中第 40 帧，选择【属性】面板中【补间】列表中的【形状】选项。

选中第 80 帧，按 F6 键，插入关键帧，选中第 110 帧，按 F6 键，插入关键帧，选择工具箱中的【任意变形工具】，将矩形放大覆盖全部文字，选中第 81 帧，单击【属性】面板中【补间】列表中的【形状】选项。

右击图层 5，在弹出的快捷菜单中选择【遮罩层】命令，将图层 5 设置为遮罩层。

（6）选择【控制】|【测试影片】命令，测试动画。选择【文件】|【另存为】命令，输入文件名 yzdh，单击【保存】按钮，保存动画文件。选择【文件】|【导出】|【导出影片】命令，输入文件名 yzdh，单击【保存】按钮，保存影片文件。

例 9.4 制作如图 9-7 所示的遮罩动画，动画文件保存在磁盘上。

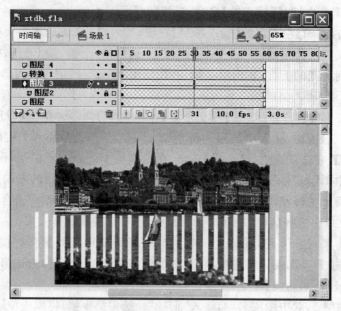

图 9-7 特效文字、遮罩动画编辑示意图

制作要求：

（1）打开库文件 lt9-4.fla，图层 1 导入库中位图"湖光山色.jpg"作为背景图，延续到第 60 帧。

（2）制作湖水流动的遮罩动画。

（3）插入新图层，输入文字"碧波荡漾"，文字格式为"华文行楷"、60 像素、白色。第 1～60 帧制作"转换"效果的特效文字。

（4）插入新图层，导入库中的"船.jpg"，去掉白色背景，适当缩小按样例排放。

（5）测试动画，将操作结果保存为 ztdh.fla 文件，导出 ztdh.swf 文件。

制作分析： 本例题应用遮罩技术对背景图的水域部分进行遮罩，使水具有流动的真实效果。操作的关键是对遮罩的部分要复制一个副本，通过遮罩技术形成水的波动。特效文字的操作选择【插入】|【时间轴特效】级联菜单中的相关命令。

操作步骤如下：

（1）选择【文件】|【新建】命令，新建一个文档。选择【文件】|【导入】|【打开外部库】命令，打开 lt9-4.fla。选中第 1 帧，将库中的位图"湖光山色.jpg"拖曳到工作区并将其分离，右击第 60 帧，在快捷菜单中选择【插入帧】命令，延续背景图。

（2）选择【套索工具】中的【多边形模式】选项，选取水域部分，按 Ctrl＋C 键复制选中部分。单击【时间轴】面板左下角的【插入图层】按钮，插入图层 2，选中第 1 帧按 Ctrl＋V 键粘贴复制的内容。将复制的内容同原图片重合。

（3）单击【时间轴】面板左下角的【插入图层】按钮，插入图层3，单击工具箱中的【矩形工具】按钮，在【属性】面板中【笔触颜色】选择无，【填充色】选择白色在工作区中绘制多个大小不一的矩形，整体长度超过工作区宽度，如图9-7所示。将其全部选中，选择【修改】|【转换为元件】命令，将其转换为图形元件。选中第1帧，将元件的实例同工作区的右边界对齐，选中第60帧，按F6键，插入关键帧，将元件的实例同工作区的左边界对齐，右击第1帧，在快捷菜单中选择【创建补间动画】命令。

右击图层3，在弹出的快捷菜单中选择【遮罩层】命令，将图层3设置为遮罩层。

（4）单击【时间轴】面板左下角的【插入图层】按钮，插入图层4，单击工具箱中的【文本工具】按钮，在【属性】面板中【字体】选择"华文行楷"，【字体大小】选择60px，【文本（填充）颜色】选择白色，输入文字"碧波荡漾"。选中文字，选择【插入】|【时间轴特效】|【变形/转换】|【转换】命令，在【变形】对话框中【效果持续时间】设置为60帧。时间轴特效文字制作完毕，系统自动产生"转换1"图层。

（5）选中图层4第1帧，导入库中的"船.jpg"位图，选择【修改】|【分离】命令或按Ctrl+B键，分离图片，选择【套索工具】中的【魔术棒】选项，单击白色背景，按Del键将白色背景删除，残余部分使用【橡皮擦工具】将其擦干净，使用【任意变形工具】将其缩小，按样例排放。

（6）选择【控制】|【测试影片】命令，测试动画。选择【文件】|【另存为】命令，输入文件名ztdh，单击【保存】按钮，保存动画文件。选择【文件】|【导出】|【导出影片】命令，输入文件名ztdh，单击【保存】按钮，保存影片文件。

9.4　课内实验题

（1）按下列要求制作动画，制作结果保存在磁盘上。

① 打开配套光盘本章素材文件夹中的sy9.fla库文件，将帧频设置为10fps。

② 图层1导入库中的"秋天.jpg"图片，延续到第80帧。

③ 图层2导入库中的"秋叶"图形元件，制作第1～50帧秋叶沿指定路径运动、第50帧后每隔5帧按文字向右移动的动画。

④ 插入新图层，第55帧输入文字"金秋十月"，文字格式为"华文行楷"、85磅、红色，文字间隔为10。每隔5帧出现一个字，延续到第80帧。

⑤ 将操作结果保存为exe9-1.fla文件，导出exe9-1.swf文件。

操作提示：

① 插入引导层的操作，选择【插入】|【运动引导层】命令，或单击【时间轴】面板左下角的【添加运动引导层】按钮。选中引导层开始帧，使用工具箱中的【铅笔工具】在工作区绘制一条曲线。

② 引导层在被引导层的上方，制作引导层动画的对象必须是图形元件或影片剪辑元件，运动对象的中心点必须锁定在引导路径首、末端点处。

③ 文字逐个出现的操作参见第8章的逐帧动画。

（2）按下列要求制作动画，制作结果保存在磁盘上。

① 打开配套光盘本章素材文件夹中的 sy9. fla 库文件,图层 1 导入图形元件 clock,适当缩小,延续到第 50 帧。

② 图层 2 导入图形元件 Tween,第 1 帧到第 50 帧顺时针旋转一周。

③ 图层 3 导入"地球"位图,去掉白色背景,第 1～50 帧沿椭圆轨道(添加引导层)逆时针运行。

④ 添加新图层,绘制红色椭圆轨道,并与图层 3 交换次序。

⑤ 添加新图层,输入文字"与时俱进",字体颜色自定。第 1 帧到第 15 帧透明度由 0％到 100％;第 16 帧到第 35 帧形状渐变为"继往开来";第 36 帧到第 50 帧,文字由小到大,透明度由 100％到 50％。

⑥ 将操作结果保存为 exe9-2. fla 文件,导出 exe9-2. swf 文件。

操作提示:

① 动画对象绕中心点旋转,使用工具箱中的【任意变形工具】,将图形元件 Tween 的中心点拖曳到时针旋转的中心位置。

② 动画的对象沿闭合曲线运动,引导路径应有一个小缺口;引导层中引导路径在动画播放时不会被显示,若要在动画播放时显示引导路径,必须另外绘制。

(3) 按下列要求制作动画,制作结果保存在磁盘上。

① 打开配套光盘本章素材文件夹中的 sy9. fla 库文件,图层 1 导入 bj 图形元件,作为动画的背景。动画延续到第 60 帧。

② 插入新图层,导入 submarine 影片剪辑元件,制作影片剪辑元件在海水中运行的动画。

③ 插入新图层,导入 plane 图形元件,第 1～60 帧沿指定路径飞行的引导层动画,第 31～60 帧 Alpha 由 100％渐变到 0％。

④ 插入新图层,输入文字"雄鹰展翅",字体为"隶书"、大小为 50px、竖排,文字填充黑白渐变色,并使用【填充变形工具】改变颜色的分布。

⑤ 将操作结果保存为 exe9-3. fla 文件,导出 exe9-3. swf 文件。

操作提示:制作 submarine 影片剪辑元件在海水中运行的动画,海水部分需复制一个副本,放在新的图层,此图层应放在 submarine 影片剪辑元件所在图层的上面。文字填充渐变色必须先分离。

(4) 按下列要求制作动画,制作结果保存在磁盘上。

① 创建 400×300 像素的工作区,并设置背景颜色为＃99FFFF。

② 图层 1 第 1 帧导入配套光盘本章素材文件夹中的图像文件 campus10. jpg,在图层 2 的第 1 帧上居中输入文字"动画设计",字体为"华文新魏"、大小为 70px、颜色为 ＃000000,并将文字层锁住。

③ 用图层 1 的图形和图层 2 的文字制作成长度为 30 帧的遮罩效果的运动渐变动画,文字层为遮罩层,图像层为动画层,产生动画在文字下移动的遮罩效果,如图 9-8 所示,

④ 将操作结果保存为 exe9-4. fla 文件,导出 exe9-4. swf 文件。

操作提示:在图层 1 的第 1 帧上导入图像文件 campus10. jpg,并将其转换为图形

元件。

插入图层 2,选择工具箱中的【文字工具】输入文字。选择【窗口】|【对齐】命令,打开【对齐】面板,依次单击【对齐】面板中的【相对于舞台】、【水平中齐】、【垂直中齐】按钮,使文字居中对齐。

选中图层 1 第 1 帧,拖曳图片与文字的左端对齐,选中图层 1 第 30 帧,按 F6 键插入关键帧,拖曳图片与文字的右端对齐。右击图层 1 第 1 帧,在弹出的快捷菜单中选择【创建补间动画】命令,制作图片由左向右移动的运动渐变动画。

右击图层 2,在弹出的快捷菜单中选择【遮罩层】命令,将图层 2(文字层)设置为遮罩层。

(5) 按下列要求制作动画,制作结果保存在磁盘上。

① 创建 400×300 像素的工作区,并设置背景颜色为 #0099CC。

② 图层 1 的第 1 帧上居中输入文字"FLASH 动画",字体为"华文琥珀",大小为 60px,颜色为 #FFFFFF。

③ 图层 2 创建遮罩层,制作依次逐个显示文字的遮罩动画,如图 9-9 所示。动画延续到第 30 帧。

④ 将操作结果保存为 exe9-5.fla 文件,导出 exe9-5.swf 文件。

图 9-8　文字遮罩效果　　　　图 9-9　逐字显示"FLASH 动画"的遮罩效果

操作提示:选择工具箱中的【文字工具】输入文字。使用【对齐】面板使文字居中对齐。插入图层 2。选中图层 2 第 1 帧,单击工具箱中的【矩形工具】按钮,在【属性】面板中【笔触颜色】选择无,【填充色】选择黑色,在文字的左端绘制一个比文字框略高的黑色矩形。选中图层 2 第 30 帧,按 F6 键插入关键帧,拖曳黑色矩形框覆盖所有的文字。选中图层 2 第 1 帧,在属性面板【补间】下拉列表中选择【形状】命令,制作形状渐变动画。右击图层 2,在弹出的快捷菜单中选择【遮罩层】命令,将图层 2 设置为遮罩层。

(6) 按下列要求制作放大镜效果的遮罩动画,制作结果保存在磁盘上。

① 打开配套光盘本章素材文件夹中的 sy9.fla 库文件,图层 1 导入库中的 hua.jpg 位图,延续到第 60 帧。

② 放大镜从左向右移动,放大镜移过处的图像被放大,如图 9-10 所示。

③ 将操作结果保存为 exe9-6.fla 文件,导出 exe9-6.swf 文件。

操作提示:

① 图层 1 导入背景图。图层 2 导入背景图,并将图片放大。

② 图层 3 绘制放大镜。单击工具箱中的【椭圆工具】按钮,在【属性】面板中【笔触颜

图 9-10　放大镜效果的遮罩动画

色】选择无,【填充色】选择黑色,在工作区中绘制一个椭圆,作为放大镜;单击工具箱中的
【矩形工具】按钮,在【属性】面板中【笔触颜色】选择无,【填充色】选择黑色,在工作区中绘
制一个矩形,作为放大镜的手柄。选择工具箱中的【任意变形工具】,单击矩形,矩形四周
出现八个活动块,将鼠标移向左上角的活动块,拖曳活动块使矩形旋转一个角度。制作的
放大镜如图 9-11(a)所示。第 1～60 帧制作放大镜从左向右移动的运动渐变动画。右击
图层 3,在快捷菜单中选择【遮罩层】命令,将图层 3(放大镜)设置为遮罩层。

③　图层 4 使用相同的方法再制作一个如图 9-11(b)所示空心圆的放大镜,放大镜的
手柄填充线性渐变色。

(7) 用遮罩技术完成一行行的文字在渐变颜色的背景下淡入淡出滚动显示的效果。
背景颜色是从♯0099CC 到♯FFFFFF 再到♯0099CC 的线性渐变颜色,滚动文字可采用
"这不是一份说明书.DOC"文档中的内容。动画文件的效果如图 9-12 所示,将操作结果
保存为 exe9-7.fla 文件,导出 exe9-7.swf 文件。

这不是一份说明书,也不是一篇编者按,更不是光盘中的Readme文件,而是一张
出生证明,是我们集体智慧和心血的结晶,她承载着我们的希望与梦想。
　　曾经,面对瞬息万变网络世界,我们好奇、痴迷、嫉妒、迷茫;
　　而今,我们凭借百倍的热情,精妙的构思和掌握的知识,整合成这张Flash原创
作品集锦。
　　这里,有青春的激昂,有诙谐的笑料,有莫名的感伤,有对传统的反思,有对丑
恶的鞭笞,有对未来的憧憬……
　　我们尽力调动一切多媒体手段,构筑一个多彩平台来展现当代大学生所关注的焦
点,去勾勒跨世纪一代的心路历程。
　　也许我们的作品还很稚嫩,但却是我们迈出的第一步。
　　我们的第一步,共同的第一步!

(a)　　　　　　　　　(b)

图 9-11　制作的放大镜　　　图 9-12　文字在渐变颜色的背景下淡入淡出滚动显示的效果

　操作提示:操作参见例 9.2 操作步骤(5)。

(8) 按下列要求制作动画,制作结果保存在磁盘上。

①　设置工作区背景色为♯99CC99。绘制太极图,第 1～50 帧制作太极图顺时针旋
转 2 次的渐变动画。

②　插入新图层,输入文字"太极文化 源远流长",文字格式为"华文新魏"、大小为 60

像素。制作前景色为黑色、背景色为白色的阴影文字。第1～50帧制作"转换"效果的特效文字。

③ 操作结果保存为 exe9-8. fla 文件,导出 exe9-8. swf 影片文件。

操作提示：特效文字的制作：阴影字制作完毕后,选中文字,选择【插入】|【时间轴特效】|【变形/转换】|【转换】命令,在【变形】对话框中【效果持续时间】设置为50帧。

(9) 按下列要求制作动画,制作结果保存在磁盘上,动画效果参见图9-13。

图9-13　湖水涟漪效果的遮罩动画

① 打开配套光盘本章素材文件夹中的 sy9. fla 库文件,导入库中 tp5. jpg 位图,延续到第60帧。

② 插入新图层,第1帧到第60帧制作湖水涟漪效果的遮罩动画。

③ 插入新图层,导入库中"小船"位图,去掉白色背景,缩小按样例排放。

④ 插入新图层,第1～60帧利用库中的图形元件"鹰"制作引导层动画,"鹰"在飞行中逐渐缩小消失。

⑤ 操作结果保存为 exe9-9. fla 文件,导出 exe9-9. swf 影片文件。

操作提示：制作湖水流动效果的遮罩动画,操作参见例9.4操作步骤(2)和(3)。

(10) 按下列要求制作动画,制作结果保存在磁盘上,动画效果参见图9-14。

① 打开配套光盘本章素材文件夹中的 sy9. fla 文件,将工作区背景色设置为 ♯ FFFFCC。动画延续到第50帧。

② 导入 hb 图形元件,适当缩小,第1～40帧制作图像轮廓线的遮罩动画。

③ 新建图层,输入文字"海宝迎世博"字体为"华文行楷"、大小为60像素,制作前景色为红色、背景色为黑色的阴影文字。

④ 新建图层,导入 hb 图形,缩小并水平翻转,按样例排放。

⑤ 新建图层,绘制花朵,制作"展开"效果的时间轴特效动画,"碎片偏移"设置为5,"持续时间"设置为50帧。

⑥ 操作结果保存为 exe9-10. fla 文件,导出 exe9-10. swf 影片文件。

操作提示：制作图像轮廓线的遮罩动画参见例9.2操作步骤(2)。花朵的制作方法参见例 7.1。

图 9-14 "展开"效果的时间轴特效动画

(11) 按下列要求制作动画,制作结果保存在磁盘上,动画效果参见图 9-15。

图 9-15 "水乡风情"遮罩动画

① 打开配套光盘本章素材文件夹中的 sy9. fla 库文件,将工作区背景色设置为 #CCFFFF。图层 1 导入库中影片剪辑元件"米老鼠"。图层 2 导入库中图形元件 XSQ。动画延续到 160 帧。

② 插入新图层,第 1～30 帧制作文字"水乡风情"的遮罩动画。文字的字体为"华文行楷"、65 像素、粗体。

③ 第 31～60 帧制作矩形从左向右扩展的遮罩动画。第 61～90 帧制作椭圆从中间向外扩展的遮罩动画。第 91～120 帧制作矩形从中间向外扩展的遮罩动画。

④ 第 121～140 帧制作图片由小到大的遮罩动画。第 141～160 帧制作图片向左移动的遮罩动画。

⑤ 将操作结果保存为 exe9-11.fla 文件,导出 exe9-11. swf 文件。

(12) 按下列要求制作动画,制作结果保存在磁盘上,动画效果参见图 9-16。

① 设置工作区大小为 400×300。打开配套光盘本章素材文件夹中的 sy9. fla 库文件,导入库中 bj. jpg 位图,延续到第 60 帧。

② 插入新图层,导入库中"汽车"图形元件,第 1～60 帧制作汽车从右往左开的动画。

图 9-16 文字遮罩动画

③ 插入新图层,制作文字"一路顺风"的遮罩动画。文字格式为"华文行楷"、大小为 50 像素、粗体。文字为遮罩层,被遮罩层分别是从右向左移动的 tp8 和从左向右移动的红白渐变色放射状椭圆。

④ 将操作结果保存为 exe9-12.fla 文件,导出 exe9-12.swf 文件。

9.5 课外思考与练习题

(1) 层的作用是什么? 层有哪几种类型? 插入层的方法有哪些?

(2) 如何删除层和对层重命名? 如何改变层的次序?

(3) 引导层和遮罩层在动画中的作用是什么? 如何应用这些层创建动画特效?

(4) 若要实现遮罩效果,遮罩层中的对象必须具备什么条件?

(5) 用遮罩技术完成光影文字的动感显示效果,动画文件的播放效果如图 9-17 所示,并用 exe9-13.swf 为名保存文件。

图 9-17 用遮罩技术完成光影文字的动感显示效果

(6) 按下列要求制作放大镜效果的遮罩动画,制作结果保存在磁盘上。

① 创建 550×300 像素的工作区,并设置背景颜色为♯0099CC。

② 制作放大镜效果的遮罩动画。在图层 1 的第 1 帧上居中输入文字"FLASH 动画",字体为"华文琥珀",大小为 40 像素,颜色为♯FFFFFF,使图层 1 文字延续到第 30 帧,并将其锁住。

③ 放大镜从左向右移动,放大镜移过处的文字被放大,如图 9-18 所示。

④ 将操作结果保存为 exe9-14.fla 文件,导出 exe9-14.swf 文件。

图 9-18 放大镜效果的遮罩效果

（7）打开配套光盘本章素材文件夹中的 sy9.fla 库文件,制作雪花状显示效果的遮罩动画,被遮罩层的文字与遮罩层的 xhtx 图形元件如图 9-19 所示。将动画文件以 exe9-15.swf 为文件名保存在磁盘上。

图 9-19 雪花状显示效果的遮罩动画

（8）按下列要求制作动画,制作结果保存在磁盘上,动画效果如图 9-20 所示。

图 9-20 图形、文字遮罩动画

① 打开配套光盘本章素材文件夹中的 sy9.fla 库文件,设置动画帧频为 8fps。

② 导入 tp.jpg 位图作为背景,动画延续到第 60 帧。

③ 制作"米老鼠"影片剪辑元件从左往右运动的遮罩动画。

④ 制作"美丽的草原"文字遮罩动画,被遮罩为图形元件 1。文字的字体为"方正舒体"、55 像素、粗体、颜色自定。制作"我的家"文字每隔 15 帧改变颜色的运动渐变动画。

⑤ 将操作结果保存为 exe9-16.fla 文件,导出 exe9-16.swf 文件。

(9) 按下列要求制作动画,制作结果保存在磁盘上,动画效果参见图 9-21。

图 9-21 文字、图形遮罩动画

① 打开配套光盘本章素材文件夹中的 sy9.fla 库文件,工作区背景色设置为 ♯FFCCFF。导入"女孩"影片剪辑元件,延续到第 40 帧。

② 插入新图层,第 1～40 帧制作小鸟飞行的引导层动画。插入新图层,第 1～40 帧制作"风景欣赏"文字遮罩动画(被遮罩图片为 TP1,文字字体自定)。

③ 插入新图层,输入文字"遮罩动画",字体为"华文行楷"、50 像素。每隔 10 帧制作颜色为蓝色、粉红、浅蓝、红色的具有闪烁效果的文字。

④ 插入新图层,第 41～70 帧制作矩形从左向右扩展的遮罩动画。第 71～100 帧制作椭圆从中间向外扩展的遮罩动画。第 101～130 帧制作图片向左移动的遮罩动画。

⑤ 操作结果保存为 exe9-17.fla 文件,导出 exe9-17.swf 影片文件。

(10) 按下列要求制作动画,制作结果保存在磁盘上,动画效果参见图 9-22。

① 打开配套光盘本章素材文件夹中的 sy9.fla 库文件,工作区背景色设置为 ♯0099FF。

② 图层 1 第 1 帧导入库中 car8.jpg,图层 2 第 5 帧导入库中 car9.jpg,第 1～30 帧制作垂直百叶窗效果的遮罩动画。

③ 图层 4 第 31 帧导入库中 car10.jpg,图层 5 第 35 帧导入库中 car7.jpg,第 31～60 帧制作水平百叶窗效果的遮罩动画。

④ 插入新图层,输入文字"汽车展示会",文字格式为"华文行楷"、大小为 50 像素、黄色、粗体,文字间隔为 12,并添加"渐变斜角"的滤镜效果。

图 9-22　百叶窗效果的遮罩动画

⑤ 操作结果保存为 exe9-18.fla 文件,导出 exe9-18.swf 影片文件。

第 10 章　元件和声音及其应用

10.1　实验的目的

(1) 掌握元件和实例的基本概念和操作方法。

(2) 掌握声音的导入、编辑和应用的方法。

(3) 掌握视频在动画中导入、编辑和应用的方法。

10.2　实验前的复习

10.2.1　元件的基本概念及其操作

1. 元件的类型及作用

可重复使用的图像、动画或按钮可以定义为元件,元件最大的优点是可以重复使用,在同一动画中多次使用同一元件基本不影响文件的大小。

Flash 中元件有 3 种类型。

(1) 图形元件:通常由在动画中使用多次的静态图形组成,图形元件无法使用动作进行交互控制,也不能直接在该元件中插入声音。

(2) 按钮元件:为动画提供交互动作的元件。在动画中创建交互按钮,响应标准的鼠标事件,可以为按钮设置不同的状态外观,为按钮实例添加动作。

(3) 影片剪辑元件:动画中最具有交互性、用途最多、功能最强的对象之一。它来源于需重复使用的动画,独立于时间轴,播放时间不受主动画限制。影片剪辑元件可以被命名,在动画制作中可以利用动作对该元件进行控制,创造出许多特殊的动画效果。

元件的主要作用是缩小 Flash 文件的大小,以便在网上传输。有些动画是必须基于元件才能创建,因此,应养成在创建动画时按需要将基本对象制作成元件的习惯。

2. 创建元件

1) 将舞台中的图形对象转换为元件

(1) 选中需要转换为元件的对象。

(2) 选择【修改】|【转换为元件】命令。打开如图 10-1 所示的对话框,在【名称】文本框中输入元件的名称,在【行为】选项中选择【图形】单选项,单击【确定】按钮。

图形对象被转换为元件后,自身就成为元件的一个实例,此方法用于创建图形元件。

2) 创建新元件

(1) 选择【插入】|【新建元件】命令,打开【创建新元件】对话框,如图 10-2 所示。在【名称】文本框中输入元件的名称,在【行为】选项中,可以选择【影片剪辑】、【按钮】或【图形】单选项,单击【确定】按钮后就能够创建 3 种元件中的一种元件。

（2）当前舞台便进入元件编辑模式,元件编辑区中央有个十字符号,表示元件的中心点,绘制的元件图形应以十字为中心,可在元件编辑区制作元件。

（3）元件制作完毕,选择【编辑】|【编辑文档】命令,或单击舞台左上角的【场景】图标,切换到场景编辑模式,新建的元件自动保存到库中。

3）将动画转换为影片剪辑元件

由于在 Flash 中不能把场景中的动画直接通过【转换为元件】命令转换为影片剪辑元件,因此只能通过下列方法来实现将动画转换为影片剪辑元件。其操作步骤如下：

（1）打开需转换成影片剪辑元件的动画。

（2）右击时间轴上的任意一帧,在弹出的快捷菜单中选择【选择所有帧】命令,再次右击选中的帧,在弹出的快捷菜单中选择【复制帧】命令。

（3）选择【插入】|【新建元件】命令,在对话框的【行为】选项中选择【影片剪辑】单选项,并为元件命名,单击【确定】按钮,进入元件编辑模式。

（4）选中第 1 帧并右击,在弹出的快捷菜单中选择【粘贴帧】命令。

（5）选择【编辑】|【编辑文档】命令,或单击【场景】按钮,返回动画编辑模式。创建的影片剪辑元件存放在库中。

4）创建按钮元件

（1）选择【插入】|【新建元件】命令,在【新建元件】对话框的【行为】选项中,选择【按钮】单选项,单击【确定】按钮,进入按钮元件编辑模式。时间轴面板自动添加了 4 帧,其含义如下。

- 【弹起】帧：鼠标指针没有接触按钮时,按钮所处的状态。
- 【指针经过】帧：鼠标指针移到按钮上面,但没有按下按钮所处的状态。
- 【按下】帧：鼠标指针移到按钮上并单击鼠标左键时,按钮所处的状态。当右击按钮时会弹出的快捷菜单。
- 【点击】帧：定义了按钮响应鼠标事件的区域和动作。

（2）按要求分别设置这四个帧,选择【编辑】|【编辑文档】命令,或单击【场景】按钮,返回动画编辑模式。创建的按钮元件保存在库中。

10.2.2 实例的基本概念

1. 实例的定义及与元件的关系

元件在动画中的应用就是实例。实例来源于元件,但又具有独立于元件的属性,例如实例的大小、旋转、色彩浓淡、透明度、亮度等属性都可以与其元件不同。对实例属性的修改不会影响元件；而修改了库中的某个元件,则与该元件相关的实例都会得到修改。

2. 设置实例的属性

选中实例,使用【属性】面板可以设置该实例的属性。

（1）【颜色】下拉列表用于颜色属性的设置,其中：

- 【无】选项表示不设置颜色效果。
- 【亮度】选项可调整实例的相对亮度,拖曳滑块可调整亮度值的大小。最亮为 100％的白色,最暗为−100％的黑色。

- 【色调】选项可使用一种颜色对实例进行着色操作。由【RGB】的值确定着色的颜色,【色彩数量】为 0% 表示着色的颜色对实例完全没有影响;【色彩数量】为 100% 表示实例完全被选定的着色颜色覆盖。
- Alpha 选项可调整实例的透明度。Alpha 设置为 0%,实例完全看不见;Alpha 设置为 100%,实例完全可看见。
- 【高级】选项可单独调整实例的红、绿、蓝三元色和透明度,用于制作颜色变化非常精细的动画。

(2)【交换】按钮的功能是用其他元件替换当前的实例,但实例的属性仍然保留。

(3)【行为】下拉列表可用于改变当前实例类型,下拉列表中的选项分别是【影片剪辑】、【按钮】或【图形】。

10.2.3 元件的应用和管理

1. 元件的应用

元件制作完毕都自动地保存在【库】面板中,要应用制作的元件,只要选择【窗口】|【库】命令,打开【库】面板,从【库】面板中将元件拖曳到舞台的适当位置即可。

选择【文件】|【导入】|【打开外部库】命令,将已制作好的动画文件以库的方式打开,该动画文件本身不打开,该动画文件库中的元件就能被用于当前动画的制作。一旦使用了其他动画文件库中的元件,该元件就会保存到当前动画文件的库中。

2. 元件的管理

元件的管理是在【库】面板中完成的,主要操作如下。

(1)新建元件:单击【库】面板左下角的按钮 。

(2)创建存放元件的文件夹:单击【库】面板左下角第 2 按钮 。元件文件夹可以对当前动画文件中的元件分类存放,便于管理。

(3)修改元件的属性:单击【库】面板左下角第 3 按钮 。

(4)删除当前元件:单击【库】面板左下角第 4 按钮 。

(5)选中要编辑的元件,单击【库】面板右上角的 按钮,选择面板操作菜单中的命令,也可完成对当前元件的编辑操作。

10.2.4 声音基本概念及其操作

1. 声音的类型

Flash 中插入的声音有事件声音和流式声音两种类型。

(1)事件声音必须在播放前全部下载,它可以连续播放,直到接收到停止指令时才停止播放。事件声音可应用于按钮,或作为循环音乐放在从开始播放到结束而不被中断的地方。

(2)流式声音只需下载开始的几帧就可以播放,能与动画播放的时间轴同步。流式声音只在时间轴上它所在的帧中播放。

在应用声音实例时,首先要决定它的类型,因为类型不同对它编辑产生的效果也不同。

2. 导入声音

首先为声音实例创建一个层,并设置声音相应的属性。Flash 中不能录音,只能导入声音,Flash 允许导入的声音文件格式有 WAV、AIFF 和 MP3 等。

3. 导入声音到库

选择【文件】|【导入到库】命令,可将声音文件导入到当前 flash 文件的库中。

4. 将声音添加到动画中

在动画中添加声音文件的操作方法是:先要插入放置声音的图层,然后将库中的声音拖曳到舞台,此时在图层的起始帧关键帧中显示声音的波形,在结束帧插入空白关键帧,确定声音的结束位置。还可用鼠标拖曳图层中的关键帧,调整它的起始与结束的位置。

5. 给按钮添加声音

(1) 右击舞台中的按钮,在弹出的快捷菜单中选择【在当前位置编辑】命令,进入按钮元件编辑模式。

(2) 插入图层并将其拖曳到按钮图层最下方。右击声音层的【按下】帧,在弹出的快捷菜单中选择【插入关键帧】命令。

(3) 将声音元件先导入到库,选择【窗口】|【库】命令,打开【库】面板,将声音元件拖曳到舞台,此时在【按下】帧中自动添加了声音的波形。选择【编辑】|【编辑文档】命令,或单击舞台上方的【场景 1】按钮,返回到动画编辑状态。

6. 编辑声音

单击带声音波形的帧,在【帧属性】面板中可完成以下设置。

(1)【声音】下拉列表提供了该动画库中所有的声音文件,供选择使用。选择其中的一个,在【属性】面板右下方将显示该文件声音的采样频率、效果、位数、播放时间和文件的字节数信息。

(2)【效果】下拉列表提供了播放声音效果的选项,例如:无、左声道、右声道、从左到右淡出等选项。

(3)【同步】下拉列表提供了 4 种声音同步的技术。

- 【事件】:设置事件方式,使声音与某一事件同步。
- 【开始】:设置开始方式,当动画播放到导入声音的帧时,开始播放声音。
- 【停止】:设置停止方式,用于停止声音播放。
- 【数据流】:设置数据流方式,Flash 将强制声音与动画同步,即同动画同时播放,同时结束。

(4)【编辑】按钮:用于对声音的编辑。单击此按钮打开【编辑封套】对话框,在对话框中可根据需要对声音波形进行编辑。

10.2.5 视频基本概念及其操作

Flash 8 可以将 MOV、AVI、MPEG 和 Flash 视频(. flv)等格式的视频剪辑导入到 Flash 中成为嵌入文件,也可以将存储在远程服务器上的视频剪辑,或者本地计算机上体积较大的视频剪辑导入为流式文件或渐进式下载文件,导入为流文件或渐进式下载的视频剪辑存放在 Flash 文档之外,称之为外部视频文件,这是较好的方法。

1. 视频文件的导入

(1) 选择【文件】|【导入】|【导入视频】命令,【导入视频】可以选择将视频剪辑导入为流式文件、渐进式下载文件、嵌入文件和链接文件。而且根据视频剪辑所在的位置提供一系列不同的选项。

(2) 选择【文件】|【导入】|【导入到舞台】或【导入到库】命令,打开【导入】对话框,在对话框中选中需导入的视频文件,单击【打开】按钮,将视频剪辑"导入到舞台"或"导入到库"。

2. 视频文件的编辑

视频剪辑的编辑可以在导入前先编辑好,也可以在导入的过程中进行。

在【视频导入】向导中选中【在 SWF 中嵌入视频并在时间轴上播放】选项,在随后显示的【导入视频-嵌入】对话框中选择【先编辑视频】选项,此时打开【导入视频-拆分视频】对话框,可以选择视频剪辑的开始和停止导入点,也可以从一个导入的视频剪辑中创建多个视频剪辑,或者删除选中的视频剪辑。导入视频时对视频剪辑进行编辑操作还是很有实用价值的。

10.3 典型范例的分析与解答

例 10.1 制作一个如图 10-1 所示的导航条,当鼠标指向导航条上的某个按钮时,会产生从左往右移动的动感下滑线条和逐渐放大的透明度为 50% 的遮罩在按钮上的矩形。

图 10-1 导航条样张

制作分析:本例要先制作三种不同的元件。每个按钮上半透明矩形和下滑线条可先设为图形元件。在按钮上逐渐放大的矩形和下滑线条,具有动感效果,可做成影片剪辑元件。每个导航的按钮可做成带音响效果的按钮。然后再制作逐渐显示的导航条。

操作步骤如下:

(1) 制作图形元件。

① 新建一个文档。选择【插入】|【新建元件】命令,打开对话框。在【名称】文本框中输入"矩形",选择【行为】选项中的【图形】单选项,单击【确定】按钮。

② 单击工具箱中的【矩形工具】,在【属性】面板中【笔触颜色】选择"无",【填充颜色】选择♯99FFFF,在舞台中绘制一个无边框的大小为 80×30 像素的小矩形。选择【窗口】|【对齐】命令,打开【对齐】面板,分别单击【相对于舞台】、【水平中齐】和【垂直中齐】按钮使小矩形居中对齐。选择【编辑】|【编辑文档】命令,将名为"矩形"的图形元件保存在库中。

③ 新建名为"线条"的图形元件。

④ 单击工具箱中的【直线工具】,在【属性】面板中【笔触颜色】选择♯333366,在舞台中绘制一条长度为 80 像素的线段。单击【对齐】面板中的【水平中齐】和【垂直中齐】按钮

使线段居中对齐。选择【编辑】|【编辑文档】命令,将名为"线条"的图形元件保存在库中。

（2）制作影片剪辑元件。

① 新建名为"按钮的动感效果"的影片剪辑元件。

② 选中第 2 帧,按 F6 键插入关键帧。打开【库】面板,将名为"线条"的图形元件拖曳到舞台。

③ 插入图层 2,选中第 2 帧,按 F6 键插入关键帧。将【库】面板中名为"矩形"的图形元件拖曳到舞台,居中安放。选中"矩形"图形实例,使用工具箱中的【任意变形工具】将"矩形"实例的高度缩小到 20%。

④ 选中图层 2 第 5 帧,按 F6 键插入关键帧。选中矩形,用【任意变形工具】将矩形的高度放大到 60%。单击【属性】面板【颜色】下拉列表中的 Alpha 选项,将其值设置为 80%。

⑤ 选中图层 2 第 11 帧,按 F6 键插入关键帧。用【任意变形工具】将矩形的高度放大到 100%,将其 Alpha 值设置为 50%。

⑥ 分别右击图层 2 第 2 帧和第 5 帧,在弹出的快捷菜单中选择【创建补间动画】命令。选中图层 2 第 11 帧,打开【动作】面板,双击【动作】|【影片控制】中的 Stop 命令,为第 11 帧添加动作。

⑦ 选中图层 1 第 11 帧,按 F6 键插入关键帧。将"线条"图形实例拖曳到矩形下面并与其对齐。将"线条"图形实例 Alpha 值设置为 100%。选中图层 1 第 2 帧,将"线条"图形实例的 Alpha 其值设置为 0%。右击图层 1 第 2 帧,在快捷菜单中选择【创建补间动画】命令,影片剪辑元件制作完毕,如图 10-2 所示。

⑧ 选择【编辑】|【编辑文档】命令,将名为"按钮的动感效果"的影片剪辑元件保存在库中。

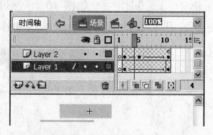

图 10-2　影片剪辑"按钮的动感效果"示意图

（3）制作按钮元件。

① 选择【插入】|【新建元件】命令,打开【创建新元件】对话框。在对话框的【行为】选项中选择【按钮】单选项,单击【确定】按钮。

② 右击【弹起】帧,在快捷菜单中选择【插入关键帧】命令。选择【文件】|【导入】命令,将本章素材文件夹中的文件 d1.jpg 导入到舞台居中安放。选中【指针经过】帧后插入关键帧,选择【文件】|【导入】命令,将本章素材文件夹中的文件 d12.jpg 导入到舞台居中安放。选中【点击】帧,按 F5 键插入普通帧。

③ 插入图层 2。选中图层 2【指针经过】帧,按 F6 键插入关键帧。将【库】中的影片剪辑元件拖曳到舞台居中安放。选中【按下】帧后插入关键帧。导入本章素材文件夹中的文件 bipu.wav,拖曳到舞台。选中【点击】帧,按 F5 键插入普通帧。

④ 按钮元件制作完毕后,单击舞台上方的【场景 1】按钮,切换到动画编辑模式。其他按钮元件按照上述方法制作完成。

（4）制作导航条。

① 选择【修改】|【文档】命令，打开【文档属性】对话框，设置【尺寸】宽为 600 像素，高为 35 像素。

② 选中图层 1 第 1 帧，从库中拖曳出第一个按钮元件，选中按钮，将其 Alpha 值设置为 0%。选中图层 1 第 5 帧后插入关键帧，并将其 Alpha 值设置为 100%。右击图层 1 第 1 帧，创建运动渐变动画。选中第 28 帧，按 F5 键插入普通帧。

③ 插入图层 2，选中图层 2 第 4 帧后插入关键帧。从库中拖曳出第二个按钮元件，选中按钮，将其 Alpha 值设置为 0%。选中图层 2 第 8 帧后插入关键帧，将其 Alpha 值设置为 100%。右击图层 2 第 4 帧，创建运动渐变动画。

④ 依次插入 7 个图层，分别把七个按钮放入层的相应的帧中，帧的位置按上述方法依此类推，例如图层 3 起始帧是第 7 帧，结束帧是第 11 帧，并在起始帧和结束帧之间创建补间动画，如图 10-3 所示。

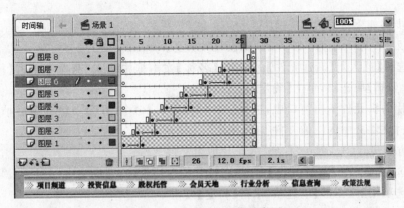

图 10-3 "导航条"制作示意图

⑤ 插入图层 8，右击图层 8 第 28 帧，在快捷菜单中选择【插入空白关键帧】命令。打开舞台下方的【动作】面板，双击【动作】|【影片控制】中的 Stop 命令，为图层 8 第 28 帧添加动作。

⑥ 选择【控制】|【测试影片】命令，或按 Ctrl＋Enter 键测试动画。

⑦ 选择【文件】|【导出影片】命令，将文件以 navigation. swf 为名保存在当前文件夹中。

例 10.2 制作如图 10-4 所示的"小熊爬树"的动画，文件以 bear. swf 为名保存。

制作要求：

（1）用本章素材文件夹中的文件 h1. wmf、h2. wmf 和 z1. wmf、z2. wmf 分别创建电影剪辑元件"灰熊"、"棕熊"。

（2）导入本章素材文件夹中的图像文件 tree1. wmf 和 tree2. wmf，将 2 棵树的图像放在合适的位置上，制作熊爬树的动画。先由灰熊爬到树顶，再由棕熊爬到树顶。

（3）然后制作 2 只熊的对话过程，测试动画后，以 bear. swf 为名保存。

制作分析：先分别制作 2 个影片剪辑元件"灰熊"、"棕熊"，然后导入 2 棵树作为背景，再分别制作关于"灰熊"、"棕熊"两个影片剪辑元件的运动渐变动画。

图 10-4　小熊爬树动画示意图

操作步骤如下：

（1）新建一个大小为 550×400 像素，【帧频】为 5fps 的文档。

（2）选择【插入】|【新建元件】命令，在【名称】文本框中输入"灰熊"，单击【行为】选项中的【影片剪辑】单选项，单击【确定】按钮。

在影片剪辑元件编辑窗口中，选择【文件】|【导入】命令，在第 1 帧和第 2 帧上居中导入本章素材文件夹中的图像文件 h1. wmf、h2. wmf。

（3）仿照步骤（2），创建"棕熊"的影片剪辑元件。

（4）选择【插入】|【新建元件】命令，在打开的对话框中，名称文本框中输入"标注"，单击【行为】选项中的【图形】单选项，单击【确定】按钮。

选择【视图】|【网格】|【显示网格】命令，在舞台显示网格线。单击工具箱中的【铅笔工具】，在【属性】面板中【笔触颜色】选择♯0033CC，绘制标注的外框，单击工具箱中的【油漆桶工具】，在【填充色】框中输入♯99FFFF，填充标注区域，如图 10-5 所示。单击舞台上方的【场景 1】按钮，切换到场景。

图 10-5　在舞台绘制的标注

（5）选择【文件】|【导入】命令，在第 1 帧分别导入本章素材文件夹中的 tree1. wmf 和 tree2. wmf 图像文件，选择【修改】|【组合】命令，对图片分别进行组合。使用工具箱中的【任意变形工具】，将其缩小后放在舞台的合适位置处。选中第 100 帧，按 F5 键插入普通帧，将动画延续到第 100 帧。双击图层 1 将其改名为"树"。

（6）插入图层 2，并将其改名为"灰熊"。选中"灰熊"层的第 1 帧，打开【库】面板，在【库】面板中将影片剪辑元件"灰熊"拖曳到舞台，放在右边树的根部，并调整到合适的大小。单击第 20 帧插入关键帧，将灰熊向上拖曳至树叶下方，右击"灰熊"层的第 1 帧，在快捷菜单中选择【创建补间动画】命令，制作运动渐变动画。

插入图层 3,并将其改名为"棕熊"。选中"棕熊"层的第 20 帧,按 F7 键插入空白关键帧,将【库】面板中的影片剪辑元件"棕熊"拖曳到舞台,放在左边树的根部,单击第 40 帧,按 F6 键插入关键帧,将棕熊向上拖曳至树叶下方,右击"棕熊"层第 20 帧,在快捷菜单中选择【创建补间动画】命令,制作运动渐变动画。

(7) 插入图层 4,并将其改名为"对话"。选中"对话"层的第 40 帧,按功能键 F7 插入空白关键帧,将【库】面板中的图形元件"标注"拖曳到舞台的左树旁,单击工具箱中的【文字工具】,在【属性】面板中【字体】选择宋体,【字体大小】选择 20,【文字(填充)颜色】选择黑色,输入文字"大家好!我们是可爱的无尾熊。"将文字拖曳到标注图形中。选中"对话"层第 60 帧,按 F5 键插入普通帧,将图片延续到第 60 帧。

(8) 右击"对话"层的第 61 帧,在快捷菜单中选择【插入空白关键帧】命令,将【库】面板中的图形元件"标注"拖曳到舞台,选中标注图形,选择【修改】|【变形】|【水平翻转】命令,并将标注图形拖曳到合适位置。单击工具箱中的【文字工具】,文字设置同上,输入文字"我是灰灰,它是红红"。将文字拖曳到标注图形中,选中"对话"层第 80 帧,按 F5 键插入普通帧,将图片延续到第 80 帧。

(9) 右击"对话"层的第 81 帧,在弹出的快捷菜单中选择【插入空白关键帧】命令,将【库】面板中的图形元件"标注"拖曳到舞台,单击工具箱中的【文字工具】,文字设置同上,输入文字"我看到上海大学城啦!"将文字拖曳到标注图形中,选中该层的第 100 帧,按 F5 键插入普通帧,将图片延续到第 100 帧。

(10) 选择【控制】|【测试影片】命令,动画的运行结果如图 10-4 所示。选择【文件】|【导出影片】命令,文件用 bear.swf 为名保存。

例 10.3 制作如图 10-6 所示的 flash 动画,动画文件以 night.swf 为名保存。

图 10-6 动画"夏夜"的示意图

制作要求:

(1) 创建 550×400 像素的动画文档,设置背景颜色为♯17086A,并在合适的位置上导入本章素材文件夹中的图像文件 gress.jpg,适当进行处理并调整图像的大小,然后将当前层命名为"背景层"后锁住。

（2）制作如图 10-6 所示的影片剪辑元件"萤火虫"、"星星闪烁"和"浮云"，将它们的实例放置在舞台的合适位置处，并调整实例的大小。

（3）导入本章素材文件夹中的音效文件"虫鸣"、"蛙叫"和"犬吠"，为动画添加声音效果。

（4）最后测试动画后，以 night.swf 为名保存。

制作分析：本例动画中闪烁的星星、萤火虫和云在画面中反复出现，可以制作"星星闪烁"、飞的"萤火虫"、"云"等影片剪辑元件，并可在影片剪辑元件中加入"虫鸣"、"蛙叫"和"犬吠"夏夜郊外的声音。背景中的草丛和月亮的光晕可用【魔棒工具】和【柔化填充边缘】等方法完成。

操作步骤如下：

（1）新建一个文档。选择【修改】|【文档】命令，打开【文档属性】对话框，宽与高设置为 550×400 像素，背景颜色设置为♯17086A，帧频设置为 10fps。

（2）在合适的位置上导入本章素材文件夹中的图像文件 gress.jpg，适当调整图像的大小，将其分离。将【套索工具】中的【魔棒工具】选中，设置【魔棒工具】的【阀值】为 100，【平滑】方式为"平滑"，单击 gress.jpg 的背景将其选中，按 Del 键将背景删除。然后用【橡皮工具】擦除多余的残留部分，若还有没清除的背景，可用【颜料桶工具】将多余的背景色改为草丛的颜色。

（3）单击【椭圆工具】按钮，并设置【填充颜色】为♯FFFFFF，【笔触颜色】为无，在合适的位置处绘制大小为 60×60 像素的圆，并将其选中。选择【修改】|【形状】|【柔化填充边缘】命令，在【柔化填充边缘】对话框中，设置【距离】为 20px，【步骤】为 20，【方向】为扩散，制作出带光晕的月亮效果。然后将当前层命名为"背景层"后锁住。

（4）选择【插入】|【新建元件】命令，在【名称】文本框中输入"星星闪烁"，单击【行为】选项中的【影片剪辑】单选项，单击【确定】按钮。

在影片剪辑元件编辑窗口中，选择【文件】|【导入】命令，在第 1 帧上居中导入本章素材文件夹中的图像文件 star.jpg，将其分离后用【魔棒工具】选中背景，用【颜料桶工具】将【背景颜色】改为♯17086A。

（5）选择【修改】|【变形】|【缩放与旋转】命令，在【缩放与旋转】对话框中设置【缩放】值为原图的 20%。

选中第 10 帧，按功能键 F6 插入关键帧，选择【修改】|【变形】|【缩放与旋转】命令，在【缩放与旋转】对话框中设置【缩放】值为 160%。

选中第 45 帧，按功能键 F6 插入关键帧，选择【修改】|【变形】|【缩放与旋转】命令，设置【缩放】值为 60%。分别选中第 1、10 关键帧，单击右键，在快捷菜单中选择【创建补间动画】命令，制作"星星闪烁"的运动渐变动画。

（6）新建名为"虫鸣"、"蛙叫"和"犬吠"三个层，选择【文件】|【导入】命令，分别导入本章素材文件夹中的声音文件 bug.wav、swamp.wav、dog02.wav，如图 10-7 所示在三个层中插入空白关键帧，分别选中这些关键帧，从库中把三种声音拖到相应的关键帧处。然后分别选中每种声音的开始和结束的关键帧，在【属性】面板【同步】下拉列表中，分别选择【开始】、【结束】命令，设置每种声音开始和停止的属性。选择【编辑】|【编辑文档】命令，完

成影片剪辑元件"星星闪烁"的创建,返回舞台。

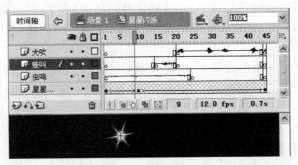

图 10-7　"星星闪烁"影片剪辑元件示意图

(7) 制作名为"萤火虫"的影片剪辑元件。选择【插入】|【新建元件】命令,打开【创建新元件】对话框,在【名称】文本框中输入"萤火虫",单击【行为】选项中的【影片剪辑】单选项,单击【确定】按钮。

单击【椭圆工具】按钮,并设置【填充颜色】为♯F6E1A4,【笔触颜色】为无,绘制大小为 90×90 像素的圆,并将其选中。选择【修改】|【形状】|【柔化填充边缘】命令,在【柔化填充边缘】对话框中,设置【距离】为 50px,【步骤】为 50,【方向】为扩散,制作荧光柔化的效果。

选中第 5 帧,插入关键帧,将荧光缩小一半。选中第 10 帧,插入关键帧,将荧光稍作放大。如图 10-8(a)所示,创建荧光闪烁的形状渐变动画,并将该层命名为"光"。在"光"层的上面,插入名为"虫"的新层。仿照荧光的制作方法制作形状渐变的"虫","虫"的颜色设置为♯E9B620,操作方法不再赘述。选择【编辑】|【编辑文档】命令,完成影片剪辑元件"萤火虫"的创建,返回舞台。

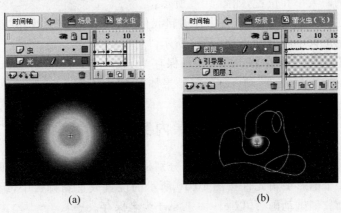

(a)　　　　　　　　　　(b)

图 10-8　"萤火虫"影片剪辑元件示意图

(8) 制作名为"萤火虫(飞)"的影片剪辑元件。选择【插入】|【新建元件】命令,打开【创建新元件】对话框,在【名称】文本框中输入"萤火虫(飞)",单击【行为】选项中的【影片剪辑】单选项,单击【确定】按钮。

将库中影片剪辑元件"萤火虫"拖入编辑区。创建引导层,在引导层中用铅笔绘制如图 10-8(b)所示的引导线。选中引导层的第 200 帧,按功能键 F5 插入普通帧。选中图层 1 的第 1 帧,将影片剪辑元件"萤火虫(飞)"实例的中心点对准引导线的起点。选中图层 1

的第200帧，按F6键插入关键帧，将该关键帧的"萤火虫（飞）"实例的中心点对准引导线的终点。右击第1帧，选择快捷菜单中的【创建补间动画】命令，制作运动渐变动画。选择【编辑】|【编辑文档】命令，完成影片剪辑元件"萤火虫（飞）"的创建，返回舞台。

（9）制作名为"云（动）"的影片剪辑元件。创建名为"云（动）"的影片剪辑元件。在影片剪辑元件编辑区中，用铅笔绘制如图10-9所示的云，并用蓝白的线性渐变色填充。选中画好的云，按F8键，将其转换为名为"云"的图形元件。选中第250帧，按F6键插入关键帧，将图形元件"云"的实例右移一段距离。右击第1帧，选择快捷菜单中的【创建补间动画】命令，制作运动渐变动画。选择【编辑】|【编辑文档】命令，完成影片剪辑元件"云（动）"的创建，返回舞台。

图10-9　影片剪辑元件"云（动）"示意图

（10）在舞台创建名为"云"的新层，在合适的位置上，将影片剪辑元件"云（动）"从库中拖入舞台2次，并调整这2个实例的大小，如图10-6所示。

在舞台创建名为"星星"的新层，将影片剪辑元件"星星闪烁"从库中拖入舞台若干次，并调整这些实例的大小和位置，如图10-6所示。

在舞台创建名为"虫"的新层，将影片剪辑元件"萤火虫（飞）"从库中拖入舞台若干次，并调整这些实例的大小和位置，如图10-6所示。

（11）选择【文件】|【保存】命令，将动画保存为night.fla，按快捷键Ctrl＋Enter测试动画，并生成night.swf文件，动画的运行结果如图10-6所示。

10.4　课内实验题

（1）分别制作4个电影剪辑元件，它们分别是不同渐变颜色的小球，围绕椭圆轨迹线运行。然后将4个电影剪辑元件按图10-10所示的位置放置到舞台中，组成小球围绕轨迹线运行的动画。测试动画后，以exe10-1.swf为名保存。

操作提示：

① 新建名为"红球"影片剪辑元件，编辑窗口中，画放射渐变黑红色小球，并转换为元件。插入引导层，选择【椭圆工具】，设置【笔触颜色】为灰色，【填充色】选择无，在编辑区中绘制一个大的椭圆，作为小球运行的引导轨迹。单击引导层第50帧，按F5键插入普通帧，使其延续到第50帧。用【橡皮擦工具】在引导层的椭圆轨迹上擦一个小缺口。

② 插入名为"轨迹"的新图层，在第1帧上用【椭圆工具】绘制【笔触颜色】为红色，【填充色】为无的，与引导层中大小相同的椭圆，使其延续到第50帧（由于引导层在运行时是

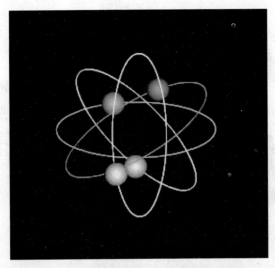

图 10-10 小球围绕轨迹线运行的动画

看不见的,所以增加"轨迹"层,使小球能沿清晰的运动轨迹运行)。

③ 选中小球所在层的第 1 帧,拖曳小球到引导层椭圆轨道缺口的左端,使小球实例的中心点与轨道左端点重合。选中"球"层的第 50 帧,拖曳小球到椭圆轨道缺口的右端,使小球实例的中心点与轨道右端点重合。右击小球所在的层第 1 帧,在快捷菜单中选择【创建补间动画】命令,制作运动渐变动画。

④ 切换到场景,在【库】面板中可以看到新创建的影片剪辑元件"红球"。复制影片剪辑元件"红球",分别改名为"绿球"、"蓝球"、"黄球"3 个影片剪辑元件。分别双击这 3 个影片剪辑元件,将其中小球和轨迹的颜色改成所需之色。

⑤ 将【库】面板中将影片剪辑元件拖曳到舞台,选择【任意变形工具】调整元件的实例,将其调整到合适的位置,如图 10-10 所示。

(2) 分别打开本章素材文件夹中文件 exe10-2. fla 和 exe10-3. fla,将如图 10-11(a)和图 10-11(b)所示昆虫的脚、须、翅膀等身体部分改为影片剪辑元件,使得昆虫身体各部分能活动起来,并在影片剪辑元件中添加昆虫鸣叫的声音,样例见本章素材文件夹中文件 exe10-2. swf 和 exe10-3. swf,文件修改后用 exe10-2. fla 和 exe10-3. fla 为名保存。

操作提示:打开素材文件夹中的 fla 文件,双击库中要编辑的图形元件,进入元件编辑状态,用【套索工具】选取昆虫要活动的肢体,并将其组合,如图 10-11(c)所示的昆虫前肢。插入若干关键帧,在不同的关键帧处稍微转动组合的前肢,就可完成动画效果。添加新的层,导入虫鸣声。

(3) 打开本章素材文件夹中文件 exe10-4. fla,将库中文件 bg2. jpg 设为背景图像,然后分别利用库中图形元件 r1,r2,…,r5;b1,…,b4;y1,…,y4 制作影片剪辑元件 r、b、y 。然后将制作好的影片剪辑元件 r、b、y 调整为合适的大小,放置到舞台合适处,如图 10-12 所示。用库中影片剪辑元件"蜻蜓"、"蝴蝶",并参照本章素材文件夹中的样例文件 exe10-4. swf 制作引导层动画,每个引导层动画分为 2 段(如"蜻蜓"先飞到花上,停留一段时间,然后继续飞行)。动画文件测试后用为名 exe10-4. fla 保存。

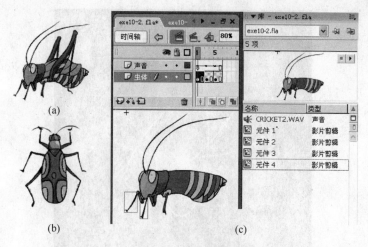

图 10-11 昆虫示意图

图 10-12 动画画面示意图

操作提示：打开素材文件夹中的.fla 文件，新建影片剪辑元件，可先将花底部花枝的图形元件放到影片剪辑元件的编辑区，居中对齐，并根据需要插入若干个关键帧，将库中的花瓣依次放到每个关键帧处的合适位置上，就可制作完成动感花朵的影片剪辑元件。引导层动画的制作可参考图 10-12 的时间轴面板。

（4）打开本章素材文件夹中文件 exe10-5.fla，利用库中图形元件 flower、tree、w1、w2、w3 制作如图 10-13 所示的影片剪辑元件"风与花"。然后将制作好的影片剪辑元件"风与花"调整为合适的大小，放置到舞台合适处作为背景。用库中影片剪辑元件"蜜蜂"，并参照本章素材文件夹中的样例文件 exe10-5.swf 制作引导层动画，"蜜蜂"先飞到花吹走的地方,停留一段时间,然后继续飞行。动画文件测试后用 exe10-5.fla 为名保存。

图 10-13　影片剪辑元件"风与花"示意图

操作提示：本题的制作关键是影片剪辑元件"风与花",为了使风吹走花的动画效果逼真,影片剪辑元件中可采用逐帧动画的方式,如图 10-13 所示。为了避免风重复吹走花,在影片剪辑元件的最后一帧上添加帧的动作 stop。

10.5　课外思考与练习题

(1) 公用库有何作用？如何用库来管理创建动画时所用到的元件？

(2) Flash 8 中有几类元件？它们的区别是什么？如何创建不同类型的元件？实例的作用是什么？如何创建和编辑实例？元件和实例的关系是什么？

(3) Flash 8 支持哪几种格式的声音文件？提供几种声音特效？如何在动画中加入声音？如何对声音进行编辑,在输出动画时对声音进行压缩？

(4) 打开本章素材文件夹中文件 exe10-6.fla,利用库中影片剪辑元件 tree1、tree2 制作动画背景,并制作如图 10-14 所示的下雨效果的影片剪辑元件,完成动画后用 exe10-6.fla 为名保存文件。

图 10-14　下雨效果的动画示意图

(5) 打开本章素材文件夹中文件 exe10-7.fla，将图 10-15 所示的背景图中的海鸥制作成动感影片剪辑元件，并将库中图像文件"鹰.jpg"也制作成动感影片剪辑元件，然后将影片剪辑元件的实例制作成引导层动画，完成动画后用 exe10-7.fla 为名保存文件。

图 10-15 下雨效果的动画示意图

(6) 打开本章素材文件夹中文件 exe10-8.fla，制作如图 10-16 所示的动画。当鼠标在动画上移动，图像的透明度会发生变化。完成动画后用 exe10-8.fla 为名保存文件。

图 10-16 用鼠标改变动画透明度的示意图

操作提示：本题需制作 3 个元件，图形元件 square 为 25×25 像素浅蓝色正方形；按钮元件 squareBtn 的【弹起】帧上是图形元件 square 的实例；影片剪辑元件 squaremc 共有 2 帧，第 1 帧是按钮元件 squareBtn 的实例，并添加当鼠标指向按钮转到第 2 帧的帧动作，第 2 帧也是按钮元件 squareBtn 的实例，将该实例的 Alpha 值设为 0%，并添加 stop() 的帧动作。

(7) 本题是制作一个波动效果的遮罩文字动画。打开本章素材文件夹中的样例文件 exe10-9.fla，仿照库中影片剪辑元件 wave 已创建的 3 个图层，再在影片剪辑元件 wave 中添加 3 个图层，每个图层长为 20 帧。第 i 个图层的起始帧为第 $5×(i-1)$ 帧，在起始帧中，居中绘制大小为 20×20 像素的空心圆，颜色自定。复制该圆，将复制后的圆放大 1 像素，也居中对齐，如图 10-17 所示。在第 i 个图层的第 $5×(i-1)+20$ 帧插入关键帧，将 2 个圆放大为 285×285 像素和 300×300 像素，并居中对齐，创建该层的形状渐变动画。

在舞台的最底层输入背景文字 Adobe Flash CS3，文字大小为 75 像素，字体为 Edwardian Script ITC，颜色为 33FFFF，文字滤镜为"投影"，"投影"的参数自定。

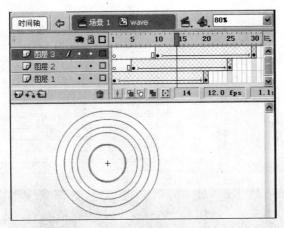

图 10-17 制作 wave 影片剪辑元件示意图

被遮罩层放置影片剪辑元件 wave,遮罩层中为文字 Adobe Flash CS3,文字大小为 75 像素,颜色为 33FFFF。完成动画后用 exe10-9.fla 为名保存文件。

操作提示：本题制作的影片剪辑元件 wave 是在遮罩文字中产生波动效果的小动画。本题动画共有 3 层,最底层输入带滤镜效果的背景文字 Adobe Flash CS3,被遮罩层中为居中放置的影片剪辑元件 wave,遮罩层中为文字 Adobe Flash CS3。

(8) 制作如图 10-18 所示的 Flash 动画文字"动画设计",用 exe10-10.swf 保存文件。

图 10-18 Flash 动画文字的示意图

操作提示：本题关键是制作文字多重虚影的动感效果,实际上是用多个不同透明度的文字,沿着同一条引导线先后移动至终点,如图 10-19 所示。

① 新建一个黑色背景的文档。输入并设置文字"动"、"画""设"、"计"为白色、隶书和 90 像素大小,按 F8 键将其转换成名为图形元件。

② 制作"动"字的影片剪辑元件。将图层 1 改名为"100",表示该图层中文字透明度的 Alpha 值为 100。选中名为 100 的图层中的第 2 帧,将名为"动"的图形元件放置在影片剪辑元件的编辑区中。将其【颜色】的 Alpha 值设置为 100%。

创建引导层,用铅笔在合适的位置上绘制如图 10-23 所示的引导线,选中引导层的第 100 帧,按功能键 F5 插入普通帧,使引导层延续到第 100 帧。

在图层 100 的第 32 帧插入关键帧,选中该层的第 100 帧插入普通帧,使"动"字延续到第 100 帧。创建第 2~32 帧的引导层动画。

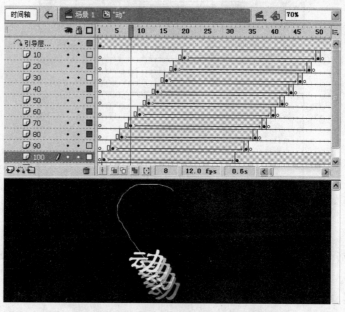

图 10-19　多重虚影的"动"字影片剪辑元件

③ 仿照步骤②和图 10-19,创建层 90、80、70、60、50、40、30、20、10 以及那些层中的引导线运动渐变动画。完成影片剪辑元件"动"的创建。

④ 仿照影片剪辑元件"动"的创建过程,分别创建影片剪辑元件"画"、"设"、"计"。

⑤ 在舞台中分别依次创建名为"动"、"画"、"设"、"计"4 个新层,在 4 个层的第 1、10、20、30 帧处插入关键帧,将库中"动"、"画"、"设"、"计"4 个影片剪辑元件分别拖到相应的 4 个层的关键帧处,将 4 个影片剪辑元件的实例水平居中横向放置,如图 10-20 所示。分别选中每个层的第 100 帧插入普通帧,使每个层延续到第 100 帧。

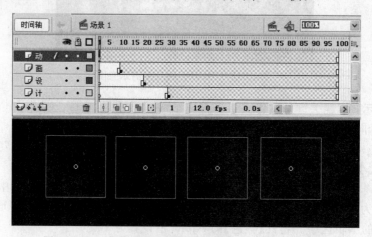

图 10-20　4 个层关键帧处的影片剪辑元件放置的示意图

(9) 创建一个新文件,舞台背景颜色和帧频自定。导入本章素材文件夹中的视频文件 exe1-8.wmv,适当调整大小,测试动画后用 exe10-11.swf 保存文件。

第 11 章　ActionScript 基础

11.1　实验的目的

（1）掌握交互动画的概念和基本命令。
（2）掌握简单的交互动画的制作方法。

11.2　实验前的复习

11.2.1　ActionScript 的基本概念

交互动画是指在动画播放时支持事件响应和交互功能的一种动画，Flash 8 通过 ActionScript 脚本语言来实现交互功能。

1. 基本概念

（1）通常把动画的交互过程叫做行为。行为包含了两个部分，一个是事件，一个是事件引发的动作。

（2）事件是执行动作的方式。在某种条件下事件被响应后，可以触发动作。在动画中添加交互动作时，需要定义事件。

（3）动作是事件被响应后完成某一具体任务的命令语句，或者是当指定事件被响应后完成某一系列任务的一组命令语句的组合。

（4）目标是行为作用的对象。行为作用的目标对象主要是当前的动画、其他动画及时间轴和外部应用程序，例如浏览器等。

2. 交互动作的设置

不同对象的交互动作的设置是在不同的动作面板中完成的。帧的交互动作设置是在帧动作面板中完成的；按钮元件或影片剪辑元件实例的交互动画是通过相应的动作面板设置的。必须注意的是图形元件实例不能设置动作。

Flash 8 提供了两种动作面板模式，如图 11-1 所示的【脚本助手】模式和如图 11-2 所示的【脚本】模式（也称专家模式）。

两者的主要区别在于【脚本助手】模式不允许手动输入命令，只能通过窗口左边命令列表选择相应命令，在事件区选择相应的事件，在参数区设置相应的参数的方式进行输入。而【脚本】模式没有参数区，允许在输入栏中直接输入命令和相关的参数。

两者之间的切换可以单击面板右侧的【脚本助手】按钮，对初学者来说，建议使用【脚本助手】模式的动作面板。

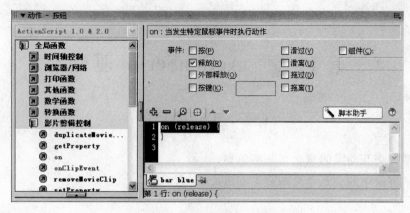

图 11-1 【脚本助手】模式的动作面板

图 11-2 【脚本】模式的动作面板

11.2.2 ActionScript 的语法基础

1. ActionScript 的基本语法规则

- 小数点符号：用于表明与对象或影片剪辑元件相关联的属性和方法，以及用于标识影片剪辑、变量、函数或对象的目标路径。点语法表达式以对象或影片剪辑的名称开始，中间以小数点间隔，最后以某一元素结束。
- 大括号{}：通常用于分割一段代码，形成一个语句块。
- 圆括号()：定义一个函数时，要把参数放在其中。
- 分号：在每一个语句的最后都要加上";"表示一个语句结束。
- // 或 /* 和 */ 符号：此符号后面的语句作为注释语句。
- 字母的大小写：在动作脚本语言 ActionScript 中，一般不区分。但是一些标准语句和函数的大小写是有区别的。
- 绝对路径：绝对路径就是从起点(主时间轴)开始一直延续到目标对象的全程路径，它直观简单，容易理解，但是移植性差。_root 是绝对路径常用的关键字，表示主场景的时间轴。

- 相对路径：相对路径就是当前对象以自己所处的位置为起点去访问目标对象的路径，使用相对路径具有较大的灵活性。this 是相对路径常用的关键字，指的是当前对象或当前的时间轴。
- 动态路径：动态路径是利用数组运算符来实现的动态路径访问。使用动态路径的好处是可以批量实现路径，在实际编程中用的很广泛。

2. 常数、变量、表达式和函数

在编写 ActionScript 脚本程序的过程中，还会涉及常数、变量、表达式和函数等知识，具体应用方法参考教材。

3. 条件语句与循环语句

1）条件语句

条件语句是一个以 if 开始的语句，用于判断一个条件的值是 true 还是 false。如果条件值为 true，则随后的脚本程序就会被执行；如果条件值为 false，则会跳过随后的代码段，执行后面的语句。if 经常和 else 结合使用，用于多重条件的判断和跳转执行。

2）循环语句

循环语句可以按照一个指定的循环次数重复执行一系列动作。或者在一个特定的条件下，执行某些动作。可以使用 while、do…while、for 以及 for…in 等语句来创建循环。

（1）for 循环语句是功能最强大，使用最灵活的一种循环语句，它不仅可以用于循环次数已经确定的情况，还可以用于循环次数不确定而只给出循环结束条件的情况。

（2）while 语句是在执行循环之前先判断条件是否成立，如果条件成立，则先从大括号"{"开始的程序模块执行，执行到模块结尾"}"，再次检查条件是否依旧成立，如此反复执行直到条件不成立为止。

（3）do…while 语句与 while 语句相反，"do{"和"}"之间的代码至少会被执行一次，然后再判断条件是否要继续执行循环。如果 while()里面的条件成立，就会继续执行 do 里面的代码，直至条件不成立为止。

（4）循环语句中有时会根据实际需要用到 continue 语句和 break 语句。continue 语句的作用是跳过本次循环体的其余部分，并转到循环的条件判别处进行条件判别。break 语句为中止循环执行。

4. 动作的应用

1）为帧添加动作的方法

先选中该关键帧，然后为该关键帧上添加一个动作，添加了动作的帧上有一个小写的 a 字母。

2）为按钮添加动作

添加动作的方法与给帧添加动作的方法基本相似，先选中按钮在工作区中的实例，然后添加按钮的动作。

注意：

（1）动作要添加在按钮元件的实例上。

（2）为按钮添加的动作必须嵌套在 on 语句中，并指定触发该动作的鼠标或键盘事件。

3）为影片剪辑添加动作

先选中影片剪辑在工作区中的实例，然后添加影片剪辑的动作。在影片剪辑被加载或接收到数据等事件被触发时让影片剪辑实例执行动作。动作必须添加在某个影片剪辑的实例上,一般在添加影片剪辑的动作时,应该先给某个影片剪辑的实例命名,然后将动作嵌套在 onClipEvent 语句中,并指定触发该动作的事件。

11.3 典型范例的分析与解答

例 11.1 利用影片剪辑的实例的复制命令制作如图 11-3(a)所示文字动感效果,动画文件用 innervation. swf 为名保存。

(a)

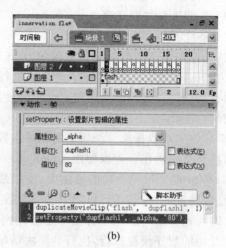
(b)

图 11-3 动画 innervation. swf 制作示意图

制作分析:本例的动感文字是做圆周运动,在文字运动时会产生残影的动感效果。可以先制作文字"引导 flash 动画"的影片剪辑元件,该影片剪辑元件是文字做圆周运动的引导层动画。要产生文字 Flash 的残影效果,可再制作一个名为"残影文字"的影片剪辑元件,如图 11-3(b)上方所示。在下面的层中放置文字 Flash 的影片剪辑,在上面的层中,每间隔一帧添加一个帧动作,在每个动作中完成文字 Flash 的影片剪辑实例的复制,并指明该实例的深度(即实例在动画中的叠放次序)和不透明度 Alpha 的值,如图 11-3(b)下方所示。将这个"残影文字"的影片剪辑元件拖曳至舞台,就可完成动画的制作。

操作步骤如下:

(1) 新建文档,并选择【修改】|【文档】命令,将文档背景设为黑色。

(2) 选择【插入】|【新建元件】命令,新建一个影片剪辑元件"引导 Flash 动画"。输入文字 Flash,并转换为名为"文字"的图形元件。新建引导层,绘制圆的引导线,如图 11-4 所示,制作长度为 80 帧的引导层动画。

(3) 选择【插入】|【新建元件】命令,新建一个影片剪辑元件"残影文字"。将名为"引导 Flash 动画"的影片剪辑元件拖入编辑区的合适位置,并在【属性】面板中将其实例命名为 Flash。使图层 1 延续到 18 帧,如图 11-3(b)上方

图 11-4 文字 Flash 的引导动画

所示。

(4) 新建图层 2,按 F7 键,插入空白关键帧 17 次。在第 2 空白关键帧处,添加如下动作:

```
duplicateMovieClip("flash","dupflash1",1);
setProperty("dupflash1",_alpha,"80");
```

第 1 行 duplicateMovieClip 命令是将实例 Flash 复制为实例 dupflash1,其深度为 1(即实例的叠放层次为 1)。

第 2 行 setProperty 命令是将实例 dupflash1 的不透明度值设置为 80。

(5) 仿照步骤(4),在第 4、6、…、16 帧空白关键帧处添加动作,复制的实例依次名为 dupflash2、dupflash3……dupflash8,深度依次递增,不透明度值依次递减 10。

(6) 最后一个空白关键帧上添加动作 stop,返回场景。

(7) 将影片剪辑元件"残影文字"放置在舞台合适处,测试动画后保存文件。

例 11.2 按下列要求制作如图 11-5 所示的名为"跟踪鼠标轨迹球"动画。

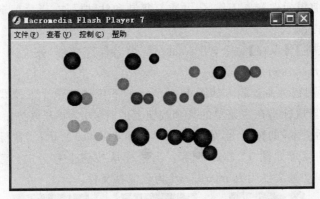

图 11-5 "跟踪鼠标轨迹球"动画运行时的示意图

(1) 当鼠标在动画上移动时,会产生一串串跟踪鼠标轨迹的球,球的大小和透明度不断发生变化。当鼠标停止不动时,动画恢复静止的初始状态。

(2) 测试动画后,以 track.swf 为名保存文件。

制作分析:动画可以分以下 4 步完成。

(1) 先画放射渐变色的小球,转换成名为"小球"的图形元件。

(2) 制作一个关于小球的名为"球"的按钮元件。当鼠标在按钮的实例上移过时能够产生反应,执行小球的大小和不透明度变化的影片剪辑。

(3) 制作影片剪辑元件"轨迹球",该元件第一帧上含有按钮元件"球",第 2 帧起是小球的体积大小和不透明度产生变化的渐变动画。

(4) 将影片剪辑元件"轨迹球"的实例布满整个工作区。

操作步骤如下:

(1) 画圆形的球,用预制的放射渐变色填充,并将其转换成名为"小球"的图形元件。

(2) 创建名为"球"的按钮元件,在按钮元件编辑区中,第 1 帧【弹起】空置,选中第 2

帧【指针经过】,居中拖入图形元件"球"。选中第 4 帧【点击】,按 F5 键插入普通帧。

(3) 创建名为"轨迹球"的影片剪辑元件,第 1 帧居中插入名为"球"的按钮元件。在第 2 帧处插入关键帧,居中插入名为"小球"的图形元件,并调整该图形元件实例的大小和透明度。在第 4、9、11、15、20、25 帧处分别插入关键帧,在这些关键帧处,调整该图形元件实例的大小、亮度和透明度,使得球在运动渐变的过程中产生动感。分别选中第 2、4、9、11、15、20 关键帧,创建运动渐变动画。

(4) 选中影片剪辑元件的第 1 帧,设置帧的动作为 stop。其作用为影片剪辑元件的实例初始状态为停止,等待鼠标激活。

选中影片剪辑元件的第 1 帧的按钮实例,设置如下的按钮动作:

```
on(rollOver){                   //表示当鼠标经过按钮时,完成转跳到第 2 帧,执行后面的帧
  gotoAndPlay(2);
}
```

至此为止,名为"轨迹球"的影片剪辑元件创建完毕。

(5) 将影片剪辑元件拖入工作区,并重复复制和粘贴操作,影片剪辑元件的实例布满工作区,动画制作完成。

(6) 选择【文件】|【保存】命令,用 track.fla 为名保存文件,按 Ctrl+Enter 键测试动画,并生成文件 track.swf。

例 11.3 运用行为命令制作如图 11-6 所示的下拉式菜单。下拉式菜单的主菜单如图 11-6(a)所示,当鼠标指在主菜单的某个按钮上的时候,会展开该按钮的子菜单。例如:当鼠标指在"生活艺术"的按钮上,展开的菜单如图 11-6(b)所示;当鼠标指在"文化教育"的按钮上,展开的菜单如图 11-6(c)所示。当鼠标从按钮上移开时,菜单便折叠起来如图 11-6(a)所示。动画文件用人 menu.swf 为名保存文件。

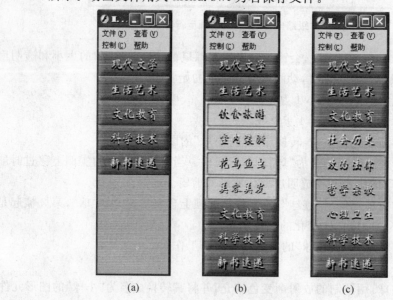

图 11-6 下拉式菜单示意图

制作分析：先将制作好的按钮图片导入 Flash 8 新建文档的库中，然后为每个主菜单的按钮制作一个影片剪辑元件。每个影片剪辑元件应该具备的以下功能：

(1) 用二个关键帧表示 2 种显示方式，一个关键帧中是该主菜单的按钮，另一个关键帧中是该主菜单的按钮和展开后它子菜单的按钮。

(2) 每个主菜单的按钮（即影片剪辑元件），还要添加行为命令。行为命令完成的任务是当鼠标指在该主菜单的按钮上时，该按钮下面的其他主菜单按钮都要往下移动一段合适的距离，同时显示该主菜单的按钮以及它展开后子菜单的按钮；当鼠标从该主菜单的按钮上移开时，该按钮下面的其他主菜单按钮都要恢复到原来的位置，并且不显示子菜单按钮，只显示主菜单按钮。

最后将 5 个主菜单按钮的影片剪辑元件排列在一起，就可以完成本例的制作了。

操作步骤如下：

(1) 新建文档，并选择【修改】|【文档】命令，在【文档属性】对话框中，设置文档的【宽度】为 120 像素，【高度】为 360 像素，其他属性为默认的动画文档。导入本章素材文件夹中图像文件 bg1.jpg 作为背景图像。将当前层命名为背景层，并锁住。添加一个新的层，命名为"按钮层"。

(2) 选择【文件】|【导入到库】命令，导入本章素材文件夹中各 jpg 格式的图像文件，如图 11-7 所示。

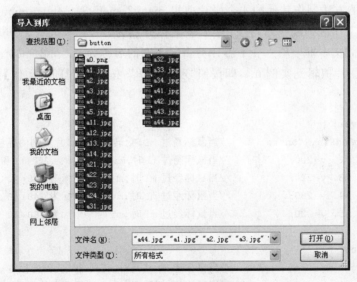

图 11-7 【导入到库】对话框

(3) 选择【插入】|【新建元件】命令，创建一个名为 menu1 影片剪辑元件。将位图 a1 从库中拖入编辑区的第 1 帧中，按 F8 键将 a1 转换成名为 z1 按钮元件，在【属性】面板中设置按钮实例的坐标值 X 为 0，Y 为 0，如图 11-8(a) 所示。

选中第 2 帧按 F6 键插入关键帧，把位图 a11、a12、a13、a14 从库中拖入编辑区的第 2 帧中，将它们全部转换成名为 z1_1、z1_2、z1_3、z1_4 按钮元件，并以按钮 z1 为基准适当调整对齐（z1 的 X 坐标不变），如图 11-8(b) 所示。

(a)　　　　　　　　　　(b)

图 11-8　第 1、2 帧示意图

（4）插入一个新图层，在第一帧和第二帧处插入空白关键帧，第 1 帧命名：off，第 2 帧命名：on，并设置这两个帧的行为：stop()。

选择【编辑】|【编辑文档】命令，完成影片剪辑元件的创建，返回工作区。

（5）同样的方法制作其他的 4 个影片剪辑 menu2、menu3、menu4、menu5。把这 5 个影片剪辑拖入工作区排成一列，它们的 Y 轴坐标分别为：0、40、80、120、160，在【属性】面板的【实例名称】文本框中填入 5 个影片剪辑元实例的名称为 m1、m2、m3、m4、m5。

（6）选中影片剪辑元实例 m1，即按钮"现代文学"，按 F9 键打开【动作】面板添加以下的行为代码：

```
on (rollOver) {
this.gotoAndPlay("on");        //当鼠标经过 m1 时，转到这个影片实例的标签帧 on 播放
    _root.m2._y=200;           //当鼠标经过 m1 时，m2 的 y 坐标为 200(m1 和子菜单的高度)
    _root.m3._y=240;           //当鼠标经过 m1 时，m3 的 y 坐标为 200+40
    _root.m4._y=280;           //当鼠标经过 m1 时，m4 的 y 坐标为 240+40
    _root.m5._y=320;           //当鼠标经过 m1 时，m5 的 y 坐标为 280+40
}
on (rollOut) {
    this.gotoAndPlay("off");   //当鼠标从 m1 移开时，转到影片实例的标签帧 off 播放
    _root.m2._y=40;            //当鼠标从 m1 移开时，m2 回到原来的位置
    _root.m3._y=80;            //当鼠标从 m1 移开时，m3 回到原来的位置
    _root.m4._y=120;           //当鼠标从 m1 移开时，m4 回到原来的位置
    _root.m5._y=160;           //当鼠标从 m1 移开时，m5 回到原来的位置
}
```

（7）选中影片剪辑元实例 m2，即按钮"生活艺术"，按 F9 键打开【动作】面板添加以下的行为代码：

```
on (rollOver) {
```

```
    this.gotoAndPlay("on");
    _root.m3._y=240;
    _root.m4._y=280;
    _root.m5._y=320;
}
on (rollOut) {
    this.gotoAndPlay("off");
    _root.m3._y=80;
    _root.m4._y=120;
    _root.m5._y=160;
}
```

(8) 选中影片剪辑元实例 m3,即按钮"文化教育",按 F9 键打开【动作】面板添加以下的行为代码:

```
on (rollOver) {
    this.gotoAndPlay("on");
    _root.m4._y=280;
    _root.m5._y=320;
}
on (rollOut) {
    this.gotoAndPlay("off");
    _root.m4._y=120;
    _root.m5._y=160;
}
```

(9) 选中影片剪辑元实例 m4,即按钮"科学技术",按 F9 键打开【动作】面板添加以下的行为代码:

```
on (rollOver) {
    this.gotoAndPlay("on");
    _root.m5._y=320;
}
on (rollOut) {
    this.gotoAndPlay("off");
    _root.m5._y=160;
}
```

(10) 选中影片剪辑元实例 m5,即按钮"新书速递",按 F9 键打开【动作】面板添加以下的行为代码:

```
on (rollOver) {
    this.gotoAndPlay("on");
}
on (rollOut) {
    this.gotoAndPlay("off");
}
```

(11) 选择【文件】|【保存】命令，用 menu.fla 为名保存文件，按 Ctrl＋Enter 键测试动画，并生成文件 menu.swf。

例 11.4 制作如图 11-9 所示的滚动文字框，当鼠标指在向上的箭头上时，文字向上滚动；当鼠标指在向下的箭头上时，文字向下滚动。动画文件用 roll.swf 为名保存文件。

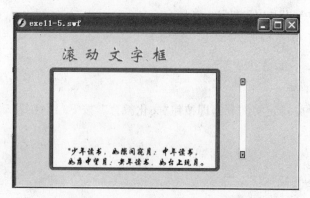

图 11-9 "滚动文字框"动画运行时的示意图

制作分析：本题应先制作背景、标题、文字框；然后制作滚动字的影片剪辑；最后为两个控制按钮添加行为。

操作步骤如下：

(1) 新建文档，并选择【修改】|【文档】命令，在【文档属性】对话框中，设置文档的【宽】为 550 像素，【高】为 350 像素，【背景色】为♯9CFFCE，其他属性为默认的动画文档。

将当前图层改名为"背景层"，如图 11-9 所示输入标题文字后，复制一份相同的文字，将底下的文字改为白色，上面的文字设置为棕色，2 层文字稍微错开，形成立体文字的效果。

选择【矩形工具】如图 11-9 所示绘制圆角文字框。在【工具箱】的【选项区】中，单击【边角半径设置】按钮，在【属性】面板中设置【笔触颜色】为♯993300，【填充色】为无，【笔触高度】为 8 像素。用【矩形工具】绘制如图 11-9 所示的滚动框。

用【油漆桶工具】给圆角文字框和滚动条框填充白色。选中第 2 帧，插入普通帧。

(2) 选择【插入】|【新建元件】命令，创建一个名为 textmovie 的影片剪辑元件。选中【文本工具】单击影片剪辑元件编辑区，做好文字输入的准备。将本章素材文件夹中的 book.doc 中的文字复制后，粘贴到文本输入处，并设置合适的字体、字号、颜色。

按 F8 键把这段文本设置成名为 text 的图形元件，并在【属性】面板中设置图形元件 text 的坐标 X 为 0，Y 为 0。选中第 300 帧，插入关键帧，在【属性】面板中设置图形元件 text 的坐标 X 为 0，Y 为－600。选中第 1 帧右击鼠标，选择快捷菜单中的【创建补间动画】命令，创建上下移动的运动渐变动画。选择第 1 帧设置帧的行为 stop()后，完成影片剪辑元件 textmovie 的创建，返回到主场景中。

(3) 在"背景层"上面插入名为"文字层"的新层，把影片剪辑元件 textmovie 拖入工作区的合适位置，在【属性】面板中命名该实例为 scrollingtext。

在"文字层"上面再插入一个名为"遮罩层"的新层,绘制一个矩形覆盖于图中相应位置,如图 11-10 所示。右击"遮罩层",在快捷菜单中选择【遮罩层】命令,将其设为遮罩。

图 11-10 "滚动文字框"制作示意图

(4)选择【插入】|【新建元件】命令,创建一个名为 btn 的按钮元件。在按钮编辑区的【弹起】帧中,居中绘制一个带箭头的矩形,如图 11-11 所示。在【指针经过】帧中,将箭头颜色改为红色。选中最后一帧,按 F5 键,给最后 2 帧插入普通帧。结束按钮元件创建,返回场景。

图 11-11 按钮元件 btn 创建示意图

（5）在遮罩层上方插入两个层分别命名为 up 和 down。选取 up 层，把按钮元件 btn 拖入滚动框上方合适位置处，并适当调整按钮实例的大小和位置。右击 up 层第 2 帧插入关键帧，并在【属性】面板的【帧标签】文本框中命名第 1 帧为 up1，第 2 帧为 up2。

选取 down 层，把按钮元件 btn 拖入滚动框下方合适位置处，选择【修改】|【变形】|【垂直翻转】命令，将按钮实例垂直翻转，使箭头朝下，并适当调整按钮实例的大小和位置。右击 down 层第 2 帧插入关键帧，并在【属性】面板的【帧标签】文本框中分别为第 1 帧和第 2 帧取名为 down1 和 down2。

（6）选择 up 层第 1 帧 up1 中的上箭头按钮，按 F9 键打开【动作】面板添加行为：

```
on(rollOver) {
    tellTarget ("/scrollingtext") {   //当鼠标经过按钮时,执行 scrollingtext 的动作
        prevFrame();                   //执行当前帧的前一帧的命令,文档下移。
    }
    gotoAndStop("up2");
}
```

选择 up 层第 2 帧 up2 中的上箭头按钮，按 F9 键打开【动作】面板添加行为：

```
on(rollOver) {
    tellTarget ("/scrollingtext") {
        prevFrame();
    }
    gotoAndStop("up1");
}
```

选择 down 层第 1 帧 down1 中的下箭头按钮，按 F9 键打开【动作】面板添加行为：

```
on (rollOver) {
    tellTarget ("/scrollingtext") {    //当鼠标经过时,执行 scrollingtext 的动作
        nextFrame();                    //执行当前帧的后一帧的命令,文档前移。
    }
    gotoAndStop("down2");
}
```

选择 down 层第 2 帧 down2 中的下箭头按钮，按 F9 键打开【动作】面板添加行为：

```
on(rollOver) {
    tellTarget ("/scrollingtext") {
        nextFrame();
    }
    gotoAndStop("down1");
}
```

（7）选择【文件】|【保存】命令，用 roll.fla 为名保存文件。按 Ctrl＋Enter 键，测试动画，并生成 roll.swf 文件。

11.4   课内实验题

(1) 打开文件 exe10-2.fla,在该动画的"小熊爬树"场景前插入一个"开始"场景,"开始"场景的制作要求如下。

① "开始"场景的背景画面是太阳和云、田野、房子,小鸟沿着横贯画面弯曲的引导线飞行。

② 用库中的图形元件"树1"制作成按钮元件"树",添加提示信息"单击此树播放动画"。将按钮元件"树"放置在场景的合适位置上,如图 11-12 所示的是当鼠标指向树时显示的画面,设置当鼠标单击该元件后开始播放动画的行为。

图 11-12   动画运行中当鼠标指向树时显示的画面

③ 测试动画文件后,以 exe11-1.swf 为名保存文件。

操作提示:按题目要求为添加"开始"场景,创建名为"树"的按钮元件。在"开始"场景中共有 3 个层,分别是"背景层"、"飞鸟层"和引导层,在"背景层"中插入图像文件 bg2.gif 和按钮。"飞鸟层"和引导层制作引导层动画。在第 1 帧添加帧动作 stop(),在按钮上添加按钮的动作:当鼠标单击"树"按钮后跳过第 1 帧,从第 2 帧播放动画。

(2) 利用图形、按钮和影片剪辑三种元件,制作如图 11-13 所示的"红花绽放"的 Flash 动画。当鼠标在画面上移动时,动画画面上的朵朵红花在连续绽放。当鼠标停止移动时,动画恢复静止的初始状态。测试动画后,用 exe11-2.swf 为名保存文件。

操作提示:动画可以分以下 4 步完成。

① 先画花瓣,转换成名为"花瓣"图形元件。

② 制作一个关于花瓣的名为"花"的按钮元件。当鼠标在按钮的实例上移过时能够执行花瓣变成花朵的形状渐变动画。

③ 制作第 1 帧上含有按钮元件的花瓣变成花朵的影片剪辑元件"绽放"。给第 1 帧添加帧的动作 stop,给第 1 帧上按钮实例添加动作:当鼠标经过按钮时,完成转跳到第 2 帧,执行后面的动画,使得花瓣变成逐渐绽放的花朵。

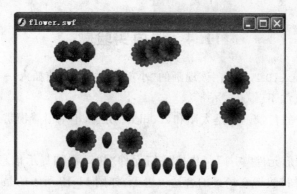

图 11-13 "红花绽放"运行时的示意图

④ 将影片剪辑元件"绽放"的实例布满整个工作区。

（3）制作一个如图 11-14 所示，文字跟随鼠标指针移动而动的 Flash 动画，文字为 FLASH CS3，文件用 exe11-3. swf 保存。

图 11-14 文字跟随鼠标的动画

操作提示：为每个英文字母制作一个影片剪辑元件，并将它们放到舞台合适的位置，为舞台上的英文字母的影片剪辑实例命名，在第 1 帧为第一个字母 F 的影片剪辑实例 f 添加帧的动作。

```
setProperty(_root.f,_y,(_ymouse+(_root.f._y-_ymouse)/1.2)+2);
setProperty(_root.f,_x,(_xmouse+(_root.f._x-_xmouse)/1.2)+2);
```

在第 2 帧添加帧的动作 gotoAndPlay(1)。

（4）制作具有交互功能的浏览相册，单击相册中的任意一张图片能够放大浏览，单击图片上【返回】按钮，返回到相册。相册的布局如图 11-15 所示，动画文件用 exe11-4. swf 为名保存。

操作提示：本题先制作按钮元件，再完成动画制作，最后完成交互功能的设置。

① 新建一个文档，设置【宽】为 800 像素，【高】为 500 像素，【背景色】为＃99FFFF。

② 导入图像文件 jy1. gif～jy6. gif 到当前文档的库中。

③ 制作图片按钮和返回按钮。在按钮元件编辑窗口的【弹起】帧中将库中的图片 jy1 拖曳到工作区，将其缩小到 200×160 像素。在【指针经过】帧和【按下】帧处插入关键帧，用【任意变形工具】将【指针经过】帧处的图像稍微放大，【按下】帧处的图像稍微缩小。用

图 11-15　相册的布局

上述方法制作其他 5 个图片按钮和"返回"按钮。

④ 制作交互相册。在舞台上方输入"碧池雅趣",将库面板中的按钮元件"按钮 1"至"按钮 6"依次拖曳到工作区的合适位置,如图 11-15 所示。

⑤ 在第 2 帧插入空白关键帧,在库面板中选中与"按钮 1"相对应的图片 jy1,将其拖曳到工作区,使用工具箱中的【任意变形工具】,选中图片,改变其大小,使之覆盖整个工作区。在库面板中选中"返回"按钮并将其拖曳到图片的合适位置。用相同的方法依次在第 3~7 帧中插入其他图片和"返回"按钮。

⑥ 添加行为命令。选中第 1 帧添加 Stop 动作。选中第 1 帧中的"按钮 1"的实例,添加动作:单击按钮转到第 2 帧并停止播放。用相同的方法为其余的按钮实例添加相同的命令和参数。注意:每个按钮所指向的帧的位置应与该按钮对应。例如"按钮 2"实例应在第 3 帧上,依此类推。

选中第 2 帧中的"返回"按钮,添加单击鼠标跳转到第 1 帧并停止播放,其功能是当按下返回按钮时,返回图 11-15 所示的主画面,供用户选择其他图片浏览。用相同的方法依次对每张图片中的"返回"按钮添加动作。

11.5　课外思考与练习题

(1) 在制作交互动画过程中,事件、目标和动作之间的关系是什么?

(2) Flash 8 提供了哪两种动作面板的显示方式,其主要区别是什么? 如何切换?

(3) 打开 Flash 文件 track. fla,创建一个名为 mc 的影片剪辑元件,在该影片剪辑元件中绘制一个鼠标指针(也可以用小的 icon 代替),将影片剪辑元件的实例放在舞台上,然后添加下述影片剪辑的动作,然后观看鼠标被替换的效果。

```
onClipEvent (load) {
    startDrag(this,true);
    Mouse.hide();
}
```

注意：

- startDrag()的一般形式为 startDrag (target,[lock,left,top,right,bottom])；。
- target 是要拖动的影片剪辑的目标路径,this 为当前影片剪辑的实例。
- Lock 是一个布尔值,true 是指定可拖动的影片剪辑实例锁定到鼠标指针中心,false 是锁定到第 1 次单击该影片剪辑的位置上。其他 4 个参数是设置影片剪辑拖动的左、上、右、下的范围,这些参数为可选。

(4) 利用动画文件 innervation. fla 创建交互动画,为动画添加 3 个按钮,单击 Play 按钮播放一次动画;单击 Stop 按钮停止播放动画,单击 Continue 按钮连续播放动画。

(5) 仿照样例 exe11-5. swf 和图 11-16 制作波动效果的特效文字,动画文件用 exe11-5. fla 为名保存。

操作提示: 本题为文字遮罩动画,遮罩层为文字 Flash,被遮罩层为颜色变化的波动效果的影片剪辑。

图 11-16　波动文字效果的动画

影片剪辑共有 3 个,影片剪辑元件"点"是放射渐变色的小球做大小和色彩变化的动画;影片剪辑元件"点集"是将 8 个影片剪辑元件"点"的实例垂直放置;影片剪辑元件"点集 as"的长度为 15 帧,第 1 帧将影片剪辑元件"点集"的实例居中放置。在第 1、2、15 帧分别添加如下帧动作,产生波动效果。

```
i=1;                                    //第 1 帧的帧动作
duplicateMovieClip("clip","clip"+i,i);  //第 2 帧的帧动作
setProperty("clip"+i,_x,13*i);
i=i+1;                                   //第 15 帧的帧动作
if (i==20) {
gotoAndStop(1);
}
gotoAndPlay(2);
```

第 2 帧的帧动作是复制影片剪辑元件"点集"的实例,并改变该实例的 x 坐标,第 15 帧完成一个判别,当 I＝20 时,重新开始计数。

(6) 仿照样例 exe11-6. swf 和图 11-17 制作跟踪鼠标轨迹球的效果,动画文件用 exe11-6. fla 为名保存。

操作提示: 本题要制作 3 个元件。画一个放射渐变色的圆球,转换成名为 circle 的图形元件。制作一个使图形元件实例水平移动,不透明度逐渐改变,体积逐渐缩小的影片剪辑元件 circle_mc。制作一个使鼠标指针替换影片剪辑 circle_mc 实例的影片剪辑元件 final_mc,并添加帧动作 startDrag("my_mc",true)；。将影片剪辑元件 final_mc 拖曳至舞台,添加以下帧的动作,帧动作主要功能是完成复制 final_mc 的实例,并不断旋转实例的角度。

```
n=Number(n)+20;
if(Number(n)<360) {
    duplicateMovieClip("final_mc","final_mc"add n,n);
```

图 11-17　鼠标跟踪球动画示意图

```
setProperty("final_mc"add n,_rotation,getProperty("final_mc",_rotation)-n*1.5);
    gotoAndPlay(1);
} else {
    stop();
}
```

（7）仿照样例 exe11-7.swf 和图 11-18 制作一个具有相册效果的动画，当单击动画底部小的按钮图像，相应的图像能在上面相框中显示，动画文件用 exe11-7.fla 为名保存。

操作提示：

① 本题先新建 480×480 像素文档，插入背景图像和绘制边框。

② 新建关于第 1 张图像的影片剪辑"元件 1"，将库中位图 p1.jpg 居中拖入影片剪辑编辑窗口，转换为图形元件 a1，退出影片剪辑编辑状态。

图 11-18　相册动画示意图

③ 插入新图层，命名为"图层 1"，将影片剪辑"元件 1"拖入舞台，缩小为 80×50 像素，放置到合适的位置上，双击该影片剪辑"元件 1"的实例，再次进入影片剪辑编辑状态，制作引导层动画，如图 11-19 所示。引导层动画起点为动画底部按钮的位置，引导层动画终点为放大的图像。引导层动画中间增加关键帧，在关键帧处可改变影片剪辑"元件 1"的实例的不透明度、位置和大小。在首、尾 2 个关键帧处添加动作 stop()。

④ 仿照步骤(3)制作关于其他 9 幅图像的影片剪辑"元件 2"，…，"元件 10"。

⑤ 制作按钮元件 btn，在【弹起】帧中为不透明度为 50% 的矩形图像元件 a11，在【指针经过】帧中添加动感效果的影片剪辑元件，在【按下】帧中添加鼠标声响。将按钮元件 btn 的实例加在舞台的影片剪辑"元件 1"，…，"元件 10"的实例上，并添加以下按钮的动作（加在不同影片剪辑上的按钮动作是不一样的）：

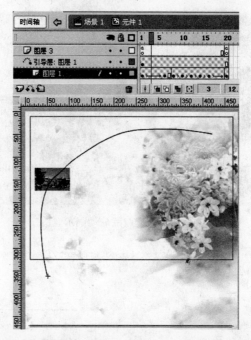

图 11-19　相册动画中影片剪辑元件制作示意图

```
on (release) {
    t.play();
    this.mci.play();
    t=this.mci;
}
```

其中 mci 为影片剪辑"元件 i"的实例名。

第 12 章　Dreamweaver 8 基本操作

12.1　实验的目的

(1) 掌握 Dreamweaver 8 启动和退出的方法。

(2) 掌握本地站点的设置方法。

(3) 掌握简单网页的创建、打开、编辑和保存的方法。

(4) 掌握 HTML 文档的基本格式和编辑方法。

12.2　实验前的复习

12.2.1　Dreamweaver 8 启动和退出的方法

1. 启动 Dreamweaver 8 的方法

选择 Windows 资源管理器的【开始】|【程序】| Macromedia | Macromedia Dreamweaver 8 命令;或者单击桌面上 Macromedia Dreamweaver 8 的快捷图标;另外,还可在 Windows 资源管理器中选择要编辑的 html 文件,右击该文件后,在快捷菜单中选择【使用 Dreamweaver 8 编辑】命令,均可启动 Dreamweaver 8。

2. 退出 Dreamweaver 8 的方法

单击窗口关闭按钮,或按 Alt+F4 键或 Ctrl+Q 键。

12.2.2　本地站点的设置方法

1. 创建本地站点的必要性

利用 Dreamweaver 8 的网站管理功能可先在本地计算机上创建网站的本地站点,设计、编辑和调试网页及其相关文件,当网页编辑调试完毕后再利用文件上传工具将本地站点的内容上传到 Internet 服务器上,完成远程站点的构建。这样,既可以从全局上控制网站的结构,又可以提高效率、降低成本。

2. 本地站点的创建

本地站点就是在本地计算机的硬盘上创建一个文件夹,并把这个文件夹设置为本地站点的根文件夹。将 1 个文件夹设为本地站点的根文件夹的方法有以下 2 种。

(1) 选择【站点】|【新建站点】命令,出现【未命名站点 1 的站点定义为】对话框,选中该对话框中的【基本】选项卡,可对站点命名,再选择对话框中的【高级】选项卡,在【本地根文件夹】后的文本框中可直接输入路径和想建立的文件夹名;或者直接单击其后的图标 📁,浏览选择事先建立好的文件夹,创建本地站点的根文件夹。

(2) 可在【文件】浮动面板组的菜单中,选择【站点】|【新建站点】命令,出现【未命名站

点 1 的站点定义为】对话框后,直接在【高级】选项卡中完成站点的命名以及本地站点根文件夹的设置。

3. 管理本地站点

选择【文件】浮动面板组中的【文件】选项卡被选中时,可以选择下拉列表中的某一站点为当前站点,该站点名称和站点根目录下的所有内容都将被显示,设计者单击鼠标右键可以完成标准的文件维护操作,如新建 HTML 文件、创建文件夹、剪切、复制、粘贴和删除项目,以及在本地和远程站点之间传输文件等。

当【文件】浮动面板组中的【资源】选项卡被选中时,当前站点中所有网页上用到的图像、颜色、超链接、Flash 文件、shockwave 文件、视频文件、脚本、模板、库项目都可以进行管理。

12.2.3 创建、打开和保存 HTML 文档的方法

1. 创建 HTML 文档

创建 HTML 新文档常用的 3 种方法:

(1) 启动 Dreamweaver 8,可直接创建一个空白页面,等待编辑。

(2) 在 Dreamweaver 8 已启动或正在使用的情况下,选择【文件】|【新建】命令,打开【新建文档】对话框,在【常规】选项卡的【类别】中选择【基本页】,再选择【HTML】,单击【创建】按钮,即创建了一个新的空 HTML 文件。

(3) 在当前站点【文件】浮动面板组中,单击鼠标右键,选择快捷菜单中的【新建文件】,即可直接将文件创建在该站点里,双击新建的文件名,即显示该网页的工作区等待编辑。

2. 打开 HTML 文档

打开已创建的 HTML 文档,常用的方法有 3 种:

(1) 选中需要打开的文件的图标,单击鼠标右键,然后从快捷菜单中选择【使用Dreamweaver 8 编辑】命令,便可打开该文档。

(2) 在 Dreamweaver 8 已启动的情况下,选择【文件】|【打开】命令,这时会出现【打开】对话框,选择需要打开的文件的路径,单击【打开】按钮,便可打开该文档。

(3) 如果该 HTML 文件已存在于某站点的根目录下,则选择【站点】|【站点文件】命令,在展开的【文件】浮动面板组【站点】选项卡中选择某站点,再双击要打开的文件图标,便打开了该文件。

3. 保存 HTML 文档

保存 HTML 文档常用的 3 种方法:

(1) 若在网页文件编辑区同时打开了多个网页编辑窗口,应切换到要保存文件的网页编辑窗口,然后选择【文件】|【保存】命令,或按 Ctrl+S 键,可保存当前文件。

(2) 若希望当前文档以另外的路径和文件名保存,则可选择【文件】|【另存为】命令,然后在【保存为】对话框中,选择正确的路径并输入文件名,可保存当前文件。

(3) 在网页设计过程中,有时会同时打开多个网页编辑窗口,编辑多个网页文件。若希望保存全部文件,可选择【文件】|【保存全部】命令,则可保存所有打开的网页编辑窗口

中正在编辑的文件。若某些窗口中的文件尚未保存过,则会出现【保存为】对话框,提示输入该文件的路径和名称,然后单击【保存】按钮,即可将其保存。

12.2.4 HTML 文档的基本格式

一个 HTML 文档通常由一条包含版本信息的语句以及包含网页主体内容的主干组成。以下是用 Dreamweaver 8 制作某个网页的代码:

```
<!DOCTYPE html PUBLIC "-//W3C//DTD XHTML 1.0 Transitional//EN"
"http://www.w3.org/TR/xhtml1/DTD/xhtml1-transitional.dtd">
<html xmlns="http://www.w3.org/1999/xhtml">
    <head>
        <meta http-equiv="Content-Type" content="text/html;charset=gb2312"/>
    <title>无标题文档</title>
    </head>
    <body>
    网页设计与制作实验教程
    </body>
</html>
```

SGML DOCTYPE(Standard Generalized Markup Language－标准的通用置标语言)结构声明了文档使用的版本,本段代码使用了 XHTML1.0。一般情况下,应在每个文档的第一行包含这样一个声明。<html xmlns="http://www.w3.org/1999/xhtml">代表了文档的命名空间,其中 xmlns 是 XML NameSpace 的缩写。

<HTML>与</HTML>标记定义了网页文档的开始与结束,是 HTML 文档中最先出现的标识,表明这个文件的内容是用 HTML 语言实现的,<HTML>与</HTML>标记必须成对出现。

<HTML>与</HTML>标记中又包含<HEAD>与</HEAD>和<BODY>与</BODY>标记。

<HEAD>与</HEAD>标记用来说明文档标题以及该页面的其他信息,构成了网页的开头部分。

<BODY>与</BODY>标记中包含了网页的主要内容,构成了网页的主体部分。一般情况下,要在网页上添加内容,也可以以代码方式添加在<BODY>与</BODY>标记中。

12.2.5 网页制作要点注意

(1) 在网页中若插入中文名的网页元素文件,浏览时出错的话,可在【代码视图】中作相应的修改,用合适的中文替换乱码。

(2) 初次在本地计算机上制作网页时,应先规划好存放文件的文件夹,建立好本地站点。以后每次制作网页时应检查本地站点是否正确。

(3) 把网页中用到的全部素材复制到规划好的文件夹内。制作好的网页也要放在本地站点中。

（4）每次新建一个网页时，应该先设置好网页的页面属性，然后将该网页保存在本地站点中，以后在该网页中插入的网页元素都能以相对路径插入。网页中的图像文件、声音文件、动画文件以及超链接都要以相对路径的方式来处理。

（5）每个网页都应该有一个首页，一般首页可以用 index.html 为文件名。

12.3　典型范例的分析与解答

例 12.1　制作如图 12-1 所示的网页，网页文件用 rose.html 为名保存在本地站点 My site 中。

图 12-1　rose.html 首页示意图

制作要求：

（1）将本章素材文件夹复制到本地硬盘，并将该文件夹改名为 My site。创建名为"网页实验"的本地站点，My site 为本地站点的根文件夹。

（2）新建网页文档，设置网页的背景图像为 bg0093.gif，【左边距】、【右边距】、【上边距】、【下边距】为 0 像素，网页标题为"玫瑰网站欢迎您"。

（3）用层来定位 bg0004.gif，把它调整到页面的左侧。

（4）制作阴影字 Welcome，格式选择标题 1，字体为黑体，大小为 30 像素，字体颜色♯FFCCFF，阴影颜色♯000000。另外，在网页的右侧同样制作阴影字"欢迎您来到玫瑰网站"，字体颜色♯993399，阴影颜色♯000000。

制作分析： 在制作网页时必须完成的基本步骤是：

（1）处理好网页中用到的所有素材，并将素材文件夹设置为本地站点。

（2）新建一个网页文档，设置网页页面属性，然后马上将该网页保存到本地站点的根文件夹中，这样以后在网页上添加的其他对象的路径就是相对路径了。

本例应该首先完成上述 2 个基本操作步骤，然后要解决的是网页上图像和文字的定位问题。根据图像和文字的大小和位置绘制层，用层可以调整图像和文字的位置。

一组相同内容,不同颜色的文字放在不同的层里,稍微错开这 2 个层的位置就可制作出阴影文字的效果。

层的运用能够方便页面的布局,方便地调整网页页面元素,但是网页上层不宜过多,否则会影响网页浏览的速度。另外,用不同浏览器显示网页时,网页上层的位置会有偏差。

操作步骤如下:

(1) 将本章素材文件夹复制到 D 盘,将其改名为 My site。

(2) 启动 Dreamweaver 8,选择【站点】|【新建站点】命令,在【站点名称】文本框中输入"网页实验",在【本地根文件夹】文本框中输入"D:\My site\",单击【确认】按钮,将 My site 文件夹设置为本地站点的根目录。

(3) 新建一个网页,选择【修改】|【页面属性】命令,在【页面属性】对话框设置各项参数:选择【分类】列表【标题/编码】,在【标题】文本框中输入"玫瑰网站欢迎您";选择【分类】|【外观】,单击文本框【背景图像】右边的图标,选择本地站点中的 bg0093.gif 图片文件,将【左边距】、【右边距】、【上边距】、【下边距】等参数分别设置为 0;单击【确定】按钮,并通过单击工具栏中按钮,预览网页。

(4) 选择【文件】|【保存】命令,以 rose.html 为名将网页保存在本地站点里。

(5) 选择【插入】|【布局对象】|【层】命令,或单击【插入】栏中【布局】选项卡的按钮,在网页文件编辑区的合适位置上插入图片定位用的层 Layer1,并将光标定位在层中,接着选择【插入】|【图像】命令,在打开的【选择图像源文件】对话框中,选择 bg0004.gif 图像文件,调整图片大小至合适处。

(6) 在网页合适处插入第二个层 Layer2,将光标定位在层中,输入文字 Welcome,在【属性】面板上设置,在【格式】文本框中选择【标题 1】,除了设置格式之外,其他的设置都要先将 Welcome 选中。字体为【黑体】,【大小】为 30 像素,颜色为♯000000。选中层中的文字 Welcome,按 Ctrl+C 键将其复制到剪贴板,在页面合适处插入第三个层 Layer3,并将文字粘贴到层 Layer3 中,将该层中的文字颜色改为♯FFCCFF,并适当调整层 Layer3,使文字产生阴影效果。

(7) 同(6)操作一样,在网页文件编辑区的合适处,输入文字"欢迎您来到玫瑰网站",文字属性的设置同(6)中的设置,并将粘贴后的文字颜色设为♯993399,从而产生阴影效果。

(8) 选择【文件】|【保存】命令,保存网页 rose.html 在本地站点中。

例 12.2 制作如图 12-2 所示的网页,网页文件用 opus.html 为名保存在本地站点 My site 中。

制作要求:

(1) 页面的背景图片为本章素材文件夹中的文件 bg0015.jpg。

(2) 在合适的位置上插入本章素材文件夹中的图片文件 ex1.jpg。

(3) 在网页中输入文字:"一件好的作品,如一阵清新的风,一曲温婉的歌,让人心旷神怡。一件好的作品,如一杯香醇的茶,一瓶陈年的酒,让人回味无穷……。"

(4) 将网页用 opus.html 为名保存在本地站点的文件夹中。

图 12-2　简单网页 opus.html 示意图

制作分析：

（1）本例网页可以用层来定位左边的图像，用 9 行 1 列的表格来定位右边的文字，也可以直接用 9 行 2 列的表格来定位网页的页面元素，第 1 列的单元格合并后就可以插入图像。

（2）在网页制作中，可以在汉字输入法全角状态下，输入文字前的空格。如要设置单元格均等的行高，可以选择全部单元格，在单元格的【属性】面板中，输入单元格的高度值。

操作步骤如下：

（1）新建网页，选择【修改】|【页面属性】命令，打开【页面属性】对话框，在【页面属性】对话框中完成各项设置。在【标题】文本框中输入：opus。

单击【背景图像】文本框右边的【浏览】按钮，选择本地站点的根文件夹中的图像文件 bg0015.jpg 后，单击【确认】按钮确认；将【左边距】、【右边距】、【上边距】、【下边距】等参数分别设置为 0；然后单击【确定】按钮确认。

（2）将插入背景图片的网页用 opus.html 为名，保存在本地站点的根文件夹中。

注意：步骤（2）是非常重要的一步，千万不要省略。完成了这一步骤后，在网页上插入的对象都是相对路径的对象，这样可避免很多因路径问题找不到对象的错误。

（3）插入层的操作，用于图片定位。单击【插入】栏的【布局】选项卡中插入层的图标，在网页合适的位置处拖动鼠标，插入一个层。

（4）单击层的边框线选中层，并在【属性】面板中设置【左】为 40 像素【上】为 200 像素，【宽】为 390 像素，【高】为 285 像素（其中【左】和【上】文本框中是层的左上角坐标，【宽】和【高】分别是层的宽和高）。

（5）插入图片操作。将光标定位到层中，然后从【插入】栏的【常用】选项卡中单击插入图形的图标，插入本地站点中的图像文件 ex1.jpg。

（6）插入表格操作。单击【插入】栏的【常用】选项卡中插入表格的图标，在页面上添加用以进行文字横排布局的表格（表格上不显示是"横排"还是"竖排"）。

（7）选中表格后设置表格参数：在表格【属性】面板的【行】文本框中输入11；【列】文本框中输入1；设置【宽】为365像素；【高】为220像素；设置表格的【边框】宽度为0，即不使用边框效果；设置单元格内容和单元格边框之间的宽度【填充】为0；每个单元格之间的宽度【间距】为0；设置表格对齐方式，在【对齐】为下拉列表中选择【右对齐】。

（8）按题目要求，输入文本内容。在其对应的【属性】面板中设置【文本颜色】为＃003399；选择中文字体为【华文行楷】；设置文字【大小】为24像素。

（9）每行文字前空格输入。可以将中文输入方式设为全角方式，然后单击键盘上的空格键，输入每行文字前的空格；或在【属性】面板的【格式】下拉列表中选择【预先格式化的】选项，然后输入空格。

（10）网页编辑完毕后按F12键预览，然后保存文件。

例12.3 按下列要求制作如图12-3所示的网页，网页用welcome.html为名保存在本地站点中。

图12-3 网页应用练习样张二

制作要求：

（1）新建网页文档，设置网页背景图像为img文件夹中的文件bg0005.jpg，背景图像为"重复"，【左边距】、【右边距】、【上边距】、【下边距】为0像素，网页标题为"书"。网页属性设置完成后，将网页用welcome.html为名保存在本地站点My site中。

（2）在网页的第二行居中插入图像bg0012.jpg，并将图像的大小调整为500×40像素。在网页的第三行居中插入图像welcome.jpg。

（3）在网页的第四行居中依次插入shu2.swf、shu.gif、shu4.swf。选中逐帧图像文件 shu. gif 后,启动外部图像编辑软件,在 shu. gif 的最后一帧上居中导入图像 shu. jpg。

(4) 在网页的下方输入文字"知识的源泉,精神的粮食",将文字设置为"隶书"、红色、36 像素。

(5) 预览网页后,将网页用 welcome. html 为名保存在本地站点 My site 中。

制作分析:本例网页上部插入的图像都是居中对齐,故可不用定位工具,直接将图像和 flash 插入。也可以用 3 行 3 列的表格定位,合并第 1、2 行单元格后插入图像。网页底部的阴影文字还是用层来定位。Dreamweaver 8 中提供了快速启动 fireworks 8 的功能,这样很方便对图片进行编辑。

操作步骤如下:

(1) 启动 Dreamweaver 8,选择【站点】|【新建站点】命令。在站点定义对话框中,选择【高级】选项卡,在【站点名称】文本框中输入"我的站点"。单击【本地根文件夹】文本框右边的图标,将当前盘的文件夹 My site 设置为本地站点的根文件夹,并确认。

(2) 在 Dreamweaver 8 网页编辑器中新建一个页面。选择【修改】|【页面属性】命令,在【页面属性】对话框中作各项参数的设置。

(3) 在【分类】列表中选择【外观】选项,单击【背景图像】文本框右边的【浏览】按钮,选择本地站点的文件夹 img 中的文件 bg0005. jpg 后,在【重复】下拉列表中选择【重复】选项,使选择的图像重复布满网页。将【左边距】、【右边距】、【上边距】、【下边距】分别设置为 0 后,单击【确认】按钮。在【分类】列表中选择【标题/编码】选项,在【标题】文本框中输入"书",其他参数默认,然后单击【确定】按钮确认。

(4) 选择【文件】|【另存为】命令,将网页用 welcome. html 为名保存在本地站点 My site 中。

(5) 将光标定位在第二行,选择【插入】|【图像】命令,或选择【插入】栏【常用】选项卡,单击插入图像 🖼 按钮,在打开的【选择图像源】对话框中,选择本地站点下 img 文件夹中的文件 bg0012. jpg,按【确认】按钮确认。选中该图片对象,在【属性】面板中,将参数【宽】设置为 500 像素,【高】设置为 40 像素,然后单击【居中】按钮,使图片在页面上居中。再将光标定位在第三行,用上述相同的方法插入文件 welcome. jpg。

(6) 将光标定位在第四行,在【属性】面板中,单击【居中】按钮,选择【插入】栏【常用】选项卡,单击插入 Flash 按钮 🔵 和插入图像按钮 🖼,在网页中依次插入文件 shu2. swf、shu. gif、shu4. swf。

(7) 单击图像 shu. gif 将其选中,在【属性】面板中,单击【编辑】区域中的 🔵 按钮,启动外部图像编辑器 fireworks 对图像进行编辑,在打开的图像处理软件 fireworks 的文档编辑窗口中,选择【窗口】|【帧】命令,打开【帧】面板,单击【帧 6】,选中第 6 帧。

(8) 选择【文件】|【导入】命令,导入图像 shu. jpg。此时,鼠标指针标成直角,在被编辑的图像左上角单击鼠标,插入图像 shu. jpg。单击 fireworks 编辑窗口左上角【完成】按钮,返回 Dreamweaver 8。

(9) 在网页合适的位置上输入文字"知识的源泉,精神的粮食"。在【属性】面板中设置文字的属性,字体为"隶书",大小为 36,文字颜色为"红色"。

(10) 按 F12 键预览网页,选择【文件】|【保存】命令,将网页用 welcome. html 保存在

本地站点 My site 中。

12.4　课内实验题

1. 网页编辑器基本操作

（1）用不同的方法启动和退出 Dreamweaver 8。

（2）用快捷键打开和关闭【插入】栏和【属性】面板。

（3）将【CSS 样式】浮动面板组打开后，先移出、再移入浮动面板放置区，然后再将【文件】浮动面板组中的【代码片断】组合到【CSS 样式】浮动面板组中。察看浮动面板组操作后的效果。

（4）用快捷键关闭和打开浮动面板组，用鼠标折叠和展开各个浮动面板组，察看浮动面板组操作后的效果。

（5）启动 Dreamweaver 8 后，将屏幕设置为 $760 \times 420(800 \times 600$，最大值）；打开、关闭标尺显示，设置标尺单位分别为厘米、英寸、像素；显示和隐藏网格，设置网格属性，【间隔】为 10 像素、【显示】为线、【颜色】为 #CCCC99、选中【靠齐到网格】复选项。

操作提示：

（1）操作步骤略（操作参考教材相关内容）。

（2）按 Ctrl+F2 键，打开和关闭【插入】栏；按住 Ctrl+F3 键，展开和折叠【属性】面板。

（3）打开【代码】浮动面板组，然后用鼠标指向【代码】浮动面板组的左上角，当鼠标指针呈 4 个小箭头移动形状时，即可将其移出移入。

在【设计】浮动面板组的快捷菜单中选择相应的面板命令，可完成浮动面板重新组合的操作。

（4）操作步骤略（按 F4 键，关闭和显示所有浮动面板）。

（5）单击网页编辑区下方状态栏中的【窗口大小】 803 x 452 下拉式按钮，然后在打开的快捷菜单中选择【955×600(1024×768，最大值）】合适的尺寸；

选择【查看】|【标尺】|【显示】命令，然后分别选择相应的命令完成设置。

选择【查看】|【网格】|【显示网格】命令，则可在编辑区显示网格，选择【查看】|【网格】|【网格设置】命令，可完成网格设置。

2. 建立网站的基本操作

（1）打开站点管理器，在本地计算机的当前盘根文件夹中，建立名为 myweb 的文件夹。

（2）把本章素材文件夹下的文件夹和文件复制到 myweb 中，并将其设置为本地站点的根文件夹。

（3）将本地计算机的子文件夹 myweb，切换为本地站点的根文件夹，如图 12-4 所示。

操作提示： 在 D 盘新建文件夹 myweb，并将本章素材文件夹中所有内容复制到文件夹 myweb 中，打开 Dreamweaver 8，选择【站点】|【新建站点】命令，在【基本】选项卡中输入本地站点名"我的站点"。单击【高级】选项卡，在【本地根文件夹】的文本框里输入"D：\

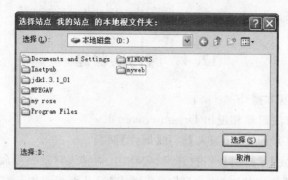

图 12-4　选择本地站点的根文件夹

myweb",然后单击【确定】按钮。

3.文件管理基本操作

（1）将 My site 中的文件 rose.html,复制到本地站点"我的站点"的 myweb 文件夹中。

（2）将 myweb 文件夹中的子文件夹改名为 image,并改正 rose.html 网页中元素的路径。

（3）请正确显示 rose.html 网页。

操作提示:

（1）将 bg0093.gif 和 bg0004.gif 复制到 myweb/image 文件夹中。

（2）启动 Dreamweaver8,选择【文件】|【打开】命令,在弹出的对话框中,打开 myweb 下的网页 rose.html。

（3）恢复网页原来的图像。双击左侧的层,弹出【选择图像源文件源】对话框,选中 myweb/image/bg0004.gif 图片,然后单击确定。然后单击空白页面,在属性面板上,单击【页面属性】按钮,选中列表中的【分类】,然后单击右边的背景图像文本框旁的【浏览】按钮,在弹出的【选择图像源文件】对话框中选择文件 myweb/image/bg0093.gif 图片,然后单击确定。

4.制作简单网页

按下列要求创建如图 12-5 所示的网页,网页用 exe12-1.html 为名保存在本地站点中。

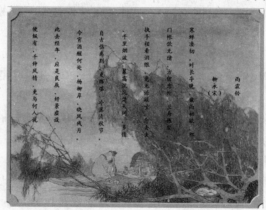

图 12-5　网页 exe12-1.html 的样张

（1）网页绘制布局表格 800×600 像素，背景图像为 yulinling.jpg。

（2）绘制布局单元格宽 700×600 像素，在单元格中插入 1 行 10 列的表格，宽 700 像素，单元格宽为 70 像素。按照图例，输入"雨霖铃.txt"中的文字，并做成竖排效果。

（3）预览网页后，保存在本地站点中。

操作提示：

（1）新建网页，设置页面背景为 yulinling.jpg 后，再以 exe12-1.html 为名保存在本地站点中。

（2）在【插入】栏中选择【布局】标签的【布局】工作模式，单击【布局表格】按钮，绘制布局表格，在【布局表格属性】控制面板设置宽和高为 800×600 像素。

（3）单击【绘制布局单元格】按钮，绘制宽 700×600 像素的表格，然后切换至【标准】工作模式，单击【表格】按钮，在表格中插入一个 1 行 10 列、宽 700 像素的表格。

（4）按图例输入文字，并利用 Shift＋Enter 键实现文字的竖排布局。

（5）最后保存网页，在浏览器中查看编辑结果。

12.5 课外思考与练习题

（1）在本地站点下新建文件夹、复制和移动文件的方法有哪几种？

（2）【站点】浮动面板中的【站点名称】和该站点网页编辑器的【标题】中的内容分别表示什么意思？

（3）输入字符时，Enter 键和 Shift＋Enter 键的作用分别是什么？

（4）在文本【属性】面板中，用【格式】下拉列表中的选项设置字体的格式和用【大小】下拉列表中的选项设置的字体的格式有何区别？

（5）在网页文档中输入空格的方法有几种？使用哪种方法比较方便？

（6）什么是本地站点？什么是文件的绝对路径？什么是文件的相对路径？

（7）如何正确设置网页中元素的路径？如何避免浏览网页时缺少图片的错误出现？

（8）选择【修改】|【页面属性】命令，打开【页面属性】对话框，在【页面属性】对话框中的【文本】、【链接】、【访问过的链接】、【活动链接】分别设置的是什么字符的颜色。

（9）网页设计时使用字体需要注意什么问题？

（10）如何编辑字体列表？如何将字体添加到字体列表中？如何调整字体列表中的字体次序？

（11）按下列要求创建如图 12-6 所示的网站相册的网页，网页用 index.html 为名保存在本地站点中。

① photo 文件夹中的 t1.jpg ～t8.jpg 图像创建网站相册，网页和相册标题为"书——知识的源泉"，标题字体为"隶书"，标题背景颜色为"＃FFFF99"，网页背景图像为 bg0006.jpg。

② 源图像文件夹为 My site 文件夹下 photo 子文件夹，目标文件夹为本地根文件夹 My site。

③ 页面图像的缩略图尺寸为 100×100 像素，每行列数为 4 列，缩略图和相片格式

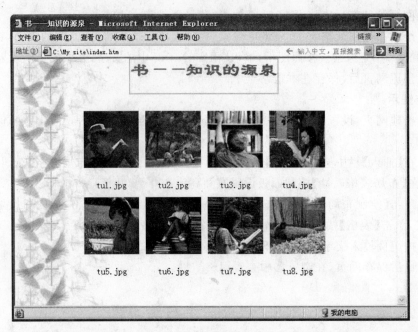

图 12-6　网站相册示意图

为.jpg。

④ 预览网页后,将网页 index.html 背景图像改为 bg0026.jpg 后保存在本地站点 My site 中。

(12) 打开网页文件 rose.html,将 clock.txt 文件中的代码加入到网页脚本中,使网页浏览时右下角出现一个时钟特效。

在 rose.html 添加背景音乐,音乐文件为素材文件夹中 music.mid。添加代码使得网页滚动时背景图像不随网页滚动。

第 13 章　层与表格及其应用

13.1　实验的目的

(1) 掌握层的创建、编辑和应用的方法。

(2) 掌握表格创建、编辑和应用的方法。

(3) 掌握布局表格和布局单元格的应用方法。

13.2　实验前的复习

13.2.1　层的创建、编辑及其应用

层是用来放置文本、图像、动画、表单、插件等网页元素的载体。层在网页编辑区中可以层层叠加,也可以方便地自由移动,是一种十分灵活的网页元素定位工具,层与行为、时间轴配合可以很方便地设计出多姿多彩的动感效果及滚动字幕、下拉式菜单等页面效果。

1. 创建层

在【插入】栏的【布局】选项卡的【标准】模式中,单击【绘制层】按钮图,或选择【插入】|【布局对象】|【层】命令,然后用鼠标拖曳可以在当前网页中新建层。

在创建好的层中还可以继续创建层,来实现层的嵌套。嵌套层可称为子层,包含嵌套层的那个层称为父层。嵌套层的子层可以在其父层中间,也可以在其父层外边,嵌套层永远在其父层上方。

2. 编辑层

1) 激活与选中层

创建好的层有三种状态:未被激活或选中的层、被激活的层和被选中的层。

用鼠标单击某个层中任意位置,就可激活该层。一个层在被激活后,才能将文本、图像、表格、表单、多媒体等网页元素插入到层中,单击某个层的边框线,可选中该层。选中层后,才能对该层的大小、位置、背景图像、背景颜色、层的叠放次序、显示方式等属性进行设置和调整,可以完成层的移动等操作。

2) 删除层

单击某个层的边框线,选中要删除的层,按 Del 键后可删除该层。

3) 调整、移动和对齐层

选中层后,用鼠标拖曳层上的活动块,即可调整层的大小;或者在层的属性面板的【宽】和【高】两个文本框中输入层的宽度和高度尺寸,可精确调整该层的大小尺寸。

用鼠标拖曳层的选择柄可移动该层;或者选中要移动的层,在层的属性面板的【左】和【上】两个文本框中输入层左上角的坐标,便可精确设置这个层在网页中的目标位置。

选中多个要对齐的层,选择【修改】|【排列顺序】命令的下一级菜单中的【左对齐】、【右对齐】、【对齐上缘】、【对齐下缘】命令,可对齐选中的层。

选择【设成宽度相同】和【设成高度相同】命令,可使选中的层具有相同的宽度和高度。

3. 层的【属性】面板

选中层,在层的【属性】面板中可以设置【层编号】(即层的名称),【左】和【上】的值(即层的位置),【宽】和【高】的值(即层的大小),【Z轴】的值(即层的层次值),层的【显示】方式,层的【背景图像】和【背景颜色】,层中内容【溢出】时的处理的方式,还可设置层【左】、【右】、【上】、【下】的可视区域的值等。

4. 【层】面板

【层】面板是一种能方便、直观地对层进行控制和操作的工具。选择【窗口】|【层】命令,或按 F2 键,可打开【层】面板。

在【层】面板中可以完成对层改名、选定层、修改层的可见性、设置层在网页中的叠放次序,设置对多个层操作时是否禁止各层重叠以及设置层嵌套等操作。

13.2.2　表格创建和编辑的方法

表格可以组织网页页面数据,还可以用于控制文本和图形等对象在页面上的位置,表格在网页布局上起着重要的作用。

1. 创建表格的方法

选择菜单中【插入】|【表格】命令;或在【插入】栏的【常用】选项卡中,单击【插入表格】按钮，也可以按 Ctrl＋Alt＋T 快捷键,在弹出【插入表格】对话框中输入行数、列数、表格的宽度、边框线的宽度、单元格的边距和间距等参数,便可创建一个表格。

2. 表格的编辑方法

1) 选取表格

应先选择表格或单元格,然后才能对它们进行编辑。

选取表格的方法有多种,比较常用的方法是先选择表格中某个单元格,然后单击状态栏左侧的标签＜table＞,或按两次 Ctrl＋A 快捷键,便可选中该表格。

2) 选取单元格

选取单元格的方法有多种,比较常用的方法是单击要选择的单元格,然后单击状态栏左侧的标签＜td＞,便可选中该单元格。

单击第 1 个单元格,然后拖曳鼠标到最后一个单元格,即可将这组相邻的单元格选中。或者单击第 1 个单元格,然后按住 Shift 键,再单击这组相邻单元格的最后一个单元格,就可选中这组相邻的单元格。

按住 Ctrl 键,然后再分别单击要选中的那些不相邻的单元格,可以选择一组不相邻的单元格。

3) 选取表格的行和列

先单击某行的单元格,然后单击状态栏左侧标签＜tr＞,便可选中该行。

将鼠标指向表格的上边框线,当光标变为 ↓ 时单击鼠标,可选中该列,此时如果拖动鼠标可同时选择多列。

4）增加（或删除）表格的行和列

选中表格的某个单元格或将光标插入该单元格中，选择【修改】|【表格】|【插入行】命令或选择【修改】|【表格】|【插入列】命令，在该单元格上边增加一行或在该单元格左边增加一列。

同样，将光标插入在表格的某个单元格中，选择【修改】|【表格】|【删除行】或【修改】|【表格】|【删除列】命令，也可删除该行或列。

5）设置表格和单元格的属性

设置表格的属性和单元格的属性是 2 种不同的操作。

选中表格，在表格【属性】面板中可设置表格的【行】、【列】、【宽】、【高】、【填充】、【间距】、【边框】、【背景颜色】、【背景图像】、【边框颜色】和表格的【对齐】方式等有关表格的参数。

选中单元格，在单元格的【属性】面板中可设置单元格的【宽】、【高】、【背景颜色】、【背景】、【边框颜色】、是否【不换行】等参数，以及设置单元格中文字的各种属性，完成合并和拆分单元格的操作。

6）单元格的复制、剪切、粘贴、移动和清除

对表格中的单元格可以进行复制、剪切、粘贴、移动或清除其中内容等操作。选中要操作的单元格，使用 Ctrl＋C 键、Ctrl＋X 键、Ctrl＋V 键、Del 键，可完成这些操作。

7）表格的样式化

用 Dreamweaver 8.0 中提供的 17 种预先设置好的表格样式，对当前选中的表格进行快速格式化。选择【命令】|【格式化表格】命令，在弹出【格式化表格】对话框中设置相应的参数，就可完成对当前的表格设置。

13.2.3　布局表格和布局单元格及其应用

Dreamweaver 8 网页设计有两种常用的工作模式，分别是【标准模式】和【布局模式】。在【布局模式】中有一些很方便、直观、人性化的功能，使用【布局模式】来对网页的页面元素进行定位更为方便。

在【插入】栏的【布局】选项卡中，可以进行【标准模式】和【布局模式】二种视图模式的切换。单击【布局模式】按钮后便可进入【布局模式】模式。单击【绘制布局表格】按钮与【绘制布局单元格】按钮，用鼠标拖曳可绘制布局表格或布局单元格。

一般设计网页时，整个页面可绘制一个布局表格，在布局表格中绘制若干个布局单元格，用于页面元素定位，布局表格和布局单元格的大小和位置，可分别在其各自的【属性】面板中设置。

单击布局单元格的边框线后可以选中布局单元格，再将鼠标指针指向布局单元格的边框线，拖曳鼠标便可移动布局单元格在网页上的位置。

在布局单元格中可以插入网页元素，调整布局单元格在网页上的位置，也就是调整相应的网页元素在网页中的位置。使用布局表格与布局单元格可以很方便地定位网页元素，尤其对网页页面元素位置不规则的网页，使用这种方法定位非常灵活有效。

在用布局表格与布局单元格确定网页布局和页面元素的位置后，切换到【标准模式】，

此时,可以发现布局表格与布局单元格实际上就是表格,拆分和合并单元格的工作由 Dreamweaver 8 完成了。

13.3　典型范例的分析与解答

例 13.1　制作如图 13-1 所示的网页,网页用 snowflake. html 为名保存在本地站点中。

图 13-1　网页应用样张一

制作要求:

(1) 将本章素材文件夹复制到本地硬盘中,并将其改名为 My site。

(2) 新建一个网页,页面的背景图像为文件夹 img 中的文件 bg0008. jpg,并设置其他必要的网页属性。

(3) 在网页合适的位置插入文件夹 img 中的文件 ex4. jpg。

(4) 在网页中将输入的文字竖排,文字的颜色、大小和字体自定。

"假若我是一朵雪花,翩翩在半空里潇洒,一定认清我的方向,飞扬,飞扬,飞扬,地面上有我的方向。不去那冷漠的幽谷,不去那凄清的山麓,你看我有我的方向!"

(5) 预览网页后,将网页用 snowflake. html 为名保存在本地站点的文件夹 My site 中。

制作分析: 从网页样张上可以看出本例网页上的文字、图像等页面元素排列很规则,可以用表格对页面元素定位。用于定位的表格是 2 行 8 列,合并第 1 行的单元格后,插入指定的图像;在第 2 行的单元格中按题意输入文字,按 Shift＋Enter 键完成文字的换行。

操作步骤如下:

(1) 将素材 bg0008. jpg 和 ex4. jpg 保存在 My site/img 文件夹中。

(2) 启动 Dreamweaver 8,新建页面,单击菜单【文件】|【保存】,以 snowflake. html 文件名保存,然后单击确定。

(3) 在【属性】面板上选择【页面属性】按钮,弹出的【页面属性】对话框,单击【背景图像】文本框旁的【浏览】按钮,在【选择文件图像源】文件中选择 img/bg0008. jpg 图片为背景,然后单击确定。

(4)在【插入】栏的【常用】选项卡中单击【插入表格】按钮囲。在弹出的【表格】对话框中设置数值为2行8列,表格宽度为800像素,表格边框粗细为0像素。然后单击确定。网页中出现表格。选中表格,在【属性】面板选择对齐方式为居中对齐。

(5)选中表格第一列的所有单元格,右键单击鼠标,在快捷菜单中选择【表格】|【合并单元格】。单元格合并后,将光标放入刚合并的单元格内,单击【插入】栏【常用】选项卡的【图像】按钮,在弹出的【选择图片源文件】对话框中选择ex4.jpg,然后确定,在单元格插入图像。选中图像,在【属性】面板里选择居中对齐。

(6)选中第二行的所有单元格,在【属性】面板里设置字体为行楷,大小为30像素,颜色为#FF00FF,居中对齐。并且在【属性】面板的【行】里设置单元格的宽度为100像素。

(7)在每个单元格按照图例输入文字(每个文字输入后可以用Shift+Enter组合键,将文字逐个换行,编辑成竖排列)。

(8)最后按Ctrl+S键保存编辑,并且在浏览器预览编辑效果。

例13.2 制作如图13-2所示的网页,网页用vangogh.html为名保存在本地站点中。

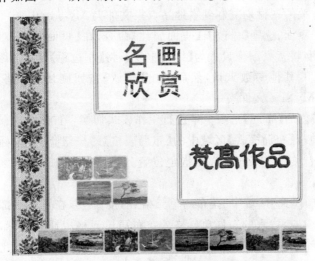

图13-2 网页范例样张二

制作要求:

(1)检查本地站点根文件夹My site中与本例有关的素材是否正确。新建一个网页,页面的背景图像为文件夹img中的文件bg0035.gif,设置背景图像为【纵向重复】,并设置其他必要的网页属性。

(2)绘制800×600像素的布局表格。在页面底部合适的位置上按样张绘制700×65像素的布局单元格,在左侧绘制4个大小为93×63像素的布局单元格,在右侧位置上绘制2个大小为330×230像素的布局单元格。

(3)在页面底部的布局单元格中插入flash文件fg1.swf。页面左侧的4个布局单元格中插入鼠标经过图像,图像文件为tu1_1.gif、tu1_2.gif、tu2_1.gif、tu2_2.gif、tu3_1.gif、tu3_2.gif、tu4_1.gif、tu4_2.gif。在页面右侧的布局单元格中分别插入文件fg3.swf和

fangao. gif。

（4）编辑图像文件 fangao. gif，在第 2 帧和最后一帧增加新的帧，在第 2 帧上添加图像文件 Frame. gif 和 tu1. jpg，在最后一帧上添加带阴影的文字"名画欣赏"（见图 13-2）。将逐帧图像文件的每一帧播放时间改为 1 秒。

（5）预览网页后，将网页用 vangogh. html 为名保存在本地站点的文件夹 My site 中。

制作分析：

（1）利用布局表格和布局单元格把网页中的各要素的位置规划好。

（2）插入 Flash 动画与插入 gif 动画是 2 个不同的概念不能弄错。

（3）单击【属性】面板中的 Fireworks 图标，可以启动外部图像编辑软件。在编辑图片的过程中要注意帧之间的关系，每一帧中各层之间的关系，在【帧】面板中可以对帧进行增加和删除的编辑，还可以更改帧的播放时间。此外，在运用 Fireworks 编辑阴影文字的原理和利用 Dreamweaver 8 的层编辑的原理是相同的，就是利用两个文本层之间的叠加做出的阴影效果。

操作步骤如下：

（1）与本例有关的素材均复制到本地站点根文件夹 My site 中。

（2）新建一个页面，选择【修改】|【页面属性】命令，在【页面属性】对话框中设置背景图片为 bg0035. gif，将背景图像设置为【纵向重复】，将【左边距】、【右边距】、【上边距】、【下边距】分别设置为 0，其他参数默认，然后单击【确认】按钮确认。并将网页以 vangogh. html 为名保存在 My site 文件夹中。

（3）在【插入】栏的【布局】选项卡中进行工作模式切换，单击【布局模式】按钮后，进入【布局模式】。再单击【布局模式】区域中的【布局表格】的按钮 □，将鼠标移到网页编辑窗口中，此时鼠标指针变为＋字形状，在指定位置处拖曳鼠标画出 800×600 像素的布局表格。

（4）单击【布局模式】区域中的【布局单元格】的按钮 ▤，在页面底部合适的位置上按题目要求绘制 700×65 像素的布局单元格。在布局单元格中插入光标，单击【插入】栏的【常用】选项卡的 Flash 按钮 ●，或选择【插入】|【媒体】|【Flash】命令，此时可在网页底部的布局单元格中插入 Flash 文件 fg1. swf。

（5）在网页左侧按样张画 4 个大小为 93×63 像素的布局单元格，按题意插入【鼠标经过图像】。选择【插入】|【图像对象】|【鼠标经过图像】命令，在【插入鼠标经过图像】对话框中按题意设置【原始图像】和【鼠标经过图像】。

（6）在网页合适的位置上按样张画 2 个大小为 330×230 像素的布局单元格，单击【插入】面板【常用】选项卡的【图像】按钮 ▩，或选择【插入】|【图像】命令，在其中一个布局单元格中插入 img 文件夹中的逐帧图像文件 fangao. gif。选择【插入】|【媒体】|【flash】命令，在另一个 330×230 像素的布局单元格中插入 swf 文件夹中的 flash 文件 fg3. swf。

（7）单击图像 fangao. gif 将其选中，在【属性】面板中，单击【编辑】区域中的 ⓦ 按钮，启动外部图像编辑器 fireworks 对图像进行编辑。在启动时，打开 img 文件夹中的源图像文件 fangao. png。在打开的 fireworks 的文档编辑窗口中，选择【窗口】|【帧】命令，打开【帧】面板，并选中第 1 帧。单击【帧】面板右上角的菜单按钮，在菜单中选择【添加帧】命

令,在当前帧以后增加 1 帧。选择【文件】|【导入】命令,分别先后居中导入 Frame.gif 和 tu1.jpg。

(8) 选中第 8 帧,单击文本工具**A**,仿照第 1 帧的文字样式,输入文字"名画欣赏",在【属性】面板中设置文字格式,字体为"黑体",大小为 70 像素,输入文字为"名画欣赏",并使文字居中,文字颜色为♯FF0000。按 Ctrl+C 键、Ctrl+V 键复制文字,将将原先的文字颜色设为♯006633,使 2 组文字叠放在一起,稍微错开,形成文字阴影效果。

(9) 单击【帧】面板中第 1 帧,按住 Shift 键后单击最后 1 帧,选中所有帧,双击帧右边的帧延时,将逐帧图像文件的每一帧播放时间改为 100/100 秒,并播放逐帧图像文件,然后单击【完成】按钮,返回 Dreamweaver 8。

(10) 按 F12 键预览页面,屏幕显示如图 13-2 所示的结果后,保存文件。

13.4　课内实验题

1. 层的基本操作

(1) 新建网页文件 exe13-1.html,背景图像为 bg0005.jpg。在网页合适的位置上,分别创建两个名为 source 和 shadow 的层,层的尺寸为 550×70 像素,Z 轴的值分别为 2 和 1。

(2) 在层中输入文字"知识的源泉,精神的粮食",两个层中的文字颜色分别为红色和黑色。移动层,使两个层略微错开重叠,使文字带有阴影效果,如图 13-3 所示。

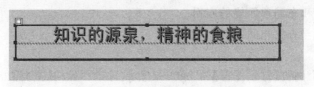

图 13-3　两个层错开重叠示意图

(3) 打开【层】浮动面板,勾选【防止重叠】复选项,然后移动名为 source 的层,试比较该复选项选与不选的区别。

(4) 分别完成激活层、选中层、改变层的大小、改变层的可见性的操作。

(5) 改变这两个层的叠放次序,使名为 source 的层成为 shadow 层的子层,观察改变后的结果,然后恢复原样。

(6) 预览网页后,保存网页。

操作提示:注意【层】面板中的几种操作:层的可见性设置,层的叠放次序改变,防止层重叠,建立子层。了解【层】面板和层的属性面板的区别。

2. 表格的创建、插入、删除、复制和移动等操作

(1) 创建一个名为 exe13-2.html 的网页文件,将其保存到本地站点 My site 中。在页面上输入 4 行 5 列的表格,表格宽度为 500 像素,表格边框为 2 像素,在表格中输入如表 13-1 所示的内容。并在表格上方增加标题"信息学院各班平均成绩表",标题格式设置为黑体、24 号、粗体、♯003366。

表 13-1　各班平均成绩表

科　目	数据库原理	计算机组成实验	英语精读	电子商务
00 级 1 班	73	85	77	79
01 级 1 班	83	79	82	91
01 级 3 班	90	80	85	92

（2）在表格"01 级 3 班"前插入一行，内容为"01 级 2 班、85、82、88、82"。在表格中"计算机组成实验"列前插入一列，内容为"计算机组成、69、73、75、80"。

（3）将 00 级 1 班这一行移到表格的最后一行；删除"英语精读"这一列。

操作提示：参考教材相关章节的内容。

3. 单元格的拆分、合并和格式化操作

（1）使表格中的数据全部居中；使整个表格在页面上居中。

（2）按不同年级将表格拆成两个表格，将 01 级表格的"科目"一行复制到 00 级表格上方，使之成为 00 级表格的第一行，在 00 级表格上面加上一行标题"信息学院 00 级平均成绩表"，并删除 00 级表格的"科目"这一列。

（3）将 01 级表格的"计算机组成"和"计算机组成实验"两个单元格合并成一个单元格，内容改为"计算机组成和实验"、居中、黑体、14 号。

（4）01 级和 00 级两个表格分别套用系统预设的格式 Simple3、Simple4。

操作提示：参考教材相关章节的内容。

4. 布局表格和布局单元格的应用

1）制作图像与方格相间的网页

制作要求：

（1）创建一个网页【背景图像】为 bg0052.jpg，背景图像的【重复】方式设为"重复"，并设置其他必要的页面参数。

（2）按照样张绘制 600×360 像素的布局表格，在布局表格中画出 3 行 5 列的布局单元格，每个布局单元格为 120×120 像素，如图 13-4 所示。分别选中布局单元格，利用【属性】面板设置相应的布局单元格背景的颜色为♯CCCC99、♯FF9900。

（3）如图 13-4 所示，分别插入素材文件夹 jpg 中名为 pic1.jpg，…，pic7.jpg 的图片文件。在网页底部输入阴影效果的文字"书——人生的伴侣，知识的源泉"。

（4）预览页面后，将网页文件以 exe13-3.html 为名保存在 My site 文件夹中。

操作提示：本实验用到布局表格与布局单元格对插入的图像定位，网页底部阴影效果的文字是用层来定位，应该注意这分别属于【标准模式】和【布局模式】中的定位技术。

2）制作网页元素不规则排列的网页

制作要求：

（1）创建一个网页【背景图像】为 bg0040.gif，背景图像的【重复】方式为"重复"，并设置其他必要的页面参数。

（2）按照样张绘制 800×600 像素的布局表格，在布局表格的顶部绘制 800×80 像素的布局单元格并在其中插入 Flash 文件 shu1.swf，如图 13-5 所示。

图 13-4　网页练习样张一

图 13-5　网页练习样张二

（3）在网页左侧按样张画 4 个大小为 80×80 像素的布局单元格，并在其中分别插入鼠标经过的图像，其原始图像文件分别为 t3_2. gif、t4_2. gif、t7_2. gif、t8_2. gif，鼠标经过的图像文件分别为 t3_1. gif、t4_1. gif、t7_1. gif、t8_1. gif。

（4）在网页右侧按样张画 2 个大小为 170×170 像素的布局单元格，在其中 1 个布局单元格中插入逐帧图像文件 shu. gif，在另 1 个布局单元格中插入 Flash 文件 shu2. swf。

（5）预览页面后，将网页文件以 exe13-4. html 为名保存在 My site 文件夹中。

13.5 课外思考与练习题

（1）表格属性中的【间距】、【边框】、【填充】的具体意义表示什么？表格的单元格、行、列和整个表格的选取方法有哪几种？

（2）表格的属性面板和单元格的属性面板的主要区别在哪里？

（3）试比较【标准模式】和【布局模式】两种模式的不同之处。如何连续画出多个【布局表格】？当切换到【标准模式】后，绘制好的布局表格和普通表格一样吗？

（4）表格中可以导入的外部数据文件的格式有几种？如果要导出数据文件，文件中的数据分隔符有几种？

（5）如何对表格中的数据排序？如果排序的关键列是数字，那么在【命令】|【排序表格】下拉列表中，选择"按字母排序"与"按数字排序"有何区别？

（6）比较选中层和激活层的区别？正确理解层的叠放次序、层的可见性、层嵌套关系。

（7）如何防止层重叠？子层一定在父层中吗？子层一定在父层上吗？父层设置了不可见属性，子层也一定不可见吗？层的名称中不能使用哪些字符？

（8）如何使用布局表格和布局单元格？试比较用表格、布局表格和层来规划网页页面布局的优缺点。

（9）按照如图 13-6 所示的样张创建符合下列要求的网页 exe13-5.html，制作要求如下：

图 13-6　网页练习样张三

① 网页用 img 文件夹中的文件 bg0035.jpg 设置背景图像，并设置背景图像纵向重复，以及设置其他必须的页面属性。

② 在网页中按照如图 13-6 所示的样张绘制布局表格和布局单元格,页面右侧的布局单元格为 100×550 像素,并在其中插入 Flash 文件 camp. swf。

③ 在网页顶部输入文字"校园风景",楷体_GB23、50 像素、红色、居中。

④ 打开图像文件 F1. jpg,在当前帧后重制 8 帧,在第 1 帧居中输入带阴影的文字"校园景色",字体为"隶书",大小为 65 像素。文字颜色为 ♯FF0000,添加文字阴影效果,阴影颜色为 ♯666666。从第 2 帧起每一帧分别居中导入 photo 文件夹中的 xy1. jpg,xy2. jpg,…,xy8. jpg。

⑤ 将逐帧动画的每一帧播放速度改为 100/100 秒,播放逐帧图像文件后,将处理好的文件用 f2. gif 为名保存在本地站点根文件夹中。

⑥ 在网页中间合适的位置上画 290×220 像素的布局单元格,在布局单元格中插入图像文件 f2. gif。

⑦ 在网页下方按样张绘制 3 个大小为 103×76 像素的布局单元格,并在其中分别插入鼠标经过图像,原始图像分别为 tx1_1. gif、tx2_1. gif、tx3_1. gif,鼠标经过图像分别为 tx1. gif、tx2. gif、tx3. gif。

⑧ 预览网页后,用 exe13-5. html 为名保存网页。

第 14 章　超链接与框架网页及其应用

14.1　实验的目的

（1）掌握各种超链接的创建和编辑方法。

（2）掌握框架网页的创建、编辑和保存的方法。

14.2　实验前的复习

14.2.1　超链接及其应用

超链接为畅游网络提供了方便，是网页制作中使用的比较多的一种技术。浏览者可以通过网页上的超级链接查看不同的网页。只有超链接，才能把 Internet 上众多的网站和网页联系起来，才能真正做到网络无国界。

1. 超链接的源端点和目标端点

超链接是用预先准备好的文本、按钮、图像等对象与其他对象建立一种链接，也就是在源端点和目标端点之间建立一种链接。

超链接的源端点是起始端点，也称为源锚。目标端点是链接的对象，也称为目标锚。

在超链接中，链接路径是通过 URL 来确定的。根据使用的协议不同，URL 的形式也不同，常用的形式有 HTTP、FTP 和 File 几种。

（1）HTTP 开头的 URL 一般指向 WWW 服务器，通常又称为网址。

（2）FTP 开头的 URL 主要用于文件的传递，包括文件的上传和下载。

（3）File 开头的 URL 主要访问本地计算机中的文件信息。

在超链接中，使用完整的 URL 地址的链接路径称为绝对路径。绝对路径指明目标端点所在的具体位置。在超链接中，指明目标端点与源端点的相对位置关系的路径称为相对路径。

2. 创建超链接常用的方法

在 Dreamweaver 8 中可以很方便地为文本、图像、多媒体等对象创建超链接，创建超链接常用的方法有以下几种：

（1）在网页编辑窗口中，选中源端点对象，然后选择【修改】|【创建链接】命令，打开【选择文件】对话框窗口，选中目标端点便可创建链接。

（2）在网页编辑窗口中，选中源端点对象后右击鼠标，在快捷菜单中选择【创建链接】命令，打开【选择文件】对话框窗口，选中目标端点便可创建链接。

（3）在网页编辑窗口中，选中源端点对象，然后在属性面板的【链接】文本框中输入目标端点及路径便可创建超链接。或单击【链接】文本框右边的按钮，打开【选择文件】对话框窗口,选择目标端点创建超链接。

(4) 在网页编辑窗口中,选中源端点,然后单击【属性】面板的【链接】文本框右侧的【指向文件】按钮🔗,并按住鼠标左键不放,拖曳其到站点管理器窗口中,指向要选择的目标端点,创建超链接。

3. 常用的超链接

在 Dreamweaver 8 中可以很方便地用文本、图像、多媒体等对象创建超链接,网页上常用的超链接有以下 7 种:

1) 文本的超链接

文本超链接的源端点是文本,选中源端点的文本,用上节介绍的方法创建文本的超链接。

2) 图像的超链接

图像超链接的源端点是图像,选中源端点的图像,用上节介绍的方法创建图像的超链接。

3) E-mail 链接

E-mail 链接的源端点可以是文本、图像等对象,选中源端点后在【属性】面板的链接文本框中输入"mailto:<邮箱地址>"。在浏览网页时,单击 E-mail 链接的源端点,马上可以启动邮件发送程序,将浏览者信息发送到指定的邮箱中。

4) 图像的热点链接

图像热点链接即映射图链接。可以在一个图像中创建几个不同的几何图形区域为源端点,选中创建好的热点,在【属性】面板中设置超链接的目标端点。

5) 锚点链接

锚点链接就是把网页某个指定位置设置成目标端点,并运用各种创建超链接的方法对其超链接。设置锚点的方法是选择网页某个位置后,单击【插入】栏的【常用】选项卡中的按钮⚓,给锚点命名,该位置即成为目标端点。

6) 跳转菜单

跳转菜单的超链接是一个下拉式菜单,其中的每一个选项都是一个超链接。在网页的合适位置插入光标,拖曳【插入】栏中【表单】选项卡中的【跳转菜单】按钮↗到当前网页的光标处,在弹出的对话框中设置各项值。

7) 导航条

导航条的超链接的源端点就是导航按钮,导航按钮共有 4 种状态,预先要准备好按钮的 4 幅图像。选择【插入】|【图像对象】|【导航条】命令,设置鼠标【状态图像】、【鼠标经过图像】、【按下图像】、【按下时鼠标经过图像】制作导航按钮,在【按下时,前往的 URL】文本框中,输入要链接的网页地址。

14.2.2 框架的创建、编辑和保存

框架网页把网页页面分成相对独立的若干个区域,每个区域都是一个独立的网页。在浏览器窗口中能显示多个用框架制作的不同的网页,就好像在一个浏览器窗口中平铺了几个子窗口,每个子窗口中分别显示不同的内容。

框架网页是由框架集和框架两部分网页文档组成。框架集并不在浏览器中显示,只是定义了其中各框架网页的结构、数量、大小及装入框架中的页面文件名和路径等有关属性。框架网页则是框架集的组成元素,它具有网页所有的属性和功能,框架集中各框架页面的关系是平等的。

1. 创建框架

创建框架与框架集的方法有多种,比较方便的方法是单击【插入】栏【布局】选项卡中的【框架】下拉按钮,选择其中某种形式的框架选项便可创建框架。

可以在网页编辑窗口中选中已插入的框架,然后按住 Alt 键用鼠标纵向拖曳或横向拖曳框架,就可以加入上下结构或左右结构的框架。

也可以选择【插入】| HTML |【框架】命令,然后在级联子菜单中选择框架的类型来创建框架。

2. 编辑框架

1) 调整框架的大小

将鼠标指针放在两个框架公共的边框上,鼠标指针变成双箭头。用鼠标拖曳边框到合适的位置,然后释放鼠标,可以调整框架的大小。也可在框架集的【属性】面板中设置参数,便能精确地调整框架大小。

2) 拆分框架

用鼠标单击要拆分的框架,然后按住 Alt 键不放,再用鼠标拖曳边框线,就可拆分框架。也可以选择【修改】|【框架页】命令,然后选择【拆分左框架】、【拆分右框架】、【拆分上框架】、【拆分下框架】4 个命令中的一个命令来完成框架的拆分。

3) 删除框架

将鼠标指向要删除的框架边框,当光标变成双向箭头时,拖动鼠标到上一级框架的边框线处,松开鼠标即可删除框架。

4) 设置框架集和框架的属性

框架集和框架有各自的属性面板。

单击一组框架的公共边框线,或单击【框架】面板中框架的最外围的边框线,便可选择中要改变属性的框架集。按住 Alt 键并单击一个框架,或单击【框架】面板中的某个框架,可选中该框架。

框架集的【属性】面板可设置框架大小、是否有框架边框线,框架边框线的颜色和宽度。

框架的【属性】面板可用来设置框架名称,框架中网页源文件的路径和名称,框架的颜色,框架是否有滚动条及是否可改变大小,框架中网页与框架边框线的距离的参数。

注意:要精确设置某个框架的行高或列宽,可在【框架】面板中单击该框架所在的框架组的边框线,然后在框架集(组)的【属性】面板右侧的预览区域中,选定要设置的框架,并设置该框架的行高或列宽。

3. 保存框架

创建了框架结构的网页后,一般是先保存框架集文件,然后再保存各框架的网页文件。

因为框架的内容主要是 HTML 文档,所以如果某个框架在【属性】面板中设置了与某个网页文件的超链接,则该框架网页就不需要保存了。

通常在创建和修改框架网页后,可选择【文件】|【保存全部】命令,保存信件或改动过的框架和框架集文件。

14.3　典型范例的分析与解答

例 14.1　创建符合下列条件的如图 14-1 所示的网页,将网页用 link. html 为名保存在本地站点 My site 中。

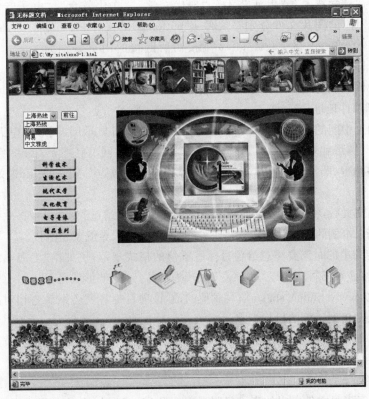

图 14-1　网页超链接范例的样张

制作要求:

(1) 新建网页,设置网页的背景图像为 img 文件夹中 bg0002. jpg,横向重复,并设置其他必要的网页属性后保存文件。

(2) 在网页上绘制 800×700 像素的布局表格,在布局表格中从上到下依次绘制 800×80 像素、140× 30 像素、100×180 像素、458×300 像素、180×35 像素、544×64 像素布局单元格。

(3) 在网页顶部 800×80 像素的布局单元格中插入 swf 文件夹中的 shu. swf 文件,在网页中部 458×300 像素的布局单元格中插入 img 文件夹中的 e_commerce. jpg 文件,在网页底部 180×35 像素和 544×64 像素的布局单元格中分别插入 img 文件夹中的 wyfy. gif 和 a5. gif 文件。

（4）在网页左侧 140×30 像素的布局单元格中插入一个转跳菜单，转跳菜单的第 1 项标识文字为"上海热线"，添加前往转跳按钮。转跳菜单的选项和链接网页的 URL 分别为

- 上海热线　http://www.online.sh.cn；
- 搜狐　http://www.sohu.com；
- 网易　http://www.163.com；
- 中文雅虎　http://www.yahoo.com.cn。

（5）在网页左侧 100×180 像素的布局单元格中插入一个垂直的导航条，导航条上 6 个按钮分别为"科学技术"、"生活艺术"、"现代文学"、"文化教育"、"电子音像"、"精品系列"，6 个按钮对应的图片文件分别是文件夹 button 中的文件 a1.gif、a2.gif、a3.gif、a4.gif、b1.gif、b2.gif……f2.gif、f3.gif、f4.gif，6 个按钮所链接的网页分别为 scie.html、art.html、literature.html、edu.html、elec.html、quali.html。

（6）选中网页文档底部的图像文件 wyfy.gif，创建 E-mail 链接，E-mail 地址为练习者正式注册的电子邮件地址。

（7）在网页中间的图像文件 e_commerce.jpg 的计算机显示屏、圆形卫星天线和人像上分别绘制矩形、圆形和多边形热点，并创建热点超链接。在网页底部 a5.gif 图像文件的单个图形上绘制多边形、圆形和矩形热点，热点被链接的目标端点分别选自 html 文件夹中的网页文件。

（8）预览网页后，将网页用 link.html 为名保存在本地站点 My site 中。

制作分析：本例的难点就在于：制作跳转菜单超链接、导航条超链接。

制作跳转菜单的时候要注意给项目标签赋值的格式规范，例如给"上海热线"项目标签赋值的时候要，注意书写应该以"http://"为开头书写，其完整形式是：http://www.online.sh.cn。如果以 www.online.sh.cn 填写赋值的话，该项目标签就会默认为相对路径，则无法在预览的时候链接到正确的目标端点。

在制作导航条的时候，弹出的【插入导航条】对话框中有一个【插入】的下拉菜单，读者可以通过下拉菜单的选项对导航条的按钮进行垂直或水平的排列设置。

操作步骤如下：

（1）将本章素材文件夹中的素材复制到文件夹 My site 中，并将其设为本地站点。

（2）新建一个页面，选择【修改】|【页面属性】命令，在【页面属性】对话框中设置背景图像为 bg0002.jpg，横向重复；将【左边距】、【右边距】、【上边距】、【下边距】分别设置为 0；其他参数默认，然后单击【确认】按钮确认，并将网页以 link.html 为名保存在 My site 文件夹中。

（3）在【插入】栏的【布局】选项卡中进行工作模式切换，单击【布局】按钮后，进入【布局模式】。

单击【布局模式】区域中的【布局表格】的按钮，将鼠标移到网页编辑窗口中，此时鼠标指针变为"＋"字形状，在指定位置处拖曳鼠标画出 800×700 像素的布局表格。

（4）在页面的合适位置上单击按钮，分别按题目要求画出 800×80 像素、140×30 像素、100×180 像素、458×300 像素、180×35 像素、544×64 像素的布局单元格。

（5）在网页顶部的布局单元格中插入光标，选择【插入】|【媒体】|【Flash】命令，插入 swf 文件夹中的动画文件 shu.swf。

在网页中部 458×300 像素的布局单元格中插入光标,选择【插入】|【图像】命令,插入 img 文件夹中的图像文件 e_commerce.jpg。

在网页底部 180×35 像素和 544×64 像素的布局单元格中分别插入 img 文件夹中的 wyfy.gif 和 a5.gif 文件。

(6) 在网页左侧 140×30 像素的布局单元格中插入光标,选择【插入】|【表单】|【跳转菜单】命令。在弹出【插入跳转菜单】对话框中创建一个菜单选项,可在【文本】框中输入菜单选项的文字"上海热线",在【选择时,转到 URL】文本框中,输入选择该菜单选项所链接的网站域名 http://www.online.sh.cn,单击按钮 ➕ 添加这个菜单项。

用同样的方法创建其他的跳转菜单选项,完成跳转菜单选项,在对话框的【选项】复选菜单中选中【菜单之后插入前往按钮】,然后单击【确定】按钮。

(7) 在网页左侧 100×180 像素的布局单元格中插入光标,选择菜单【插入】|【图像对象】|【导航条】命令。或者单击【插入】栏的【常用】选项卡,在其中单击【导航条】按钮 ,此时在网页文档窗口中会弹出【插入导航条】对话框。

在【项目名称】文本框中设置第 1 个按钮的名称为 a;单击【浏览】按钮,在 4 个按钮状态的文本框中分别输入 button 文件夹中的 a1.gif、a2.gif、a3.gif、a4.gif 四个文件的路径和名称;在【按下时,前往的 URL】文本框中输入该按钮链接对象的名称和路径,选中【预先载入图像】和【使用表格】选项。选择【插入】下拉式列表中的垂直方向设置导航条。

重复步骤(7),可设置其他 5 个按钮,或者单击按钮 ➕ 添加项。

(8) 选中网页文档底部的图像文件 wyfy.gif,在【属性】面板的【链接】文本框中,输入: mailto:<E-mail 地址> ,便可建立 E-mail 链接。

(9) 选中网页中间的图像文件 e_commerce.jpg,单击图像【属性】面板左下方的多边形图标 ,然后在图片的人像上依次单击建立热区。在【热点】的【属性】面板中,为【链接】文本框设置的链接文件是 html 文件夹中的网页文件(自选),在【目标】下拉列表中选择_Blank 选项,表示在新的窗口中显示该页面。

用同样的方法在计算机显示屏、圆形卫星天线设置圆形和矩形热点链接,并分别设置链接的网页文件。

(10) 预览网页后,将网页用 link.html 为名保存在本地站点 My site 中。

例 14.2 打开本章素材文件夹下 html 子文件夹中的网页文件 literature.html,并完成下列要求的操作。

制作要求:

(1) 在网页文件 literature.html 的首尾的两处"中国文学"之中,分别插入名为 w1 和 w2 的锚点。

(2) 用网页文件 literature.html 第 1 行中的文字"古老民族"作为锚点 w2 的源端点,建立内部锚点链接。

(3) 打开 link.html 网页文档,选中网页底部 a5.gif 图像文件最右边的热点,建立网页文件 literature.html 中锚点 w1 的外部锚点链接,被链接的网页在新的浏览器窗口中显示。

制作分析:插入锚点要给锚点命名,设置内部锚点链接的时候,链接地址格式为"♯锚点名字";设置外部锚点链接的时候,格式为"文件名♯锚点名字",当输入文件名的时候,必须是相对路径,所以要特别注意锚点网页所在文件夹和源端点所在文件夹之间的关系。

操作步骤如下:

(1) 打开 html 文件夹中的网页文件 literature. html,将光标分别插入在网页文档首尾的两处“中国文学”之中,选择【插入】|【命名锚记】命令,在弹出的【命名锚记】对话框中输入锚点名称 w1 和 w2,建立 2 个锚点。

(2) 选中网页文件第 1 行中的文字“古老民族”,在【属性】面板的【链接】文本框中输入♯w2,建立内部锚点链接。预览后保存文件。

(3) 打开网页文件 link. html,选中网页底部 a5. gif 图像文件最右边的热点,在【属性】面板的【链接】文本框中输入 html/literature. htm♯w1,【目标】文本框中选择_blank。

(4) 预览后观察链接的效果,并按要求保存文件。

例 14.3 按照图 14-2 所示的样张,创建符合下列要求的“下方和嵌套的左侧框架”网页文件,框架集文件名为 frame. html。

图 14-2 框架网页范例的样张

制作要求:

(1) 将 3 个框架网页的页面属性【左边距】、【右边距】、【上边距】、【下边距】设为 0,并设置其他必要的网页属性。

(2) 左框架网页文件名为 l. html,并设置背景图像为 bg0000. gif,左框架的【列】宽度为 320 像素,【滚动】方式为【自动】。在左侧框架 l. html 中,如图 14-2 所示绘制 4 大小为 103×76 像素的布局单元格,并在其中分别插入鼠标经过图像,原始图像为 t1_1. gif、t2_1. gif、t3_1. gif、t4_1. gif,鼠标经过图形为 t1. gif、t2. gif、t3. gif、t4. gif。

(3) 底部框架网页文件名为 b. html,底框架的【行】高度为 65 像素,设置背景颜色为♯ddffff,并插入 Flash 文件 camp. swf。

(4) 设置主框架网页文件名为 r. html,设置背景颜色为白色。在网页合适的位置上输入文字“校园景色”,字体大小颜色自定。在右侧主框架网页文件中,如图 14-2 所示绘制 1 个大小为 290×220 像素的层,在其中插入图像 frame. gif,在图像 frame. gif 上面绘制大小为 269×202 的层,在层中插入图像 p1. jpg。

（5）给网页左框架中第 1 个鼠标经过图像建立超链接，单击该鼠标经过图像时，在主框架中显示被链接的网站相册文件 index1. html。

（6）给网页左框架中第 2 个鼠标经过图像建立超链接，单击该鼠标经过图像时，在新的浏览窗口中显示被链接的网页，被连接的对象为 literature. html 文件中的锚点 w2。

（7）给网页左框架中第 3 个鼠标经过图像添加 E-mail 链接，地址为练习者本人的邮箱地址。

（8）给网页左框架中第 4 个鼠标经过图像建立超链接，单击该鼠标经过图像时，在主框架中显示被链接的网页文件 link. html。

（9）保存全部框架网页，并预览框架网页。

制作分析：在制作框架网页的时候，有 3 个主要的问题必须要注意。

（1）要精确定义某个框架的宽度或高度时，应该选择【窗口】|【框架】命令，打开【框架】面板，选中该框架所在的框架集（组），并在【属性】面板中精确调整该框架的【列宽】或者【行高】。

（2）每个框架网页都是一个独立的 HTML 文件，所以每个框架网页都必须设置必要的网页页面属性，可以用层、表格或布局表格、布局单元格定位页面元素。

（3）第 1 次保存新创建的框架网页时，必须按照斜线边框线的提示保存框架集和每个子框架文件，千万不能弄错。以后对框架网页修改后，只需选择【文件】|【保存全部】命令即可。

操作步骤如下：

（1）创建一个名为 frame. html 的网页文件。选择【插入】|HTML|【框架】|【下方及左侧嵌套】命令，插入框架。

选择【窗口】|【框架】命令，或按 Shift＋F2 键，打开框架面板，单击【框架】面板中框架的外框线，选中"2 行 1 列"的框架集，如图 14-3 所示。

在框架集【属性】面板中，选中右侧的下方框架，把底部框架的【行】高值设置为 65 像素，如图 14-4 所示，【边框宽度】设置为 0。

用相同的方法设置左框架的列宽为 320 像素。

图 14-3　框架面板

图 14-4　框架集属性面板

（2）设置完框架的行高和列宽后，分别将光标插入左框架、主框架和底部框架内，选择【修改】|【页面属性】命令，在【页面属性】对话框中，分别将这 3 个框架的【左边距】、【右边距】、【上边距】、【下边距】设为 0。

选择【文件】|【保存全部】命令，用 l. html、r. html、b. html 为框架文件名和 frame. html 为

框架集文件名将文件保存在 My site 文件夹中。

（3）将光标插入左框架中，选择【修改】|【页面属性】命令，在【页面属性】对话框中，设置背景图像为 bg0000. gif。在【布局模式】中，先绘制合适的布局表格，单击【绘制布局单元格】按钮🔳，如图 14-2 所示绘制 4 个大小为 103×76 像素的布局单元格，选择【插入】|【图像对象】|【鼠标经过图像】命令，按题意插入【鼠标经过图像】。

（4）将光标插入底部框架中，选择【修改】|【页面属性】命令，设置背景颜色为♯ddffff。单击【插入】栏【常用】选项卡的 Flash 按钮，插入 swf 文件夹中的 Flash 文件 camp. swf。

（5）将光标插入主框架中，设置背景颜色为白色。绘制 475×535 像素的布局表格，居中绘制 350×50 和 290×220 像素的布局单元格，在前一个布局单元格中输入文字"校园景色"，字体大小颜色自定。在另一个的布局单元格中插入图像文件 frame. gif。

然后切换到【标准】模式，在图像 frame. gif 上面绘制大小为 269×202 的层，在层中插入图像 p1. jpg，预览网页后调整层的位置，使其在图像 frame. gif 上居中。

（6）选中网页左框架中第 1 个鼠标经过图像，在图像【属性】面板的【链接】文本框中设置链接对象为根文件夹中的 index1. html，在【目标】下拉列表中选择链接对象显示的框架为 mainframe。

（7）选中网页左框架中第 2 个鼠标经过图像，在【属性】面板的【链接】文本框中输入 html/literature. htm♯w2，在【目标】下拉列表中选择_blank。

（8）选中网页左框架中第 3 个鼠标经过图像，【属性】面板的【链接】文本框中，输入 mailto：＜E-mail 地址＞，建立 E-mail 链接。

选中网页左框架中第 4 个鼠标经过图像，在图像【属性】面板的【链接】文本框中设置链接对象为 link. html，在【目标】下拉列表中选择链接对象显示的框架为 mainframe。

（9）预览网页后，将全部框架网页保存在 My site 文件夹中。

14.4 课内实验题

1. 超链接与框架的实验

制作如图 14-5 所示的网页，网页用 exe14-1. htm 为名保存在本地站点中。

制作要求：

（1）新建一个"顶部和嵌套的左侧框架"网页，设置页面【标题】为"电影名人堂"，每一个框架网页的【背景颜色】都设置为♯333333，顶部框架的行高为 135 像素，【边框】设为"是"，【边框宽度】设为 2 像素，【边框颜色】设为♯999999。左框架的列宽 250 像素，左框架和主框架的【滚动】设置为自动。

（2）保存所有网页，框架集网页名为 exe14-1. html，顶部框架网页名为 top. html，左框架网页命名为 left. html，主框架网页命名为 main. html。

（3）在顶部框架网页插入 500×120 像素的层，并插入 img 文件夹中的图像文件 mingrentang. jpg。并在网页的右侧插入 180×35 像素的层，在层里插入图像文件 wyfy. gif，该图片上设置电子邮件超链接。

图 14-5　exe14-1. html 示意图

（4）在左侧框架网页画 4 个层，大小均为 150×100 像素，分别插入原始图像 lumiluer_1. jpg、meiliai_1. jpg、gelifeisi_1. jpg、aisensitan_1. jpg 和鼠标经过图像 lumiluer. jpg、meiliai. jpg、gelifeisi. jpg、aisensitan. jpg。这 4 个鼠标经过图像分别与 html/lumiaier. html、html/meiliai. html、html/gelifeisi. html、html/aisensitan. html 四个网页链接，目标均设置为 mainFrame。

（5）主框架设置框架链接的页面文件为 html 文件夹中的 lumiaier. htm。

（6）预览网页后，用 exe14-1. html 为名将网页保存在本地站点中。

操作提示：

（1）新建一个网页，单击【插入】栏【布局】选项卡中【框架】下拉按钮，选择【顶部和嵌套的左侧框架】选项，在框架集【属性】面板设置【边框】为"是"，【边框宽度】设为 2 像素，【边框颜色】设为 ♯999999，【行】高设为 135 像素。

选择【窗口】|【框架】命令，在【框架】面板中，选中 1 行 2 列的框架集，设【列】宽 250 像素。然后在【框架】面板中分别选中左框架和主框架，把【滚动】设置为"自动"。

（2）选择【文件】|【保存全部】命令，分别保存所有网页，并将框架网页名为 exe14-1. html，顶部框架网页名为 top. html，左框架网页命名为 left. html，主框架网页命名为 main. html。

（3）单击【插入】栏的【布局】选项卡中【层】按钮，在顶部框架网页画一个 500×120 像素的层，然后将光标定位在层里，选择【插入】|【图像】命令，插入 img 文件夹中的图片 mingrentang. jpg。用相同方法在网页的右侧插入 180×35 像素的层，在层里插入图片 img/wyfy. gif。选中 wyfy. gif 该图片，在【属性】面板的【链接】文本框输入：mailto:<E-mail 地址>，再按 Enter 键确认。

（4）单击【插入】栏【布局】选项卡中的【层】按钮，按照图例在左侧框架网页画 150×100 像素的四个层。将光标移入第 1 个层，选择【插入】|【图片对象】|【鼠标经过图像】命令，设置【原始图像】为 img/lumiluer_1. jpg，【鼠标经过图像】选择为 lumiluer. jpg。用相

同方法制作其余的三个鼠标经过图像。

选中 lumiluer_1.jpg,在【属性】面板【链接】文本框内输入 html/lumiaier.html,按 Enter 键确认。然后在【目标】下拉菜单选择:mainframe。用相同方法建立另外三个鼠标经过图像的超链接,分别对应与 html/lumiaier.html、html/meiliai.html、html/gelifeisi.html、html/aisensitan.html。

(5) 选中主框架,在【属性】面板的【链接】文本框输入 html/lumiaier.htm。

(6) 选择【文件】|【保存全部】命令,然后预览网页。

2. 框架网页的基础实验

1) 创建新网页文件

创建一个新的网页文件,并完成下列框架操作。

(1) 用鼠标、菜单两种不同的方法在网页上创建【左侧和嵌套的顶部框架】和【顶部和嵌套的左侧框架】,试比较两种框架的不同之处。

(2) 删除上题中创建的框架,然后创建【顶部框架】,并把【顶部框架】改为【顶部和嵌套的左侧框架】,调整框架的大小。

(3) 在【框架】面板中,分别用鼠标选中主框架(mainframe)、左框架(leftframe)、顶框架(topframe)和整个框架集,观察结果。

2) 保存文件至本地站点

创建一个名为 exe14-2.html 的网页文件中,将网页保存在本地站点中。

制作要求:

(1) 在主框架(mainframe)中插入底部框架(bottomframe),选中左框架(leftframe)插入顶部框架,将左框架分割成上(topframe1)下(leftframe)两部分。

(2) 将左框架(leftframe)调整为与底部框架(Bottomframe)高度相同。

(3) 分别在框架面板中选中 topframe、topframe1、mainframe、leftframe、bottomframe 5 个框架,并给这 5 个框架设置背景颜色 ♯AAFFFF、♯CCFFFF、♯CCFFCC、♯CCFFCC、♯CCFFFF。

(4) 用 topframe、topframe1、mainframe、leftframe、bottomframe 为框架文件名和 exe14-2.html 为框架集名保存框架文件。

3) 设置框架集属性

按下列要求,设置框架网页 exe14-2.html 的框架集属性。

制作要求:

(1) 打开框架网页文件 exe14-2.html,设置该网页的框架集【边框】为"是",【边框颜色】为♯00ccff,【边框宽度】为 2 像素,左边【列】为 200 像素。

(2) 分别设置【列】的单位,在【单位】下拉式菜单中分别选择【像素】、【百分比】、【相对】命令,观察不同的结果。

(3) 在名为 topframe1 的框架中,插入一个大小为 120×160 像素的层,层中插入 4 行 1 列的表格,表格为 120×160 像素,边框宽度为 1 像素。

在表格的 4 个单元格里分别插入 img 文件夹中 4 个按钮图片文件 a1.jpg、a2.jpg、a3.jpg、a4.jpg。

(4) 在主框架(mainframe)中,设置框架链接的页面文件为 html 文件夹中的

literature.html;【滚动】的方式为自动;【边界宽度】为 120 像素;【边界高度】为 30 像素。

(5) 在顶框架(topframe)中,插入 swf 文件夹中的 Flash 文件 shu.swf。在左框架(leftframe)和底部框架(bottomframe)中输入如图 14-6 所示的文字。

图 14-6　框架网页练习样张

(6) 在【属性】面板中分别为 4 个单元格里的按钮图片建立超链接,被链接的网页文件分别是 html 文件夹中的 literature.html、art.html、edu.html、scie.html,被链接的网页在主框架中显示。

(7) 预览网页后,保存网页文件。

操作提示:

(1) 打开框架网页文件 exe14-2.html,在【属性】面板上更改各项参数,设置【边框】为"是",【边框颜色】为♯00ccff,【边框宽度】为 2 像素,左边【列】为 200 像素。

(2) 将光标插入名为 topframe1 的框架网页,单击【绘制层】按钮,在网页内插入一个大小为 120×160 像素的层,层中插入 4 行 1 列的表格,在表格【属性】面板上设置它的宽和高为 120×160 像素,边框宽度为 1 像素。也可以直接居中插入表格。

(2) 在表格的单元格内插入按钮图片文件 a1.jpg、a2.jpg、a3.jpg、a4.jpg。

(3) 在【框架】面板中选中主框架(mainframe),在【属性】面板【源文件】文本框内输入 html/literature.html,此时框架成功链接该文件。另外,选中该框架,设置【滚动】的方式改为"自动",【边界宽度】为 120 像素,【边界高度】为 30 像素。

(4) 将光标插入在顶框架(topframe)中,单击【插入】|【媒体】|【Flash】,插入 swf 文件夹中的 Flash 文件 shu.swf。

(5) 在左框架(leftframe)和底部框架(bottomframe)中分别输入"书籍、知识、智慧、力量"和"书籍推介网站 教研室制作 版权所有 Copyright(c)2008 All Rights Reserve"文字。

(6) 分别选中 topframe1 框架网页的第 4 个按钮图片,建立与文件 literature.html、art.html、edu.html、scie.html 的超链接。

14.5 课外思考与练习题

（1）建立超级链接的方法有哪几种？请归纳它们的作用和优缺点。

（2）网页的锚点链接的方式有几种？命名锚点在当前网页文档中，在当前文件夹的其他网页文档中，在其他网站的某个网页文档中的超级链接的方法分别是什么？

（3）如何在【文件】面板中创建、修改和删除超级链接？

（4）框架和框架集的主要区别和各自的作用是什么？Dreamweaver 8 中预设了几种框架？

（5）如何控制超级链的页面在不同框架中显示？

（6）如何防止浏览者在浏览时用鼠标拖动框架边框来改变框架的大小？

（7）打开本地站点下文件夹 myschool 中网页文件 exa6-1.html，设置页面属性【左边距】、【右边距】、【上边距】、【下边距】设为 0，添加背景图像 bg.jpg，并设置其他必要的网页属性，使网页居中对齐，预览网页后保存文件。

（8）利用文件夹 myschool/img 中的图像文件 pic1，pic2，…，pic4 制作图像切换的 flash 文件，该 flash 文件的大小为 180×326 像素，文件名为 scene.swf。

（9）制作名为 word.swf，大小为 188×310 像素的滚动文字 Flash 动画，文字内容如下：

这里是，一道校园文化的独特风景，一所蕴藏知识的第二课堂，一方展示自我的多彩天地，一个师生共建的交流平台。

海阔凭鱼跃，天高任鸟飞，让我们携起手来，共同缔造——属于各自的精彩人生。

（10）打开网页文件 exa6-1.html，删除顶部 banner 区域处的图像，插入 flash 文件 banner.swf。删除网页中部的校园风景图像 exa6-1_r4_c5.gif，插入 Flash 文件 scene.swf。删除网页中部右侧的切片图像 exa6-1_r5_c7.gif，插入 flash 文件 word.swf。

（11）并在网页其他空白处添加文字，内容自定，最后浏览的网页如图 14-7 所示。

图 14-7　网页文件 exa6-1.html 的示意图

第15章 行为与时间轴的应用

15.1 实验的目的

(1) 掌握各种行为的创建和应用方法。

(2) 掌握创建和编辑时间轴动画的方法。

(3) 掌握用多条时间轴管理多个动画的方法。

(4) 熟悉行为和时间轴的综合应用的方法。

15.2 实验前的复习

15.2.1 行为的创建和应用

在 Dreamweaver 8 中的事件与动作合起来称为行为,或者说以某种方式完成的动作称为行为。动作是指在浏览网页时可完成的一些特殊功能,如拖曳层、隐藏和显示层、播放音乐、交换图像等;事件是完成某一动作的具体方式,如 onMouseOver(鼠标指向对象)、onMouseOut(鼠标移离对象)、onClick(单击鼠标)、onDblClick(双击鼠标)等,利用行为可以很方便地制作出一些带有交互效果的网页。

1. 创建行为

可使用【行为】面板来为网页中对象添加和修改行为。选择【窗口】|【行为】命令,或按 Shift+F4 键,可打开【行为】面板。

单击【行为】面板上的 ➕ 按钮,就会显示【动作】菜单,选择其中一种动作,并在对话框中设置该动作的参数,确认后就可以给对象创建行为。

注意:初次使用【行为】面板时,应选择【显示事件】命令,并在级联菜单中选择一种合适的浏览器版本。浏览器的版本越高,支持的行为就越多。

2. 修改和删除行为

要修改或删除某个行为,可选中某个附加了行为的对象,然后按 Shift+F4 键,打开【行为】面板。

要删除一个行为,可先将该行为选中,然后单击 ➖ 按钮或按 Delete 键。

要改变一个动作的参数,可双击这个行为,在弹出的对话框中修改各项参数,然后按【确定】按钮确认。

要改变一个事件,可选中该行为,并单击事件列表的下拉三角形按钮,在下拉式菜单中选择需要的事件。

网页中某个对象可以设置多个行为,不同的动作可以被相同的事件触发,因此必要时还要指定动作发生的先后次序。要更改某个行为的次序,可先选定这个行为,然后单击

【行为】面板上的向上或向下的按钮,就可更改该行为的次序。

15.2.2 时间轴的创建和应用

使用时间轴技术能使网页中的对象随时间的变化活动起来,从而创建出多姿多彩的动感网页。实现动感网页中的动画效果实际上是在网页上以较快的速度,依次连续地显示与某个图像相关联的多幅图像,使人形成图像活动的感觉。

1. 创建时间轴动画

一般情况下,时间轴是通过控制层来实现图像、文本或其他对象活动的。插入图像或文字的层,在时间轴的控制下,可以作直线运动,或者按照生成的轨迹线进行运动,从而获得网页的动态效果。

在 Dreamweaver 8 中可以用层和图像二种对象作为时间轴动画的对象。

1)创建直线运动的时间轴动画

在绘制好的层中插入图像或文字,并选中该层。打开【时间轴】面板,并单击面板右上角的快捷菜单按钮 ,选择【添加对象】命令,便可在【时间轴】面板中创建时间轴动画条。将红色当前帧标记移到最后一帧,然后水平方向移动该层,此时可以看见网页中出现了一条水平移动的轨迹,直线运动的时间轴动画便创建成功了。

2)创建任意轨迹线的时间轴动画

在创建好的直线运动的时间轴动画条上,添加若干个关键帧,选中关键帧,拖动关键帧处的动画对象,就可改变动画的运动轨迹。

3)录制复杂路径的时间轴动画

在绘制好的层中插入图像或文字,并选中该层。单击【时间轴】面板右上角的快捷菜单按钮 ,选择【录制层路径】命令,用鼠标选中层控制柄拖动该层,就可记录层被拖曳时较为复杂的运动轨迹。

2. 在时间轴动画中加入行为

在时间轴的某些帧上添加行为,就可用时间轴控制动画对象的动作。在动画运行到附加行为的某帧位置时,自动执行该行为的动作,从而可以完成很多有趣的效果。

在时间轴的某帧上添加行为可在打开【时间轴】面板中,选中要附加行为的某帧,然后单击【时间轴】面板右上角的快捷菜单按钮 ,选择【添加行为】命令。在打开的【行为】面板中,根据需要添加行为。

3. 时间轴的应用

在 Dreamweaver 8 中,可以给时间轴的某些帧添加行为后,便可在时间轴指定的帧上完成对象的动作。在时间轴动画条的某些帧处添加关键帧,选中关键帧,在【属性】面板中可以改变图像的大小、超链接、源文件的路径和文件名等属性;在【属性】面板中也可以改变层的位置、大小、背景颜色、背景图像、叠放次序、显示方式等属性,从而可制作出很多有趣的效果。时间轴的常用的几种应用如下:

1)控制层的可见性

用时间轴控制层的可见性,可使层中的对象在规定的时间内显示或隐藏,从而实现网页元素的动感效果。用时间轴控制层的可见性的方法有两种。

（1）给插入图像或文字等对象的某层创建时间轴动画条，选中需要显示或隐藏层的帧，右击鼠标，选择快捷菜单中【增加关键帧】命令，将该帧设置为关键帧，并在【属性】面板的【显示】下拉列表中选择 visible 或 hidden 命令，就可以在该帧处显示或隐藏当前层。

（2）给插入图像或文字等对象的某层创建时间轴动画条，选中需要显示或隐藏层的帧所对应的行为通道，右击鼠标，选择快捷菜单中【添加行为】命令，在打开的【行为】面板中，根据需要添加【显示－隐藏层】的行为，就可以在该帧处显示或隐藏当前层。

2）控制层的大小

给设置了颜色的某层创建时间轴动画条，分别选中需要改变层大小的那些帧，右击鼠标，选择【增加关键帧】命令，将那些帧设置为关键帧，并在【属性】面板中修改关键帧所处层的【宽】和【高】的值，就可以随着时间的变化改变层的大小。

3）控制多幅图像轮流显示

网页上经常可以看到只有几帧的逐帧动画，准备好几幅相同大小的图像，用第 2 章中介绍的 Fireworks 8 制作逐帧动画的方法，很方便就可以制作完成这种小动画。利用时间轴技术制作这种小动画的几种方法与 Fireworks 8 的方法有异曲同工之妙。

（1）在关键帧处改变图像的路径与文件名，实现图像轮流替换显示。

在起定位作用的层或布局单元格中插入第 1 幅图像，选中该图像（不能选中用于定位的层或布局单元格），选择快捷菜单中【添加对象】命令，可在【时间轴】面板中创建图像的时间轴动画条，并适当延长动画条。将时间轴动画条上的某些帧设置为关键帧，并分别在【属性】面板的【源文件】文本框中，设置这些关键帧处要替换的图像文件的路径和文件名，便可完成多幅图像轮流显示的逐帧动画。

（2）在关键帧处添加层的【显示－隐藏】行为，实现图像轮流替换显示。

因为插入图像的若干个层是叠在一起的，所以网页被浏览时只要间隔一段时间设置显示某层，隐藏其他层的行为，被显示的层中的图像就能显示出来，被隐藏的层中的图像就隐藏起来，这样就能达到图像轮流显示的目的。操作方法略。

时间线技术和行为巧妙地结合在一起，可以设计出各种多姿多彩的网页效果。

15.3　典型范例的分析与解答

例 15.1　新建符合下列制作要求的网页，网页用 behavior.html 为名保存在本地站点下。

制作要求：

（1）创建网页文件 behavior.html，设置背景图像 bg0006.jpg。在网页合适的位置上插入一个层，层中插入本章素材文件夹中的图像文件 bird.gif。

（2）为该层添加行为，在响应事件 onMouseMove 时触发【层】拖动动作。为该层添加行为，在响应事件 onClick（单击鼠标左键）时触发【播放声音】动作，播放 wav 音乐 Applause.wav。

（3）给网页文件添加行为，在响应事件 onLoad 时触发【设置状态条文本】动作，此时在状态栏中显示"欢迎访问本网站"的信息。

（4）再给网页文件添加行为，在响应事件 onLoad 时触发【弹出信息】动作。此行为的功能是在装载网页时，系统弹出的窗口中显示"可用鼠标拖曳图像！"的信息。

制作分析：本例是行为的简单应用。在设置拖动层的行为时，层应是未激活状态，激活的应该是网页，然后再添加行为。在设置单击层，播放声音的行为时，应选中层后添加行为。

操作步骤如下：

（1）创建网页文件 behavior. html，选择【修改】|【页面属性】命令，在【页面属性】对话框中设置背景图像为 bg0006.jpg，将【左边距】、【右边距】、【上边距】、【下边距】分别设置为 0。

（2）选择【插入】|【层】命令，在网页合适的位置上插入一个层。选择【插入】|【图像】命令，插入 img 文件夹中的图像文件 bird. gif，调整层的大小。

（3）选择【窗口】|【行为】命令，打开【行为】面板，选择【显示事件】|【IE 6.0】命令，设置合适的浏览器版本。将光标定位在网页内，单击 ￼ 按钮，在【动作】菜单中选择【拖动层】命令，在【事件】菜单中选择 onMouseMove 命令。

（4）选中层，单击 ￼ 按钮，在【动作】菜单中选择【播放声音】命令，此时系统弹出【播放声音】对话框，单击【播放声音】文本框右侧的【浏览】按钮，选择 music 文件夹中的 wav 声音文件 Appluase. wav，单击【确定】按钮。在【事件】菜单中选择 onClick 命令。

（5）将光标定位在网页内或单击状态栏左侧标签＜body＞，单击按钮 ￼ ，在【动作】菜单中选择【设置文本】|【设置状态条文本】命令，在弹出的【设置状态条文本】对话框中输入文字"欢迎访问本网站"，如图 15-1 所示，并确认，在【事件】菜单中选择 onLoad 命令。

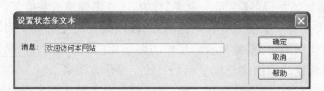

图 15-1 【设置状态条文本】对话框

再单击按钮 ￼ ，在【动作】菜单中选择【弹出信息】命令，在显示的【弹出信息】对话框中输入"可用鼠标拖曳图像！"，然后按【确定】按钮确认，选择【事件】菜单中的 onLoad 为默认的事件。最后保存网页，并在浏览器中预览。

例 15.2 利用行为技术制作折叠下拉式菜单，创建的网页文件以 menu. htm 为名保存在本地站点中。

制作要求：单击某按钮，展开它的下拉式菜单；双击该按钮，折叠它的下拉式菜单。按钮被展开后的示意图如图 15-2 所示。

制作分析：

（1）主菜单共有 5 个按钮，除最后一个按钮之外，每个按钮都有自己的下拉式菜单。单击某个按钮，展开这个按钮的下拉式菜单；双击这个按钮，该按钮的下拉式菜单就折叠起来。

（2）创建 5 个层，第 1 个层插入 5 个按钮（即主菜单），如图 15-2 左起第 1 图所示，其

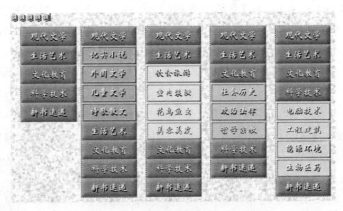

图 15-2 折叠下拉式菜单示意图

他 4 个层中分别插入前 4 个按钮被单击后展开的下拉式菜单及主菜单的按钮,如图 15-2 右边 4 幅图所示。5 个层叠放在一起,初始状态只显示插入主菜单按钮的层,其他层设置为不可见。当主菜单中某个按钮被单击后,只需设置隐藏主菜单所在层的行为,显示该按钮下拉式菜单所在层的行为;当该按钮被双击后,只需设置隐藏该按钮下拉式菜单所在层的行为,显示主菜单层的行为。

操作步骤如下:

(1) 创建网页文件 menu.htm,设置背景图像 bg0017.jpg。创建 5 个层,层的宽度为 120 像素,高度为 40 像素乘以按钮的个数。

现以制作下拉式菜单"现代文学"为例,如图 15-2 所示。

(2) 创建插入主菜单按钮的层 menu。单击【插入】面板【常用】选项卡的【描绘层】按钮,在层的【属性】面板中设置【左】为 30 像素,【上】为 20 像素,【宽】为 120 像素,【高】为 200 像素。并在【层编号】文本框中输入层名为 menu。单击【插入】面板【常用】选项卡的【插入表格】按钮,在层中合适的位置上插入一个 5 行 1 列的表格,表格的每个单元格为 120×40 像素。单击【插入】面板【常用】选项卡的【图像】按钮,在 5 个单元格中分别插入本章素材文件夹 button 中的 a1.jpg,a2.jpg,…,a5.jpg。

(3) 创建插入"现代文学"下拉式菜单按钮的层 Layer1。选择【插入】|【层】命令,在【属性】面板中设置【左】为 30 像素,【上】为 20 像素,【宽】为 120 像素,【高】为 360 像素。选择【插入】|【表格】命令,插入 9×1 的表格,每个单元格为 120×40 像素。9 个单元格中分别插入本章素材文件夹 button 中的 a1.jpg、a11.jpg、a12.jpg、a13.jpg、a14.jpg、a2.jpg、a3.jpg、a4.jpg、a5.jpg 图像文件。

(4) 选中层 menu 中"现代文学"的按钮图像,在【行为】面板中单击按钮 ,为选中的按钮图像添加行为。在【动作】菜单中选择【显示-隐藏层】命令,并在弹出的【显示-隐藏层】对话框中设置显示层 Layer1,隐藏其他层。在【事件】菜单中选择 onClick 命令。这个行为表示:当单击"现代文学"的按钮时,显示该按钮所对应的下拉式菜单(即层 Layer1 的内容),并隐藏其他所有的层。

(5) 选中层 Layer1 中"现代文学"的按钮图像,在【行为】面板中单击按钮 ,为选中的按钮图像添加行为。在【动作】菜单中选择【显示-隐藏层】命令,并在弹出的【显示-隐藏层】对话框中设置显示层 menu,隐藏其他层。在事件菜单中选择 onDblClick 命令。这个行为表示当双击"现代文学"的按钮时,显示主菜单(即层 menu 的内容)。

(6) 将这 2 个层叠放在一起,在层面板中设置层 Layer1 初始状态为不可见。单击【层】面板中按钮 👁 ,使其显示闭合的眼睛图标,即将该层的属性设置为不可见。

(7) 其他按钮的制作方法与"现代文学"按钮的制作方法相同,不再一一赘述。

(8) 选择【文件】|【保存】命令,保存网页文件 menu.html,按 F12 键浏览网页。

例 15.3 利用层和时间轴技术制作滚动文字的网页,网页文件用 roll.html 为名保存在本地文件夹中。

制作要求:滚动文字在圆角矩形的框内由下而上徐徐滚动,如图 15-3 所示。

图 15-3　滚动文字网页的示意图

制作分析:要制作符合题意的滚动文字,可先绘制 2 个层。layer1 覆盖在圆角矩形框上,稍小于圆角矩形。layer2 是包含文字的层,比 layer1 还要小点,是由下而上徐徐移动的用时间轴控制的动画对象,也是 layer1 的子层。要使滚动文字在圆角矩形的框内滚动,只需设置层 layer1 的【溢出】属性为 hidden,使得其子层 layer2 中的文字内容超出层 layer1 时就被隐藏起来。设置层 layer2 的【显示】属性为 inherit,便可制作出符合题意的滚动文字的网页。

操作步骤如下:

(1) 创建网页文件 roll.html,设置背景图像 bg0006.jpg。绘制 800× 600 像素的布局表格,并在合适的位置上绘制 520×220 像素的布局单元格。在布局单元格中,插入本章素材文件夹中的圆角矩形框的图像文件 bg.gif。

(2) 单击【插入】栏的【常用】选项卡中的【描绘层】按钮 🔲,在圆角矩形框的图像文件 bg.gif 处绘制 500×200 像素的层 layer1,在层的【属性】面板的【溢出】下拉列表中选择 hidden 选项,表示当层 layer1 中内容溢出该层时,那些内容不能被显示。

(3) 单击【插入】栏的【常用】选项卡中的【描绘层】按钮 🔲,在层 layer1 下方(即圆角矩形的下面),绘制 500×160 像素的层 layer2,在层的【属性】面板的【可见性】下拉列表中选择 inherit 选项。

打开 My site 文件夹中的 book.doc,复制其中文字,并粘贴到层 layer2 中。编辑文字颜色为 #9B471C、粗体。

(4) 按 F2 键打开【层】面板，按住 Ctrl 键将 layer2 拖曳到 layer1 上，使得 layer2 成为 layer1 的子层，如图 15-4 所示。

图 15-4　【层】面板示意图

(5) 选择【窗口】|【其他】|【时间轴】命令，打开【时间轴】面板。选中位于圆角矩形下方的层 layer2，单击【时间轴】面板右边的菜单按钮，选择【添加对象】命令，创建时间轴动画条，拖曳时间轴动画条的最后一帧使其延长至第 80 帧。并在 Fps 文本框中输入 10（表示每秒播放 10 帧），选中【自动播放】和【循环】复选项。

将红色的当前帧指示线拖曳至 80 帧处，然后将层 layer2 向上拖曳至圆角矩形框的上方，网页上出现垂直的动画轨迹，如图 15-5 所示。

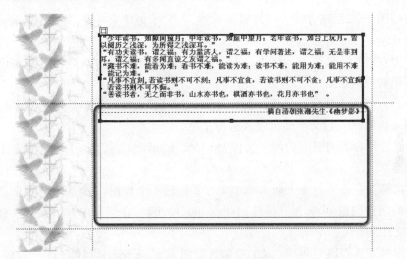

图 15-5　层 layer2 与时间轴轨迹线的示意图

(6) 选择【文件】|【保存】命令，保存网页文件 roll.html。按 F12 键浏览网页。

15.4　课内实验题

1. 行为的应用

(1) 创建符合下列要求的网页文件 exe15-1.html，保存在本地站点根文件夹里。

制作要求：网页背景图像为 bg0052.gif，网页中画出 4 个 104×90 像素的布局单元格，4 个布局单元格中插入鼠标经过图像，插入的原始图像文件为本章素材文件夹中 camps1.jpg、camps2.jpg、camps3.jpg、camps4.jpg，鼠标经过图像文件为该文件夹中 camp1.jpg、camp2.jpg、camp3.jpg、camp4.jpg。

当鼠标指向某个鼠标经过图像，图像翻转并在 4 个鼠标交换图像中间显示替换文字和带有说明文字的图像，如图 15-6 所示。说明文字的图像为本章素材文件夹中的文件 m1.jpg、m2.jpg、m3.jpg、m4.jpg。

操作提示：共有 4 张图，当鼠标指向某个鼠标经过图像，图像翻转并显示图像的替换文字和带有说明文字的图像，我们可以通过选择【动作】菜单中的【显示-隐藏层】命令完成。

(a)   (b)

图 15-6 网页 exe15-1. html 示意图

在四幅图中间创建 4 个层,分别插入本章素材文件夹中的文件 m1. jpg、m2. jpg、m3. jpg、m4. jpg,4 个层叠放在一起。初始状态均设置为不可见,分别给每个鼠标经过图像添加行为,响应 onMouseOver 事件时显示与其相对应的层;响应 onMouseOut 事件时隐藏与其相对应的层。

另外,可在【插入鼠标经过图像】的对话框中的【替换文本】内输入解释文字,或者在图片【属性】面板的【替换】文本框里输入解释文字。

(2) 创建符合下列要求的网页文件 exe15-2. html,添加控制 Flash 播放的行为。

制作要求:

(1) 在网页合适的位置上插入一个 1 行 2 列的 2 个按钮,2 个按钮分别使用本章素材文件夹中的按钮图像 play. jpg(播放)、stop. jpg(停止)。在网页中插入本章素材文件夹中的 Flash 文件 plane. swf。

(2) 使网页具有以下两项功能:单击按钮图像 play. jpg 时播放 Flash 动画,单击按钮图像 stop. jpg 停止 Flash 动画播放,如图 15-7 所示。

图 15-7 带控制按钮的 Flash 网页

操作提示：在网页中插入 Flash 文件后后，要控制 Flash 的播放，务必要在【属性】面板上的复选框中选择【循环】，不要选【自动播放】。并在【属性】面板左侧的文本框中为 flash 命名。

（3）创建网页文件 exe15-3.html，网页中 4 个层 Layer1、Layer2、Layer3、Layer4 中分别为本章素材文件夹中的 campus16_r1.jpg、campus16_r2.jpg、campus16_r3.jpg、campus16_r4.jpg，它们是 campus16.jpg 图像用 Fireworks 分割后的 4 个部分，如图 15-8 所示。为每个层添加拖动层（拖动层）行为制作一个简单的拼图游戏。

图 15-8　拼图游戏示意图

操作提示：绘制四个层分别插入 campus16_r1.jpg、campus16_r2.jpg、campus16_r3.jpg、campus16_r4.jpg ，然后分别对每个层添加行为。

在设置拖动层的行为时，响应事件 onMouseMove 时触发【层】拖动，动作层应是未激活状态，或单击状态栏左侧标签＜body＞，然后再添加行为，行为【拖动层】面板参数设置叙述如下。

- 在【层】下拉列表框中选择要设置行为的层，先选择层 Layer1。
- 在【移动】下拉列表中指定层拖曳的类型，【不限制】选项是设置该层可以自由拖动；【限制】选项是设置该层要受到一定约束。在本例中希望能用鼠标自由拖动层，故选择【不限制】选项。
- 【放下目标】文本框用于设置当前层放置的终点坐标，若不明确当前层的坐标位置，可单击【取得目前位置】按钮，直接得到当前层的坐标位置数值。
- 在【靠齐距离】文本框中输入的是层位置与终点的坐标距离的自动匹配值。当用鼠标移动层时，该层与终点坐标的距离小于指定的数值时，层会自动调整到终点的坐标处。本例这个距离设置为 80 像素。
- 单击【确定】按钮确认【拖动层】动作的设置，并选择事件 onMouseMove。这个行为表示在响应事件 onMouseMove(鼠标移动)时触发【拖动层】的动作。

图 15-9　【拖动层】对话框

2. 时间轴动画的制作

(1) 创建网页文件 exe15-4. html,设置背景图像 bg0052. gif。在网页合适的位置上插入一个层,层中插入本章素材文件夹中的图像文件 email. gif。创建时间轴动画,动画运动轨迹为一条水平直线,并设置每秒播放 20 帧,自动循环播放,动画条长度为 50 帧,保存文件后,预览页面观察效果。

(2) 在上述时间轴动画条的第 10、20、30、40、50 帧处插入关键帧,然后用鼠标拖曳该层,改变在关键帧处的动画轨迹,使动画轨迹由原来直线轨迹改为波浪线轨迹,预览页面效果后用 exe15-5. html 为名保存文件。

(3) 在上述时间轴动画条的第 10～20 帧和第 30～40 帧隐藏层。在第 5 帧处插入关键帧,并为该帧添加行为,在响应事件 onFrame5(即动画运行到第 5 帧时)时触发播放声音动作,播放 wav 声音 Appluase. wav,预览页面观察效果后用 exe15-6. html 为名保存文件。

操作提示:以上 3 题操作参考主教材。

(4) 打开网页文件 exe15-5. html,在网页的合适位置上插入一个层,插入鼠标经过图像,原始图像和翻转图像分别为本章素材文件夹中的 Play. jpg 和 Stop. jpg。网页具有下列功能:

① 当用鼠标单击 Play 按钮时,此按钮翻转成 Stop 按钮,此时时间轴动画开始沿轨迹运动。

② 当用鼠标双击 Stop 按钮时,Stop 按钮翻转成 Play 按钮,时间轴动画停止运动。

③ 预览后用 exe15-7. html 为名保存文件。

操作提示:鼠标经过图像实际上是已经设定好的行为,即响应 onMouseMove 原始图像事件,触发交换图像的行为,响应 onMouseOut 翻转图像事件,触发恢复交换图像的行为。在设置好鼠标经过图像后,只要在【行为】控制面板中,把上述两个事件分别改为 onClick 和 onDblClick 就可以了。

另外,可以给原始图片添加行为控制时间轴的播放和停止,即在【动作】菜单中选择【时间轴】命令。

(5) 打开网页文件 exe15-7. html,在网页的右边合适位置上插入一个层,层中插入图像文件 bird. gif。在网页上再增加一条时间轴动画条,控制新插入图像的运动轨迹预览后,用 exe15-8. html 为名保存文件。

15.5　课外思考与练习题

(1) 常用的事件有哪几种？如何改变行为的事件和动作？

(2) Dreamweaver 8 中预置的常用行为有哪些？怎样设置这些行为？

(3) 如何选择更高版本的浏览器，来增加更多可选择的事件？

(4) 如何创建时间轴动画？什么是动画的帧和关键帧？如何添加帧和关键帧？

(5) 如何设置播放和停止时间轴的动作？

(6) 如何设置动画的播放速度和动画中的帧数？如何实现时间轴动画的自动播放？

(7) 打开第 14 章的网页 frame.html，按下列要求更改框架网页 frame.html 后保存文件。

① 编辑框架网页 frame.html 的 mainframe 里的网页 right.html，利用时间轴制作逐帧动画，时长 120 帧，帧频为 15Fps，第 1、15、30、45、60、75、90、105、120 帧分别插入图像 img\p1.jpg，p2.jpg，…，p8.jpg。

② 在图中适当的位置绘制两个层，要求单击后分别控制时间轴的播放和停止，如图 15-10 所示。

图 15-10　修改后的框架网页 frame.html

(8) 创建"左侧和嵌套的顶部框架"结构的网页，并使框架网页符合下列要求：

① 框架集文件名为 index.html。

左框架文件名为 left.html，并设置背景图像为：bg0035.jpg，左框架的【列】宽度为 320 像素。

顶框架文件名为 top.html，顶框架的【行】高度为 65 像素，在顶部框架中插入 Flash 文件 fg1.swf。

设置主框架页面的【滚动】方式为自动，【源文件】为本地站点中的网页文件为 main.html。

② 将三个框架网页的页面属性【左边距】、【右边距】、【上边距】、【下边距】设为 0，并将全部框架文件保存在本地站点中。

③ 在左框架画一个 320×578 像素的布局表格，在表格的上半部分按样张画 5 个大

小为 93×63 像素的布局单元格,并在其中分别插入【鼠标经过图像】,其【原始图像】文件分别为 tu1_2.gif、tu2_2.gif、tu3_2.gif、tu4_2.gif、tu5_2.gif,【鼠标经过图像】文件分别为 tu1_1.gif、tu2_1.gif、tu3_1.gif、tu4_1.gif、tu5_1.gif。

④ 在左框架的下半部分按样张画一个 213×150 像素的布局单元格,在这个布局表格中制作用时间轴控制 3 幅图像轮流显示的时间轴动画。3 幅图像分别为 tu1_3.jpg、tu2_3.jpg、tu3_3.jpg,每幅图像显示的时间为 1 秒钟。

⑤ 给网页左框架第 1 个鼠标经过图像添加行为,单击此图像时,播放顶部框架中 Flash 文件 fg1.swf,双单击此图像时,停止顶部框架中 Flash 文件 fg1.swf。

⑥ 给网页左框架第 2 个鼠标经过图像添加超级链接,单击此图像时链接网站相册文件 index1.html,并使该文件在主框架中显示。

⑦ 给网页左框架第 3 个鼠标经过图像添加超级链接,单击此图像时链接到文件 fg1.html 的锚点 aa 上,并使该文件在主框架中显示。

⑧ 给网页左框架第 4 个鼠标经过图像添加超级链接,单击此图像时链接到文件 fg2.html 上,并使该文件在主框架中显示。

⑨ 给网页左框架第 5 个鼠标经过图像添加行为,单击此图像时,播放左框架底部的时间轴动画,双单击此图像时,停止播放左框架底部的时间轴动画。

预览网页后,将网页用 index.html 保存,如图 5-11 所示。

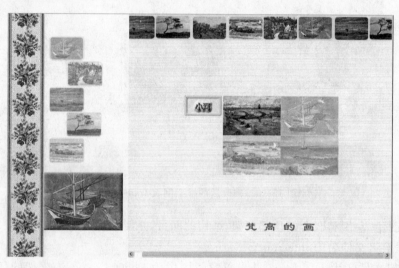

图 15-11　index.html 样张

第 16 章　层叠样式、模板与库

16.1　实验的目的

(1) 掌握创建和应用 CSS 样式及 CSS 样式表的方法。

(2) 熟悉 CSS 样式的各种特殊效果的用法。

(3) 掌握模板的创建、编辑和应用的方法。

(4) 掌握库对象的创建、编辑和应用的方法。

16.2　实验前的复习

16.2.1　层叠样式和层叠样式表的创建与编辑

样式是预先定义好的、格式化文档的工具。层叠样式表(Cascading Style Sheets,以下简称 CSS 样式表)是由 W3C 组织批准的一种网页元素定义规则,是一种可以对网页文档内容进行精确格式化的控制工具。

1. 创建 CSS 样式和 CSS 样式表

CSS 样式和 CSS 样式表是两个不同的概念,CSS 样式表是 CSS 样式的集合。一般情况下,CSS 样式可以保存在本地站点下的 CSS 样式表文件中,也可以与当前网页一起保存。一个 CSS 样式表文件中可以保存多个 CSS 样式。在新建一个 CSS 样式时就可以指定该样式的存放方式,CSS 样式 3 种保存方式如下:

(1) 创建的 CSS 样式仅作用于当前网页文档,可与当前网页文件一起保存。

(2) 创建的 CSS 样式存放在某个已建好的外部 CSS 样式表文件中。创建新的 CSS 样式时,应先附加该样式表文件,然后将新建的 CSS 样式存放其中。

(3) 创建的 CSS 样式存放在一个新建的 CSS 样式表文件中。创建新的 CSS 样式时,应先新建该 CSS 样式表文件,然后将新建的 CSS 样式存放其中。

1) 创建 CSS 样式

选择【窗口】|【CSS 样式】命令,打开【CSS 样式】面板。单击【CSS 样式】面板右上角的快捷菜单按钮，在弹出的快捷菜单中,选择【新建】命令,或单击浮动面板右下方的【新建 CSS 规则】按钮，打开【新建 CSS 规则】对话框。

要创建一个新样式,应选中【类(可应用于任何标签)】单选项后,在【名称】下拉列表框中输入样式的名称。该名称必须以"."开始,确认后便可以创建一个 CSS 样式。

2) 确定新建的 CSS 样式保存的方式和位置

新建 CSS 样式后,3 种保存方式的操作步骤如下。

(1) 在【定义在】选项组中,选择【仅对该文档】单选项,此时新创建的 CSS 样式仅对当前网页文档起作用,可以随当前网页文档一起保存。

(2) 在【定义在】选项组的下拉列表中,选择【新建样式表文件】选项,将当前要创建的 CSS 样式定义在新建样式表文件中。此时会显示【保存样式表文件】对话框,在其中选择【文件系统】单选项,并确定新建的层叠样式表文件的类型、文件的保存路径和文件名,还要确定新建的层叠样式表文件的路径是相对于【文档】还是相对于【本地站点】的 URL 地址(即保存的层叠样式表文件是用绝对路径还是相对路径)。做了这些设定后,新建的 CSS 样式就可以保存在新建层叠样式表文件中了。

(3) 选择【窗口】|【CSS 样式】命令,打开【CSS 样式】面板。

单击浮动面板右下方的【附加样式表】按钮 ,打开【链接外部样式表】对话框,单击【浏览】按钮,在显示的【文件/URL】文本框中,输入要链接的层叠样式表文件的路径和名称。选择要链接的 CSS 样式表文件后单击【确定】按钮,便可将层叠样式表文件附加到当前的网页文档中。

在新建 CSS 样式时,选择【定义在】选项组的下拉列表中的该层叠样式表文件,便可将新建 CSS 样式保存在该层叠样式表文件中。

3) 设置 CSS 样式的各项属性

利用 CSS 样式可以为设计的网页添加很多特殊的效果,如文字的特效、阴影;图像的淡入淡出、翻转模糊、波浪效果;鼠标指针和超链接的各种多姿多彩的变化等,从而使设计的网页变得更加赏心悦目。

确定了 CSS 样式的保存方式后,便可在【CSS 规则定义】对话框设置各种 CSS 样式的参数。在【分类】列表中分别可以完成以下类别的设置。

(1) 选择【类型】选项,可以设置文字的【字体】、【大小】、【样式】、【行高】、【修饰】、【粗细】、【变量】、【大小写】、【颜色】等各种属性。

(2) 选择【背景】选项,可以设置背景的【背景颜色】、【背景图像】、【重复】、【水平位置】、【垂直位置】、【附件】等各种属性。

(3) 选择【区块】选项,可以设置网页中文本的【单词间距】、【字母间距】、【垂直对齐】、【文本对齐】、【文本缩进】、【空格】等各种属性。

(4) 选择【盒子】选项,可以设置网页中元素的放置位置。有可设置调整网页元素大小的【宽】和【高】的属性,可设置表格、层与网页元素位置关系的【浮动】、【清除】、【填充】、【边界】等属性。

(5) 选择【边框】选项,可以设置网页表格的各种边框线的样式。可以设置的表格边框线【样式】有虚线、点划线、实线、双线、槽状、脊状、凹陷、突出和无样式等;可设置的表格边框线【宽度】有粗、中、细以及具体的值;可设置的表格各条边框线的【颜色】值。

(6) 选择【列表】选项,可以设置网页文本的项目编号和符号。可在【类型】下拉列表中选择文本的项目编号和项目符号;可在【项目符号的图像】中,选择自定义的图像标记;可在【位置】下拉列表中设置文本是否缩进,选择【外部】选项,则文本缩进,选择【内部】选项,则文本换行到左边距。

(7) 选择【定位】选项,可以设置层的属性,或将所选文本放入新的层中。可在【类型】下拉列表中设置对层定位的 3 种方式:

① 选择【绝对】命令,在【定位】区域的【左】、【上】文本框中输入数据是层相对于页面左上角的坐标,此时这个位置上若有网页其他元素,层将覆盖这些元素。

② 选择【相对】命令,在【定位】区域的【左】、【上】文本框中输入数据是层相对于网页空白处的左上角坐标。也就是说,层将被放置在网页空白处,层左上角到网页其他元素的距离就是【左】、【上】文本框中输入的数据,层中对象不会覆盖网页上其他元素。

③ 选择【静态】命令,直接可将层定位于网页的空白处。

可在【显示】下拉列表中设置层的【继承】、【可见】和【隐藏】3 种层的可视方式;还可设置层的【宽】、【高】、【Z 轴】、【溢出】、【定位】和【剪辑】等属性。

(8) 选择【扩展】选项,可以设置网页上的一些特殊效果,【扩展】选项的功能很强大。在【分页】区域中可设置打印时,在控制的元素之前还是之后强制分页;在【光标】下拉列表中可选择鼠标指针的形状;在【过滤器】下拉列表中可选择给所控制的对象添加特殊的滤镜效果。

2. 编辑 CSS 样式和 CSS 样式表

CSS 样式主要是保存在网页文档中,或者保存在 CSS 样式表文件中。所以要编辑一个 CSS 样式表文件,实际上就是对样式表中的 CSS 样式进行编辑。编辑 CSS 样式一般有 3 种方法。

(1) 打开包含要编辑的 CSS 样式的网页。按 Shift+F11 键,打开【CSS 样式】面板,双击要编辑的 CSS 样式,就可打开【CSS 规则定义】对话框,对 CSS 样式的属性进行修改。

(2) 先附加包含要编辑的 CSS 样式的 CSS 样式文件,按 Shift+F11 键,打开【CSS 样式】面板,双击要编辑的 CSS 样式,就可打开【CSS 规则定义】对话框,对 CSS 样式的属性进行修改。

(3) 在当前网页中按 Shift+F11 键,打开【CSS 样式】面板。单击面板右上角的快捷菜单按钮█,选择【编辑样式表】命令,在打开的【编辑样式表】对话框中,单击【链接】按钮,链接包含要编辑的 CSS 样式的 CSS 样式文件。然后单击【编辑】按钮,就可对要编辑的 CSS 样式进行修改,最后单击【保存】按钮,保存编辑后的样式表文件。

16.2.2 模板的创建、编辑与应用

利用模板可以创建网站中布局结构和版式风格相似而网页内容不同的页面。在创建一个模板时,必须设置模板的可编辑区域和锁定区域,这样这个模板才有意义。在编辑一个模板时,可以修改模板的任何可编辑区域和锁定区域。在编辑基于模板创建的网页时,只能修改那些标记为可编辑的区域,网页上的锁定区域是不可修改的。

用模板创建的网页与模板之间建立了一种链接关系,当模板改变时,所有使用这种模板的网页都将随之改变。模板技术把网页的布局和内容分离,可以快速制作大量风格布局相似的网页页面,这样可使设计出的网页更规范,制作和更新网页的效率更加高。

新建模板时必须明确模板是建在哪个站点中。模板文件都保存在本地站点的 Templates 文件夹中,模板文件的扩展名为 dwt。

1. 创建模板

一般创建网页模板的方法以下两种。

1）新建一个模板

在网页编辑窗口中，首先，选择要保存模板的站点。并按 F11 键打开【资源】面板，单击面板左边的模板按钮▣，切换到【模板】管理面板。

其次，单击【模板】面板右上角的按钮▤，选择快捷菜单中【新建模板】命令；或单击【资源】面板右下角的【新建模板】按钮⊡，在【资源】面板下方的模板列表中，就可输入新建模板的名字。

然后，单击【模板】面板右下方的✎编辑按钮，在网页编辑区空白的模板中添加可编辑对象（可以是层、布局单元格等），单击【插入】菜单【模板】选项卡中的【可编辑区域】按钮✎，在系统弹出的【新建可编辑区域】对话框中输入可编辑区域的名称。

最后，选择【文件】|【另存为模板】命令，将编辑好模板的保存在本地站点的 Template 文件夹中。

2）将现成的网页改造为模板

在网页编辑窗口中打开一个网页文档，选择【文件】|【另存为模板】命令，在弹出的【另存为模板】对话框中，单击【站点】下拉式列表按钮，选择模板保存的站点。

在【另存为模板】对话框的【现存的模板】列表框中显示的是当前网站中已经建好的模板，在【另存为】文本框中输入新建模板的名称。单击【保存】按钮可保存模板。此时在本地站点下的 Templates 文件夹中保存新建的模板。

然后，还要在模板上设置可编辑区。分别选中模板上的标题、图像、文本等区域，右击鼠标，在快捷菜单中选择【模板】|【新建可编辑区域】命令，在弹出【新建可编辑区域】对话框中，给选中的区域设置可编辑属性，并在【名称】文本框中输入可编辑区域的名字，单击【确定】按钮确认。

最后，选择【文件】|【另存为模板】命令，将该模板保存在本地站点中。

2. 编辑模板

创建好的模板经常会更改内容或调整可编辑区域，这就需要先打开模板，然后对其编辑。

1）打开模板

对某个模板进行编辑，应先打开这个模板。打开模板的方法有以下几种。

（1）选择【文件】|【打开】命令，在【打开】对话框中查找模板文件保存的文件夹 Templates，在该文件夹中找到要编辑的模板文件，单击【打开】按钮将其打开。

（2）按 F11 键打开【资源】面板，单击面板左边的模板按钮▣，切换到【模板】管理面板。在模板列表中选中要编辑的模板文件，单击面板右下方的✎编辑按钮，就可打开该模板文件。

（3）按 F11 键打开【资源】面板，单击面板左边的模板按钮▣，切换到【模板】管理面板。右击鼠标，在快捷菜单种选择【编辑】命令，或者单击面板右上角的按钮▤，选择快捷菜单中【编辑】命令，就可打开该模板文件。

（4）按 F11 键打开【资源】面板，单击面板左边的模板按钮▣，切换到【模板】管理面板。选中要编辑的模板文件，双击该文件，就可打开该模板文件。

2）编辑模板

编辑模板的操作主要有修改模板的页面内容、定义和删除可编辑区域、设置可编辑区域的颜色等。修改模板的页面内容只需打开模板文件，然后按照网页编辑的方法完成修改操作即可。模板编辑其他操作方法如下。

（1）定义可编辑区域。打开模板文件，将光标置于需要定义为可编辑区域的位置上（例如层、布局单元格等），或者选中需要定义为可编辑区域的对象。选择【插入】|【模板对象】|【可编辑区域】命令，在系统弹出的【新建可编辑区域】对话框中输入可编辑区域的名称，确定后就可定义一个可编辑区域。

也可以在需要创建可编辑区域的位置上单击鼠标右键，在快捷菜单中选择【模板】|【新建可编辑区域】命令，为可编辑区域命名，便可定义一个可编辑区域。

注意：定义好的可编辑区域会被绿色边框线围起来，可编辑区域的名字置于边框的上边。对于一个模板，可以设置多个可编辑区域。

（2）删除可编辑区域。对于模板中定义错的或者不需要的可编辑区域可以将其删除。如果可编辑区域中没有内容，用鼠标单击可编辑区域的名称将其选中后，直接按 Del 键就可以将该可编辑区域删除。如果可编辑区域中有内容，则在选中可编辑区域后，选择【修改】|【模板】|【删除模板标记】命令，就可将可编辑区域的标记删除。

模板修改完成后，应选择【文件】|【另存为模板】命令保存模板。

3. 应用模板

利用本地站点中创建好的模板制作网页，可以使得网站风格统一，网页制作便捷。

应用模板制作网页，可选择【文件】|【新建】命令，在弹出的【新建文档】对话框中，单击【模板】选项卡，此时对话框就变成【从模板新建】的对话框，在此选项卡左侧的【模板用于】列表中，选择新建的网页页面存放的站点以及所用的模板名称，此时在右边的预览窗口中会显示选中的模板，可参见清华大学出版社出版的教材《网页设计与制作教程》。

选中【当模板改变时更新网页】的复选项，当模板被修改后，用此模板创建的网页也会被修改。单击【创建】按钮，此时在网页编辑窗口建立了一个由模板生成的网页，设计者可根据需要在可编辑区域输入相关内容。

4. 更新网站中基于模板的网页文档

用模板创建页面快捷方便、风格统一。而且当一个模板被修改后，用该模板生成的网页都能得到相应的修改。修改本地站点中的模板后，更新本地站点中与这个模板有关的所有网页的方法如下。

当本地站点中的模板被修改后，单击【模板】面板右上方的按钮，选择【更新站点】命令，在系统显示的【更新页面】对话框中，选择【查看】下拉列表中的【整个站点】选项，然后选择【更新】对象为当前模板作用的网页和【显示记录】复选项。

单击【更新页面】对话框中的【开始】按钮，便可更新当前站点中与这个模板有关的网页。

16.2.3 库项目的创建、编辑与应用

Dreamweaver 8 可以把页面中经常反复要用的某个元素存入一个库中，这些存入库

中的元素称为库项目。在网页制作时,可以直接将库项目的一个副本插入到网页中,一个库项目在本地网站的网页制作过程中可以被反复使用。当该库项目被修改后,可以实现整个网站内使用该项目的多个网页都能够得到更新。

Dreamweaver 8 中的库项目和模板一样,可以规范网页格式、避免多次重复操作。他们的区别是模板对网页的整个页面起作用,库项目则只对网页的部分元素起作用。

每个网站可以定义不同的库,其中的库项目存放在每个本地站点的根文件夹下的 Library 文件夹中。打开该文件夹,就可对各个库项目的文件进行重命名、删除等操作。库项目文件的扩展名是 lbi。

1. 创建库项目

创建库项目的操作比较简单。选择【窗口】|【资源】命令,打开【资源】面板。单击面板左边的最后一个库按钮 ，打开库面板窗口。单击【资源】面板右上角的按钮 ，在快捷菜单中选择【新建库项目】命令,或者直接在库列表窗口中右击鼠标,在快捷菜单中选择【新建库项目】命令,并为新建的库项目命名,可创建一个库项目。

选中新建的库项目后单击窗口底部的 按钮,或者直接双击该库项目,可以打开库项目的编辑窗口。在其中可以输入文字、图像、表格等网页元素后,选择【文件】|【保存】命令可以保存该库项目。关闭该库项目编辑窗口,返回网页文档窗口,一个新的库项目便创建成功了。

另一种比较简便的创建库项目方法是将页面中的文字、图像、按钮等页面元素选中,拖曳到打开的库面板中,并为该元素命名便可创建一个库项目。

2. 编辑库项目

创建好的库项目常常会根据网页制作的需要进行修改,修改库项目的方法如下。

(1) 重命名一个库项目。打开库面板,右击要重命名的库项目,在弹出的快捷菜单中选择【重命名】命令,完成库项目的重命名操作。

(2) 删除一个库项目。打开库面板,选中要删除的库项目后按 Del 键,在弹出的确认对话框中单击【是】按钮,完成库项目的删除操作。

(3) 编辑库项目。打开库面板,选中要修改的库项目后单击窗口底部的 按钮;或者直接双击该库项目,可以打开库项目的编辑窗口。在该窗口中对库项目进行修改后,选择【文件】|【保存】命令保存该库项目,并关闭当前库项目窗口。

(4) 编辑已插入到网页上的库项目。选中已插入到网页上的库项目,在库项目的【属性】面板中单击【从原文件中分离】按钮,或者右击网页中选中已插入的库项目,在快捷菜单中选择【从原文件中分离】命令,并确认以后更新库项目的时候将不再对该库项目进行更新。此时在网页文档窗口中所选择的库项目已变为可编辑状态,可以直接在网页文档窗口中对其进行修改,然后保存网页页面。

3. 库项目应用与站点更新

在网页中应用库项目,实际是把库项目插入到相应的页面中。打开或新建一个要插入库项目的网页,将光标定位在合适的插入位置上。打开【资源】面板,从中选择需要插入的库项目,单击库面板右上方的按钮 ，选择【插入】命令;或者单击库面板左下方的【插入】按钮;也可以直接拖动库项目到当前页面的插入点处,就可完成该库项目的应用。

在本地站点中对库项目进行了修改后,可以一次性更新站点中所有使用了这个库项目的网页。打开【库】面板窗口,双击要修改的库项目,打开库项目编辑窗口,对该库项目进行修改。选择【文件】|【保存】命令,保存修改后的库项目。单击库面板右上方的按钮 ，选择【更新站点】命令,系统显示【更新页面】对话框,单击【开始】按钮,就可对站点中应用该库项目的网页页面实施更新。

16.3　典型范例的分析与解答

例 16.1　按照如图 16-1 和图 16-2 所示的样张,创建符合下列要求的网页首页文件 integration. html 和被链接的文件 book. html,并将网页文件保存本地站点根文件夹中。

图 16-1　首页样张示意图

制作要求:

(1) 创建网页文件 integration. html。网页用图像文件 bg0040. gif 设置背景图像,并设置其他必须的页面属性。在网页中按样张绘制 800×600 像素的布局表格,在布局表格中绘制 800×80 像素的页面顶部的布局单元格,并在其中插入 Flash 文件 shu1. swf。

(2) 在网页左侧按样张绘制 4 个大小为 79×79 像素的布局单元格,并在其中分别插入鼠标经过图像,其原始图像文件分别为 t8_2. gif、t3_2. gif、t4_2. gif、t7_2. gif,鼠标经过图像文件分别为 t8_1. gif、t3_1. gif、t4_1. gif、t7_1. gif。

(3) 在网页右侧按样张绘制 2 个大小为 170×170 像素的布局单元格,在其中 1 个布局单元格中插入 shu. gif。在网页右侧另一个布局单元格中,分别插入大小为 170×170

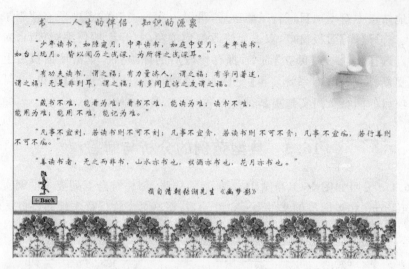

图 16-2　book.html 的样张

像素的 4 个层 Layer1、Layer2、Layer3、Layer4，在层中分别插入文件 f1.jpg、shu2.swf、shu3.swf、shu4.swf，并把 4 个大小一致的层叠放在一起。

（4）给网页左侧第 1 个鼠标经过图像添加行为：双击该图像，停止页面顶部的 Flash 文件 shu1.swf 播放；单击该图像，开始播放页面顶部的 Flash 文件 shu1.swf。

（5）给网页左侧第 2 个鼠标经过图像添加行为：当鼠标指向该图像时显示层 Layer2，此时可以看到播放的文件 shu2.swf；当鼠标从该图像上移开时，显示层 Layer1 中的图像文件 f1.jpg。单击此图像时链接网站相册文件 index1.html。

（6）给网页左侧第 3 个鼠标经过图像添加行为：当鼠标指向该图像时显示层 Layer3 时，可以看到播放的文件 shu3.swf；当鼠标从该图像上移开时，显示层 Layer1 中的图像文件 f1.jpg。单击网页左侧第 3 个鼠标经过图像时链接 book.html 文件中的锚点 aa。

（7）给网页左侧第 4 个鼠标经过图像添加行为：当鼠标指向该图像时显示层 Layer4，此时可以看到播放的 Flash 文件 shu4.swf；当鼠标从该图像上移开时，显示层 Layer1 中的图像文件 f1.jpg。单击网页左侧第 4 个鼠标经过图像时在新的浏览器窗口中打开被链接的网页文件 book.html。

（8）编辑逐帧图像文件 shu.gif，在其第 1 帧后添加一个新帧分别先后居中导入图像文件 F1.jpg 和 shu4.jpg。在其倒数第 2 帧添加阴影文字"智慧"，调整合适的播放速度。

（9）创建网页文件 book.html。设置网页背景图像为 bg0002_1.jpg，以及其他必要的网页属性，并将此文件保存本地站点的根文件夹中。

（10）将 book1.doc 中的文字内容复制到网页文字区域，在顶部标题区域输入文字"书——人生的伴侣，知识的源泉"，并在网页右上角插入的图像文件 shu3.jpg。

（11）在本地站点根文件夹中创建层叠样式表文件 format.css，在该文件中创建 CSS 规则 .style1 字体为"华文行楷"，颜色为红色，大小为 24 像素，作用于网页标题。

在该文件中创建 CSS 规则 .style2 字体为"华文新魏"，颜色为蓝色，大小为 18 像素，作用于网页文字。链接外部层叠样式表文件 ellipse.css，将其作用于图像文件 shu3.jpg

如图 16-2 所示效果。

(12) 在网页中最后一段的文字"清朝张潮先生"中间插入用于超链接的名为 aa 的锚点。

(13) 在页面左下角的层中插入图像文件 return. gif，并将该图像转换为库项目 return。打开相册文件 index1. html，将其中的图像文件 return. gif 改换为库项目 return。编辑库项目 return，为其建立返回首页 integration. html 的超链接。

(14) 预览网页后，分别用 integration. html 和 book. html 为名将网页保存在本地站点中。

制作分析：本题是一道网页制作的综合题，涉及页面属性设置、页面元素定位、网页文字与图像编辑、超链接、行为技术、CSS 样式、库项目等知识点，掌握好本题各部分知识点，将有助于更好地学习网页制作。

操作步骤如下：

(1) 创建符合要求的首页文件 integration. html。创建新的网页，选择【修改】|【页面属性】命令，设置【背景图像】为 bg0040. gif，设置【左边距】、【右边距】、【上边距】、【下边距】为 0 像素，并设置其他必须的网页属性。

(2) 选择【插入】栏的【布局】选项卡，在网页中如图 16-1 所示的样张绘制 800×600 像素布局单元格，在页面顶部绘制布局单元格为 800×80 像素，在其中插入 Flash 文件 shu1. swf。选中 Flash 文件 shu1. swf，在【属性】面板中将 Flash 文件命名为 shu1。

(3) 在网页左侧如图 16-1 所示绘制 4 个大小为 79×79 像素的布局单元格，按样张绘制 2 个大小为 170×170 像素的布局单元格。在网页左侧的 4 个单元格中分别插入鼠标经过图像，其原始图像文件分别为 img 文件夹中的 t8_2. gif、t3_2. gif、t4_2. gif、t7_2. gif，鼠标经过图像文件分别为 img 文件夹中的 t8_1. gif、t3_1. gif、t4_1. gif、t7_1. gif。

(4) 单击【插入】栏【常用】选项卡中的【图像】按钮，在网页右侧 1 个布局单元格中插入 img 文件夹中的逐帧图像文件 shu. gif。选中该图像文件，单击【属性】面板中启动外部图像编辑软件 Fireworks 的按钮，启动 Fireworks。

(5) 选择打开其源文件 shu. png。在 Fireworks 中，选择【窗口】|【帧】命令，打开【帧】面板，选中第 1 帧，单击【帧】面板右上角的按钮 ，在快捷菜单中选择【添加帧】命令，在【添加帧】对话框中设置【在当前帧之后】插入 1 帧，在第 1 帧后添加一个新帧。选择【文件】|【导入】命令，并分别先后居中导入图像文件 F1. jpg 和 shu4. jpg。

(6) 在【帧】面板中，选择逐帧图像文件 shu. png 的第 7 帧，单击工具栏中【文本】工具，并在【文本】的【属性】面板中设置字体为"隶书"，大小为 96 像素，文字颜色为 #FFFF99，居中对齐的文字"智慧"。

选中文字对象，选择【编辑】|【克隆】命令将文字对象再复制 1 份。将下层的文字选中，将其颜色改为 #993300。

(7) 在【帧】面板中单击第 1 帧，按住 Shift 键单击最后一帧，选中全部帧。双击【帧】面板右边【帧延时】区域，将帧延时参数改为 150/100 秒。单击 Fireworks 文档窗口状态栏中的【播放】按钮 ，播放逐帧图像文件，然后单击【完成】按钮返回 Dreamweaver。

(8) 在网页右侧另 1 个布局单元格中，单击【插入】栏【布局】选项卡中的【描绘层】按钮,分别绘制大小为 170×170 像素的 4 个层 Layer1、Layer2、Layer3、Layer4,在 4 个层中分别插入文件 f1.jpg、shu2.swf、shu3.swf、shu4.swf。并在层的【属性】面板中设置这些层有相同的 x、y 坐标,将 4 个大小一致的层叠放在一起。

(9) 选中网页左侧第 1 个【鼠标经过图像】,选择【窗口】|【行为】命令,打开【行为】面板,单击按钮 ➕ 添加行为。选择【控制 Shockwave 或 Flash】动作,在弹出的【控制 Shockwave 或 Flash】对话框中设置"影片 shu1"的【操作】为【播放】单选项,单击【确定】按钮,【控制 Shockwave 或 Flash】的动作被添加到【行为】面板中。

选中该行为,并单击事件列表中下三角形按钮 ▼,在菜单中选择事件 onClick,其意义为单击该鼠标经过图像,开始播放页面顶部的 Flash 文件 shu1.swf。

选中网页左侧第 1 个【鼠标经过图像】,在【行为】面板中,单击按钮 ➕ 添加行为。选择【控制 Shockwave 或 Flash】动作,在弹出的【控制 Shockwave 或 Flash】对话框中设置"影片 shu1"的【操作】为【停止】单选项,单击【确定】按钮,【控制 Shockwave 或 Flash】的动作被添加到【行为】面板中。

选中该行为,并单击事件列表中下三角形按钮 ▼,在菜单中选择事件 onDblClick,其意义为双击该鼠标经过图像,开始播放页面顶部的 Flash 文件 shu1.swf。

(10) 选中网页左侧第 2 个鼠标经过图像,单击行为添加按钮 ➕,选择【显示-隐藏层】动作,在弹出的【显示-隐藏层】对话框中选中层 Layer2,并单击【显示】按钮设置显示该层,隐藏其他层。单击【确定】按钮,【显示-隐藏层】的动作被添加到【行为】面板中。

选中该行为,并单击事件列表中下三角形按钮 ▼,在菜单中选择事件 onMouseOver,其意义为当鼠标指向网页左侧第 2 个鼠标经过图像时显示层 Layer2,此时可以看到播放的文件 shu2.swf。用同样的方法为该鼠标经过图像添加行为:当鼠标从该图像上移开时,显示层 Layer1,隐藏其他层,此时显示层中的图像文件 f1.jpg。

选中网页左侧第 2 个鼠标经过图像,单击行为添加按钮 ➕,选择【打开浏览器窗口】动作,如图 16-3 所示。

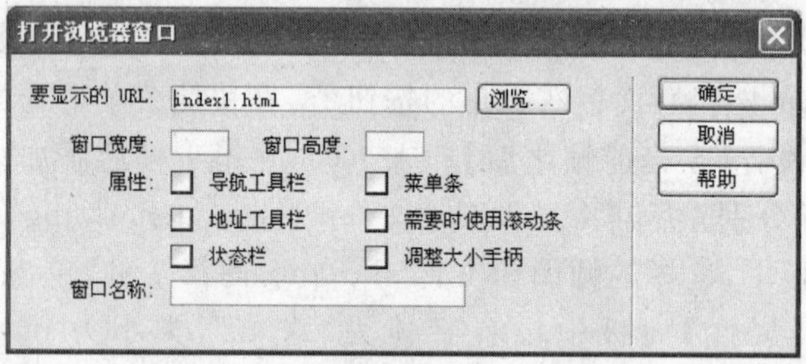

图 16-3 【打开浏览器窗口】对话框

在【打开浏览器窗口】对话框中设置【要显示的 URL:】为网站相册文件 index1.html。单击【确定】按钮,【显示-隐藏层】的动作被添加到【行为】面板中。

选中该行为,并单击事件列表中下三角形按钮 ▼,在菜单中选择事件 onClick,其意义为单击该鼠标经过图像,浏览网站相册文件 index1.html。

(11) 用同样的方法为网页左侧第 3 个鼠标经过图像添加行为,当鼠标指向该图像时显示层 Layer3,此时可以看到播放的文件 shu3. swf,当鼠标从该图像上移开时,显示层 Layer1 中的图像文件 f1. jpg。选中网页左侧第 3 个鼠标经过图像,单击行为添加按钮 ➕,选择【打开浏览器窗口】动作,在【打开浏览器窗口】对话框中设置【要显示的 URL：】为 book. html♯aa。

(12) 按照题意用同样的方法为网页左侧第 4 个鼠标经过图像添加行为,操作略。

(13) 按题意创建网页文件 book. html,选择【修改】|【页面属性】命令,在网页中设置背景图像为 img/bg0002_1. jpg,如图 16-2 所示,并设置其他网页属性后保存文件。

(14) 双击根文件夹中的文件 book1. doc,打开该文档,并选中全部文字,将其复制并粘贴到网页编辑窗口,在网页顶部添加标题文字"书——人生的伴侣,知识的源泉"。按照图 16-2 所示样张调整好文字,并在网页合适的位置上绘制 2 个层,分别插入 img 文件夹中图像文件 shu3. jpg、return. gif。

(15) 选择【窗口】|【CSS 样式】命令,单击【CSS 样式】面板底部的【新建 CSS 规测】按钮,在新的样式表文件 format. css 中创建新样式. style1,在【. style1 的 CSS 规则定义(在 format. css 中)】对话框的【类型】中设置字体为"华文行楷",大小为 24 像素,文字颜色为 ♯FF0000。用同样的方法创建新样式. style2,将新的样式表文件保存在本地站点下。

(16) 选择【窗口】|【CSS 样式】命令,单击【CSS 样式】面板底部的【附加样式表】按钮 🔗,链接本地站点中的外部层叠样式表文件 ellipse. css,并将 ellipse 样式作用图像文件 shu3. jpg,,将样式. style1 作用于网页标题,将样式. style2 作用于网页中的其他文字。作用样式的方法是选中对象,单击右键,在快捷菜单中选择相应的 CSS 样式。

(17) 将光标定位在网页中文字"清朝张潮先生"中间,选择【插入】|【命名锚记】命令,在【命名锚记】对话框中输入用于超级链接的名为 aa 的锚点并确认。

(18) 选择【窗口】|【资源】命令,打开【资源】面板,单击面板左侧【库】按钮,切换到【库】面板,将网页上的图像文件 return. gif 拖曳到【库】面板中,为该库项目命名 return。

(19) 双击库项目 return,进入该库项目编辑状态,在【属性】面板中设置返回首页文件 integration. html 的超链接,设置【目标】为_parent,表示在父窗口显示被链接的网页。选择【文件】|【保存】命令,保存编辑结果。选择【文件】|【关闭】命令,退出编辑状态。

(20) 分别将网页 index1. html 和 book. html 中的图像 return. gif 改成库项目 return,更新和浏览网页后,将网页保存在本地站点中。

例 16.2 在本例中综合应用 Fireworks 8 和 Dreamweaver 8 制作网页的模板和库项目,并将模板和库项目应用于网页制作。

制作要求：

(1) 用 Fireworks 8 制作如图 16-4 所示的网页背景图像,在可能会改变内容的图像对象上建立如图 16-5 所示的切片,将图像用 layout. html 为名导出到 result 文件夹中,将切片导出到 result\image 文件夹中。

(2) 在 Dreamweaver 8 打开用 Fireworks 8 导出的文件 layout. html,将其转换为名为 layout 的模板,并将模板中可能会改动的对象的区域设置为可编辑区域,用该模板创建网页文件 layout1. html。

(3) 打开【资源】面板的【库】面板,将 img 文件夹中的图像文件 icon2. gif～icon10. gif

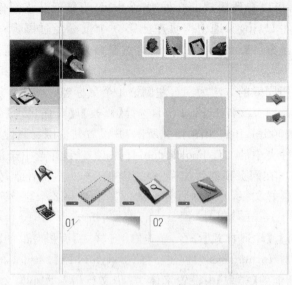

图 16-4　用 Fireworks 8 制作的图像

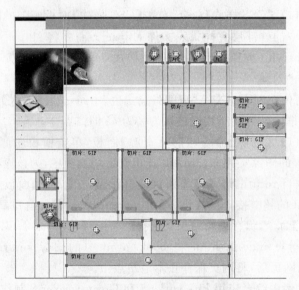

图 16-5　用 Fireworks 8 建立的切片

新建为库项目,然后用库项目修改网页文件 layout1.html 中可编辑区域的对象。预览网页文件 layout1.html 后,将该文件保存在本地站点的根文件夹中。

(4) 建立本地站点下库项目 icon2 与网页 art.html 的超链接,并设置在新的浏览器窗口中浏览该网页,修改库项目后更新网页。修改模板 layout,在模板底部新增加可编辑区域,修改模板后更新用该模板创建的网页。

制作分析:本例介绍了一种制作网页的布局和背景基本相同,而且网页数量较多时的一种批量制作的方法。利用 Fireworks 完成网页图像的制作,在图像中需要更改内容的地方添加切片,然后导出切片图像和 HTML 网页文件。在 Dreamweaver 中打开该网页,将其设置为模板,把网页上的一些常用的小元素设置为库项目,在批量制作页面布局基本相同的网页时,模板网页和库项目在创建和维护网站时能起到事半功倍的作用。

操作步骤如下:

(1)启动 Fireworks 8,创建 1020×900 像素的画布,用 img 文件夹中的材料及绘图工具绘制出如图 16-4 所示的图像。将图像中以后可能要改动的对象一起选中,选择【编辑】|【插入】|【切片】命令,在图像中以后可能要改动内容处添加切片,创建如图 16-5 所示的多重切片。

选择【文件】|【导出】命令,在【导出】对话框的【保存在】文本框中输入要保存文件的路径;在【文件名】文本框中输入包含切片的文件名称 layout. html;在【文件类型】下拉列表中选择【HTML 和图像】选项;在 HTML 下拉列表中选择【导出 HTML 文件】选项;在【切片】下拉列表中选择【导出切片】选项;选中【包括无切片区域】和【将切片放入子文件夹】复选框,单击【保存】按钮。系统会根据绘制的切片对象以及无切片区域生成多个图像文件,放入指定的 image 文件夹中,并在子文件夹外保存该图像的 layout. html 文件。

(2)启动 Dreamweaver 8,选择【文件】|【打开】命令,打开 layout. html 文件。选择【修改】|【页面属性】命令,设置【左边界】、【顶部边界】、【边界宽度】和【边界高度】都为 0。

选择【文件】|【另存为模板】命令,将该网页保存为名为 layout 的模板。选择【插入】|【模板对象】|【可编辑区域】命令,分别将网页顶部 4 个图标区域和中间 3 个文字区域设为可编辑区域 EditRegion1~EditRegion7,如图 16-6 所示。选择【文件】|【保存】命令,保存编辑好的模板后关闭编辑窗口。

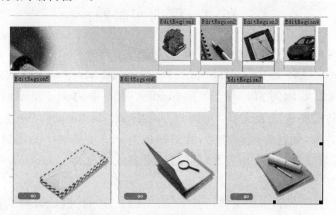

图 16-6　设置模板的可编辑区域

(3)选择【文件】|【新建】命令,单击【模板】选项卡,选择本地站点中的 layout 模板,创建名为 layout1. html 的网页。选择【修改】|【页面属性】命令,设置【左边界】、【顶部边界】、【边界宽度】和【边界高度】都为 0。

(4)按 F11 键打开【资源】面板,单击最后一个【库】的按钮,切换到【库】面板。单击面板底部【新建库项目】按钮,输入新的库项目名称为 icon2,双击该库项目进入库项目编辑窗口,选择【插入】|【图像】命令,选择 img 文件夹中的图像文件 icon2. gif,将图像的大小调整为 60×65 像素,保存库项目后关闭编辑窗口,用同样的方法创建其他库项目 icon3~icon10。用库项目 icon2 及其他合适的库项目替换可编辑区域中的内容,按 F12 键预览网

页后,将其用 layout1. html 为名保存在本地站点下。

(5) 按 F11 键打开【资源】面板,双击库项目 icon2,进入库项目编辑窗口,选中对象建立与 art. html 的超链接,并在【目标】下拉列表中选择_blank 选项,设置在新的浏览器窗口中显示该网页。选择【文件】|【保存】命令,保存库项目后系统马上显示如图 16-7 所示的【更新库项目】对话框,单击【更新】按钮就可以更新本地站点下用过该库项目的网页。

图 16-7 【更新库项目】对话框

(6) 按 F11 键打开【资源】面板,单击【模板】按钮,打开【模板】面板,双击模板 layout,将模板底部的图像区域设置为新的可编辑区域 EditRegion8,选择【文件】|【保存】命令,保存该模板后系统马上显示【更新模板】对话框,单击【更新】按钮就可以更新本地站点下用过该模板的网页。

16.4 课内实验题

1. CSS 样式和 CSS 样式表的创建、编辑和应用

(1) 打开 html 文件夹中的 art. html 文件,按下列要求,用 CSS 样式对网页中文字进行格式化。在网页编辑器窗口中,打开 html 文件夹中的 art. html 文件。创建名为 docformat. css 的层叠样式表文件,并新建层叠样式. docformat1,设置字体为"方正舒体",大小为 36 像素,颜色为♯FF0000,背景图像为 img 文件夹中的图像文件 bg. jpg,将该样式作用于标题文字"生活和艺术",并将层叠样式表文件 docformat. css 保存在本地根文件夹中。

操作提示:打开 art. html 文件。按 Shift+F11 键,打开【CSS 样式】面板。在【CSS 样式】面板中右击鼠标,选择快捷菜单中【新建】CSS 样式命令,在【新建 CSS 规则】对话框中设置以下参数。

- 在 CSS 样式【选择器类型】区域中选择【类(可应用在任何标签)】单选项。
- 在 CSS 样式【名称】框中输入样式名为 . docformat1。
- 在【定义在】区域中选择【新建样式表文件】选项,表示新建的 CSS 样式定义在新的 CSS 样式表文件中,单击【确认】按钮确认。
- 在【保存样式表文件为】对话框中,确定新创建的层叠样式表文件保存在文件夹 My site 中,叠样式表文件名为 docformat. css。
- 在【. docformat1 的 CSS 规则定义(在 docformat. css 中)】对话框的【类型】中设置

字体为"方正舒体",大小为 36 像素,颜色为♯FF0000,行高为 50 像素。在【背景】中设置【背景图像】为 img 文件夹中的图像文件 bg.jpg。

单击【确定】按钮,保存叠样式表文件 docformat.css。选中标题文字"生活和艺术"后单击右键,在快捷菜单中选择【CSS 样式】|docformat1 命令,将层叠样式.docformat1 作用于标题文字,按 F12 键预览网页,观察效果。

(2) 创建名为.docformat2 的层叠样式,将这个样式定义在 docformat.css 的层叠样式表文件中。将其【类型】中的字体设置为"方正舒体",大小为 36 像素,颜色为♯FF0000,行高为 40 像素,以及背景色为♯CCCCCC,并将该样式作用于标题文字"生活和艺术"。预览网页后比较与题(1)的不同之处。

(3) 将名为.docformat2 的样式复制成名为.docformat3 的样式,并将其【类型】中的字体设置为"楷体",大小为 18 像素,样式为"正常",颜色为♯000099,首行缩进两个字符,行高为 30 像素,将该样式作用于第 1 段文字。

(4) 创建名为.docformat4 的层叠样式,并将其【类型】中的字体设置为"仿宋体",大小为 18 像素,样式为"斜体",颜色为♯333333,行高为 20 像素。将该样式作用于第 2 段文字,浏览网页观察结果。

(5) 复制层叠样式.docformat4,将其改名为.docformat5,并将样式的属性修改为字体为"方正舒体",大小为 16 像素,样式为"偏斜体",颜色为♯000099。将该样式作用于第 4 段文字,浏览网页观察结果后,保存网页。

操作提示:题(2)~题(5)操作参考题(1)。

(6) 在网页编辑器窗口中,打开 literature.html 文件,并链接外部样式表文件 docformat.css。

操作提示:在网页编辑器窗口中,打开 literature.html 文件,单击【CSS 样式】面板右下角的【附加样式表】按钮 🔗,在【链接外部样式表文件】对话窗口中,链接外部样式表文件 docformat.css。

(7) 修改名为.docformat2 的样式,将【颜色】♯FF0000 改为♯0000CC,并作用于标题文字"中国文学"。浏览网页文档 art.html 和 literature.html,观察标题文字的颜色变化。

操作提示:在【CSS 样式】面板,选中.docformat2 的样式,将【颜色】♯FF0000 改为♯0000CC,并作用于标题文字"中国文学"。浏览网页文档 art.html 和 literature.html,观察标题文字的颜色变化。

(8) 创建名为 border1 的样式,选择【边框】类型,并将其【样式】设为【点划线】,【宽度】的【上】、【右】、【下】、【左】的值设为 4 像素,【颜色】设为♯99cc33。

操作提示:打开【CSS 样式】面板,右击鼠标打开快捷菜单,选择【新建】命令,在【新建 CSS 规则】对话框中输入 CSS 样式的【名称】为.border1,在【编辑器类型】区域中选择【类(可应用于任何标签)(C)】单选项,在【定义在】区域中选择【docformat.css】选项。

在【.border1 的 CSS 样式定义(在 docformat.css 中)】对话框中设置以下参数。

选择【边框】类型,并将其【样式】为【点划线】,将【宽度】的【上】、【右】、【下】、【左】的值设置为 4 像素,【颜色】设为♯99CC33,如图 16-8 所示,然后单击【确定】按钮确认。

(9) 分别用 border1,border2,…,border8 为名新建层叠样式,选择【边框】类型,并分

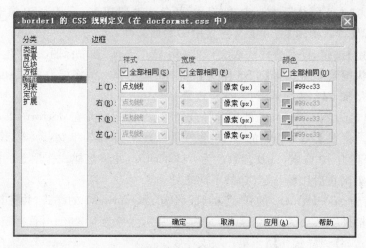

图 16-8　层叠样式 .border1 设置示意

别定义他们的【样式】为【点划线】、【虚线】、【实线】、【双线】、【槽状】、【脊状】、【凹陷】、【凸出】8 种风格，并设置合适的边框宽度和颜色。

　　操作提示：用与上题相同的方法，在层叠样式表文件 docformat.css 中，用 border2，border3，…，border8 为名新建 CSS 样式，定义【虚线】、【实线】、【双线】、【槽状】、【脊状】、【凹陷】、【凸出】7 种风格的样式，并将其参数【宽度】的【上】、【右】、【下】、【左】的值设置为 4 像素，【颜色】自定。

　　(10) 在新建网页 exe16-1.htm 上的创建 8 个 1 行 1 列的表格，表格的宽度和高度是 100×40 像素。分别用 border1，border2，…，border8 作用于 8 个表格，预览网页观察其效果。然后保存样式表文件 docformat.css 和网页文档 exe16-1.htm。

　　操作提示：新建网页文件 exe16-1.html，在网页上创建 8 个 1 行 1 列的表格（也可用布局单元格绘制），表格的宽度和高度是 100×40 像素。右击鼠标，在快捷菜单中选择【附加样式表】命令，将样式表文件 docformat.css 链接到当前文档中，再分别用 border1，border2，…，border8 为名的 CSS 样式作用于 8 个表格，如图 16-9 所示，预览网页观察其

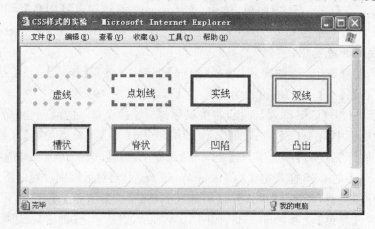

图 16-9　各种风格边框效果示例

效果。然后将样式表文件 docformat.css 和网页文档 exe16-1.html 保存在本地站点根文件夹下。

2. CSS 样式特殊效果的应用

(1) 创建名为 exe16-2.html 的网页,在网页合适的位置上插入 380×285 像素的层,并将本章素材文件夹中的图像文件 campus3.jpg 插入层中,用 CSS 的 Alpha 滤镜制作出如图 16-10 所示的效果。

图 16-10　Alpha 滤镜效果图

操作提示:在网页合适的位置上插入 380×285 像素的层,并将本章素材文件夹中的图像文件 campus3.jpg 插入层中。打开【CSS 样式】面板,单击右键,在快捷菜单中选择【新建】命令,将新样式保存在样式表文件 filter.css 中,在【新建】对话框中设置以下参数。

- 在 CSS 样式【选择器类型】区域中选择【类(可应用于任何标签)】单选项;
- 在 CSS 样式【选择器】框中输入样式名为:.filter1;
- 在【定义在】区域中选择【新建样式表文件】选项,表示新建的 CSS 样式定义在 filter.css 样式表文件中,并将 filter.css 保存在本地站点下,单击【确定】按钮确认。

在【.filter1 的 CSS 规则定义】对话框中设置以下参数。

在【分类】列表中选择【扩展】类型,在【滤镜】下拉式列表中选择 Alpha 选项,并设置 Alpha 参数。本题设置为

```
Alpha(Opacity=100,FinishOpacity=0,Style=2,StartX=0,StartY=0,FinishX=650,
FinishY=550)
```

参数意义如下:

- Opacity 设置初始不透明度,范围为 0~100。设定的值是 100 表示为完全不透明。
- FinishOpacity 设置终止不透明度。
- Style 设置渐变类型,数值 0 表示使用同一不透明度;数值 1 表示使用线性渐变;

数值 2 表示使用放射性渐变;数值 3 表示使用直角渐变。
- StartX,StartY 滤景效果的初始坐标。
- FinishX,FinishY 滤景效果的终止坐标。

右击选中的图像,在快捷菜单中选择 filter1,将该样式作用于图像。将网页文件用 exe16-2.html 为文件名保存在本地站点中。

(2) 创建名为 exe16-3.html 的网页,在网页的合适位置上插入 2 行 2 列 4 个布局单元格,每个单元格为 120×100 像素,并在每个单元格中插入本章素材文件夹中的图像文件 f01.jpg,如图 16-11 所示。然后用 CSS 的翻转滤镜制作出如图 16-12 所示的效果。

图 16-11 四幅相同的图像

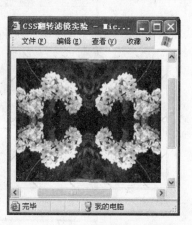

图 16-12 CSS 翻转滤镜效果图

操作提示:新建网页,单击【插入】栏【布局】选项卡,切换成布局模式,在网页编辑窗口中画出 240×200 像素的布局表格。在布局表格中画出 2 行 2 列 4 个布局单元格,每个单元格为 120×100 像素。在每个单元格中插入本章素材文件夹中的图像文件 f01.jpg,如图 16-11 所示。

打开【CSS 样式】面板,单击右键,在快捷菜单中选择【附加样式表】命令,在打开的【选择样式表文件】对话框中选择样式表文件 filter.css 链接到当前文档。

在快捷菜单中再选择【新建】命令,并在【新建 CSS 规则】对话框中设置以下参数。
- 在 CSS 样式【选择器类型】区域中选择【类(可应用于任何标签)】单选项;
- 在 CSS 样式【选择器】框中输入样式名为:.fliph;
- 在【定义在】区域中选择 filter.css 选项,表示新建的 CSS 样式定义在 filter.css 样式表文件中,单击【确认】按钮确认。
- 在【.fliph 的 CSS 规则定义(在 filter.css 中)】对话框中设置以下参数。
- 在【分类】列表中选择【扩展】类型,在【滤镜】下拉式列表中选择 FlipH 选项(水平翻转)。
- 用同样的方法在层叠样式表文件 filter.css 中定义样式 FlipV(垂直翻转)。

将 CSS 的翻转滤镜 FlipH 作用于左上图,CSS 的翻转滤镜 FlipV 作用于右下图,在左下布局单元格处插入 120×100 像素的层,其中插入图像文件 f01.jpg,然后用 CSS 的翻转滤镜 FlipH 和 FlipV 作用于层中图像,制作出如图 16-12 所示的效果。也可以定义新的样式 FF 将 FlipH 和 FlipV 同时输入滤镜器的下拉列表框中,中间用空格分割,用 CSS 样式 FF 作用于左下角的图像,这样就可以做出图 16-12 所示的效果了。

预览网页后用 exe16-3.html 为名将网页文件保存在 My site 文件夹中。

注意:

- 要对图像 2 次作用 CSS 样式,可先添加层,在层中插入图像,再对层 2 次作用 CSS 样式。
- 也可以定义新的样式,将 FlipH 和 FlipV 同时输入滤镜器的下拉列表框中,中间用空格分割,用新样式作用于左下角的图像,可完成图像的水平和垂直翻转。

(3) 创建名为 exe16-4.html 的网页,在网页合适位置上插入 1 行 3 列 3 个布局单元格,每个单元格为 100×220 像素,并在每个单元格中插入本章素材文件夹中的图像文件 campus4.jpg。然后用 CSS 的波浪滤镜制作出如图 16-13 所示的效果。

- 左图参数为 Wave(Add=1,Freq=2,LightStrength=70,Phase=50,Strength=10);
- 右图参数为 Wave(Add=0,Freq=3,LightStrength=10,Phase=75,Strength=10);
- 中间为原始图像。预览网页后,用 exe16-4.html 为名将网页保存在本地站点中。

图 16-13　CSS 波浪滤镜效果图

操作提示:创建名为 exe16-4.html 的网页,在网页合适位置上插入 1 行 3 列 3 个布局单元格,每个单元格为 100×220 像素,并在每个单元格中插入的图像文件 campus4.jpg。

打开【CSS 样式】面板,附加样式表文件 filter.css 链接到当前文档。在【CSS 样式】面板中右击,再选择快捷菜单中【新建】命令,并在【新建 CSS 规则】对话框中设置以下参数。

- 在 CSS 样式【类型】区域中选择【类(可应用于任何标签)】单选项。
- 在 CSS 样式【名称】框中输入样式名为:.Wave1。
- 在【定义在】区域中选择【filter.css】选项,表示新建的 CSS 样式定义在 filter.css 样式表文件中,单击【确定】按钮确认。
- 在【.Wave1 的 CSS 样式定义(在 filter.css 中)】对话框中设置以下参数。
- 在【分类】列表中选择【扩展】类型,在【滤镜】下拉式列表中选择 wave 选项,创建 CSS 样式 Wave1(Add=1,Freq=2,LightStrength=70,Phase=50,Strength=10)。

用同样的方法创建 CSS 样式 Wave2(Add=0,Freq=3,LightStrength=10,Phase=75,Strength=10)。用.Wave1 作用于左图,用.Wave2 作用于右图,中间为原始图像。

滤镜.Wave 的参数意义如下:

- Add 为是否将原始图像加入变形后的图像,0 表示"否";1 表示"是"。
- Freq 表示扭曲效果中出现的波形数目。

- Light Strength 确定波形亮度的深浅,取值越大则越亮。取值范围为 0～100 的整数。
- Phase 表示波形的初相位,该值决定了波形的形状。其取值为 0～100 的整数。
- Strength 表示波形的强度。其取值为 0～100 的整数。

预览网页后,将网页文件用 exe16-4. html 为文件名保存在本地站点中。

(4) 创建名为 exe16-5. html 的网页,然后用 CSS 的翻转滤镜制作出如图 16-14 所示的效果。预览网页后,用 exe16-5. html 为名将网页保存在本地站点中。

操作提示: 创建名为 exe16-5. html 的网页,仿照上题插入单元格和图像,用 CSS 水平翻转滤镜作用于图像,操作略。预览网页后,用 exe16-5. html 为名将网页保存在本地站点中。

图 16-14　CSS 翻转滤镜效果图

(5) 利用显示滤镜(RevealTrans)设置进入网页 art. html 的切换效果为随机效果,其参数为 Revealtrans(Transition = 23, duration=3.0);设置离开网页 literature. html 的效果为代号是 8 的垂直百叶窗,其参数为 Revealtrans(Transition=8,duration=2.0)。预览网页后,用原文件名将网页保存在本地站点中。

操作提示: 打开网页文件 art. html,单击【插入】栏 HTML 选项的【文件头】下拉列表,选择 Meta 命令,或者选择【插入】|HTML|【文件头标签】|Meta 命令,打开 Meta 对话框。

在【属性】下拉列表中选择 HTTP-equivalent 选项,在【值】文本框中可输入 Page-Enter 参数,表示进入网页切换效果。在【内容】文本框中输入 Revealtrans(Transition=23,duration=3.0),表示网页切换效果的延续时间(duration)为 3 秒,网页切换效果方式(Transition)为随机特效。

打开网页 literature. html,选中标题文字,建立与网页文件 art. html 的超链接,浏览该网页,观察切换效果。用同样的方法设置离开网页 literature. html 的切换效果是垂直百叶窗,其参数为 Revealtrans(Transition=8,duration=2.0)。

预览网页后,用原文件名将网页保存在 HTML 文件夹中。

注意: 在网页上添加了切换特效后,实际上是在网页的<head>与</head>区域添加了代码:<meta http-equiv="Page-Enter" content="Revealtrans(Transition=23,duration=3.0)">,要使这行代码放在<head>标签的下一行,如果放在</head>的上一行,有时特效显示会无效。

(6) 打开网页 edu. html,创建改变鼠标指针的 CSS 样式。CSS 样式. cursor1 为 Crosshair 细十字鼠标指针效果,css 样式 . cursor2 为 help 鼠标指针效果。将样式

. cursor1作用在网页左边的花纹上,将样式 .cursor2 作用在网页的标题文字上。预览网页后,用原文件名将网页保存在本地站点中。

操作提示:打开网页文件 edu. html,打开【CSS 样式】面板。在快捷菜单中选择【新建】命令,打开【新建 CSS 规则】对话框。在【选择器类型】选项中选择【类(可应用于任何标签)】单选项,在【名称】文本框中输入 .cursor1,在【定义在】选项中,选择 filter. css,并单击【确定】按钮确认。

在【. cursor1 的 CSS 样式定义(在 filter. css 中)对话框中,选择【分类】列表的【扩展】选项,按题意设置【光标】的视觉效果为 Crosshair,单击【确定】按钮就新建立了 CSS 样式。用同样的方法创建 CSS 样式.cursor2。

在网页左侧花纹处单击右键,应用 CSS 样式.cursor1。右击选中网页的标题文字,应用 CSS 样式.cursor2。预览网页后,用原文件名将网页保存在本地站点中。

3. 模板的应用

(1) 将本章素材文件夹中 flower. html 文档改变成模板,将其中 7 幅图像所处的区域设置为可编辑区,可编辑区域的名字为 img1,img2,…,img7,如图 16-15 所示,模板文件名为 flower. dwt,将模板文件保存在本地网站的 Template 文件夹中。

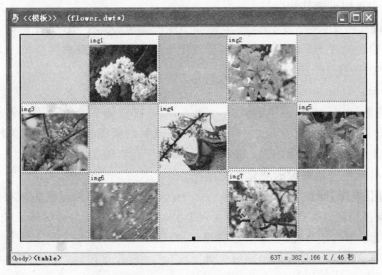

图 16-15　模板创建示意图

操作提示:

① 打开网页 flower. html,按 F11 键,打开【资源】面板。单击【资源】面板左侧的【模板】按钮,右击【模板】面板,打开快捷菜单,选择【新建模板】命令,输入模板名为 flower。选择【文件】|【另存为模板】命令,保存模板文件 flower. dwt。

② 将光标插入网页中的图像区域处,选择【插入】|【模板对象】|【可编辑区域】命令,在【新建可编辑区域】对话框中输入参数,在【名称】文本框中输入可编辑区域的名字为 img1,并单击【确定】按钮确认。用同样的方法定义其他 6 个可编辑区域 img2,…,img7。并保存模板文件。

注意：模板文件必须保存在本地站点的 Template 子文件夹内。

(2) 利用模板文件 flower.dwt,创建网页文档 exe16-6.html。其中可编辑区域插入的图像分别是本章素材文件夹中 tu1.jpg,tu2.jpg,…,tu7.jpg,预览网页后用 exe16-6.html 保存文件。

操作提示：选择【文件】|【新建】命令,在【新建文档】对话框中,单击【模板】选项卡,对话框变成【从模板新建】的对话框。在此选项卡左侧的【模板用于】列表中,选择新建的网页页面所用的模板名称,此时在右边的预览窗口中会显示选中的模板。选中【当模板改变时更新网页】的复选项,这样当模板被修改后,用此模板创建的网页也会被修改。单击【创建】按钮便可创建一个模板的网页页面。删除模板的可编辑区域中原先的图像,在可编辑区域插入 img 文件夹中的图像 tu1.jpg,tu2.jpg,…,tu7.jpg。预览网页后用 exe16-6.html 为名保存文件。

(3) 将模板文件 flower.dwt 改名为 grid.dwt,保存后更新站点中所有基于该模板的网页文件。

操作提示：按 F11 键,打开【资源】面板。选择其中的模板 flower,单击右键在快捷菜单中选择【重命名】命令,将模板 flower 改名为 grid,系统弹出【更新文件】对话框,单击【更新】按钮完成网页文件的更新。

(4) 修改模板文件 grid.dwt,将其背景图像改为 bg0021.gif,保存修改后的模板文件。用这个模板文件更新站点中所有基于该模板的网页文档,观察网页文件 flower.html 和 exe16-6.html 背景图像格变化情况。

操作提示：

打开【资源】面板,选择其中的模板 grid,右击,选择快捷菜单中【编辑】命令,然后在代码视图中,将其背景图像改为 bg0021.gif,保存修改后的模板文件。在【资源】面板中右击鼠标,选择【更新站点】命令,更新站点中所有基于该模板的网页文档,打开网页文件 exe16-6.html 观察背景图像的变化情况。

(5) 利用【资源】面板创建一个名为 test.dwt 的模板,模板的可编辑区有文字区和图像区,版面构图自定。在模板的底部插入一个层,并将该层定义为可编辑区域。

操作提示：参考上述习题,操作步骤略。

(6) 利用 grid.dwt 模板创建网页文件 exe16-7.html,并在层中插入 close1.gif 文件,预览网页后,保存网页文件。

操作提示：选择【文件】|【新建】命令,在弹出的【新建文档】对话框中,单击【模板】选项卡,对话框变成【从模板新建】的对话框。在此选项卡左侧的【模板用于】列表中,选择本地站点以及 grid.dwt 模板,此时在右边的预览窗口中会显示选中的模板 grid.dwt,单击【创建】按钮打开模板。网页的底部插入一个层,层内插入 img 文件夹中的图像文件 close1.gif,并浏览该网页,然后用 exe16-7.html 为名将文件保存在本地站点文件夹中。

4. 创建、编辑与使用库对象

(1) 打开网页文件 exe16-7.html,将网页中的 7 幅图像用菜单命令方式或鼠标拖曳方式添加到库中,分别用 img1,img2,…,img7 给库项目命名。将网页底部的图像文件 close1.gif 用 close 为名设为库项目。

操作提示：打开网页文件 exe16-7. html，打开【资源】面板。单击【资源】面板左下角库项目按钮，切换到【库】面板。选中网页中的图像，直接用鼠标将其拖曳到库面板中，或选择【修改】|【库】|【增加对象到库】命令将选中的图像加入到【库】面板中，并分别用 img1，img2，…，img7 给这些库项目命名。在网页底部插入一个层，并将文件夹 img 中 close1. gif 插入层中。选中该图像将其拖入库中，并命名为 close。

（2）打开网页文件 art. html，将网页中的标题"生活和艺术"，用菜单命令方式或鼠标拖曳方式添加到库中，用 art 为其命名。在网页底部插入库项目 close。

操作提示：打开网页文件 art. html，选中网页中的标题"生活和艺术"，直接用鼠标将其拖曳到【库】面板中，将选中的文字加入到库中，并用 art 为其命名。在网页底部插入 150×35 像素的层，选中名为 close 的库项目，右击鼠标，在快捷菜单中选择【插入】命令，或直接将库项目拖到网页底部的层中。预览后，保存网页文件。

（3）将库项目 close 用外部编辑器 Fireworks 编辑修改后仍存放在库中，把库项目"关闭窗口"改为"发表评论"，对库项目 close 建立超链接，被链接的网页为 exe16-1. html。然后更新整个站点。

操作提示：在库面板中双击库项目 close，打开该库项目，并选中该库项目。单击【属性】面板中的【编辑】按钮启动 Fireworks 8 编辑该库项目，如图 16-16 所示。

图 16-16　用 Fireworks 8 编辑库项目

在 Fireworks 8 编辑窗口中，编辑图像的操作步骤如下：

（1）用【指针】工具选中文字"发表评论"，按 DEL 键，将文字删除，如图 16-17 所示。

（2）单击工具箱中的文字输入工具**A**，打开【编辑器】对话框，输入文字"返回首页"，并设置字体和字的大小，单击【确定】按钮确认，如图 16-18 所示。

图 16-17　删除文字

图 16-18　输入更换的文字

（3）选中编辑窗口中的文字,在 Fireworks 8 文字的【属性】面板中,单击【效果】添加按钮 ，在快捷菜单中选择【阴影和光晕】|【投影】命令,其他参数默认,给文字添加阴影效果。

（4）单击 Fireworks 窗口中的【完成】按钮,返回 Dreamweaver 8 库项目修改完成。选中库项目,在【属性】面板中建立 exe16-1.html 的超链接,保存库项目 close。右击库面板,在快捷菜单中选择【更新站点】命令更新整个站点。预览有该库项目的网页,观察库项目修改后网页的变化。

16.5　课外思考与练习题

（1）层叠样式表和层叠样式的主要区别是什么? 怎样能在层叠样式表中增加新的样式?

（2）是否可以用多个层叠样式作用于网页中的一个对象?

（3）是否可以用多个层叠样式表文件作用于一个网页?

（4）CSS 滤镜的应用要注意什么? 是不是所有滤镜都能被浏览器所支持?

（5）应用滤镜后的图像效果可以直接在网页编辑窗口中看到吗?

（6）试用 CSS 样式的其他滤镜的效果。

（7）归纳总结用【资源】面板管理本地站点中各种网页元素的方法。

（8）模板和库的主要区别是什么? 它们各自的优缺点有哪些?

（9）是否可以将模板文件保存在 Template 文件夹外? 是否可以将模板文件保存在本地站点的根文件夹外? 是否可以将非模板文件保存在 Template 文件夹中?

（10）从本题开始为综合练习题。完成符合下列要求的图像处理题。

① 在 Fireworks 8 中,将 img 文件夹中的图片 tu6.jpg 缩小为 66×44 像素,并加圆角矩形外框线,外框线宽度为 3 像素,颜色为♯99FF66,矩形圆角度为 30,大小为 64×42 像素。擦除圆角矩形外多余部分的图片,用 tu6_1.gif 为名将图片文件保存在 img 文件夹中。

② 创建一块背景颜色为♯660000,大小为 500×110 像素的画布。依次导入图像文件 tu2_3.jpg、tu5_3.jpg、tu10_3.jpg,水平横放。用 Fireworks 8 制作从左往右水平移动的遮罩动画。动画共设置 12 帧,移动距离为 115。遮罩图像的大小为 160×105 像素,圆角度为 15 的圆角矩形。动画制作完成后,用裁剪工具将其裁剪为 165×110 像素,并将动画文件用 fg1.gif 为名保存在本站点的根文件夹中。

③ 在 Fireworks 8 中,将根文件夹中的逐帧图像文件 fangao.png 打开,在最后添加一帧,并居中导入 Frame.gif。在新插入的帧上,用钢笔绘制横"S"形状的曲线,输入文字"名画——文化的瑰宝,精神的财富",文字的大小、颜色和字体自定,并使文字附加到曲线上。将逐帧图像文件的每一帧播放时间改为 100/100 秒,并播放逐帧图像文件,然后将处理好的文件用 fg2.gif 为名保存在本站点的根文件夹中。

操作提示：第①题用圆角矩形工具绘制图像边框,用橡皮工具擦除图像圆角出处多余部分。

第②题创建一个背景颜色为♯660000，大小为500×110像素的画布。导入图像文件tu2_3.jpg、tu5_3.jpg、tu10_3.jpg，水平横放。并按Shift键同时选中这三张图片。在【元件属性】对话框中，元件类型选择【动画】单选项，打开如图16-19所示的【动画】对话框，将【帧】数设定为12，其他参数不变，单击【确定】按钮。

图16-19　【动画】对话框

此时可以看到图像中心出现一个红点，用鼠标向左拖动红点到合适位置处，如图16-20所示。

添加图层2。选择【圆角矩形】工具，设置颜色为♯FFFFFF，【圆角】为15，绘制一个大小为160×105像素的圆角矩形。

图16-20　图像转换为动画

同时选中圆角矩形和背景图片，选择【修改】|【蒙版】|【组合为蒙版】命令，将圆角矩形和背景图片合并为一个遮罩组。单击工具箱中的【剪切】工具按钮，用鼠标拖曳一个165×110像素的剪切区域（即圆角矩形区域），按Enter键完成图像剪切。播放动画后，将制作好的动画文件以fg1.gif为名保存在本站点的根文件夹中。

第③题先打开fangao.png文件，打开【帧】面板，在动画结尾处添加帧。在该帧导入frame.gif文件，居中安放。用【钢笔】工具，在图片中绘制一条横S曲线。可通过工具箱中的【部分选定】按钮调整曲线。在图片中输入文字"名画——文化的瑰宝，精神的财富"。

按住Shift键同时选中文字和路径对象，选择【文本】|【附加到路径】命令。

选中全部帧后双击帧频率处，在对话框中将每帧的【帧延时】时间改为100/100秒，按Enter键确认。播放动画后，将制作好的动画文件以fg2.gif为名保存在本站点根文件夹中。

（11）完成符合下列要求的动画制作题。

① 打开Flash文件fg3.fla，修改影片剪辑元件word，使其从第40帧处添加空白关键帧，居中输入文字"精神的财富"，字体为"华文行楷"、大小为33像素、颜色为♯660000，使文字"文化的瑰宝"从第30帧起形状渐变为第40帧的"精神的财富"，并使其延续10帧。

从第51～60帧，文字"精神的财富"的Alpha值由100％渐变为0％。退出影片剪辑元件word的编辑状态，返回场景，保存Flash文件fg3.fla，测试动画后生成文件

fg3. swf。

② 打开 Flash 文件 fg4. fla,仿照库中影片剪辑元件 skin1,创建符合下列要求的影片剪辑元件 skin2。在第 1 层的第 1 帧处居中绘制 10×20 像素的矩形,颜色为♯FFFFCE,将其设置为图像元件 j1,并将该元件的实例的 Alpha 值设置为 40%。

在第 1 层的第 8 帧处添加关键帧,将元件 j1 的实例放大为 90×20 像素的矩形,并将该实例的 Alpha 值设置为 80%。创建第 1 帧到第 8 帧的运动渐变动画,并在第 9 到第 15 帧添加普通帧。创建一个新层,在该层的第 1 帧处绘制 90×4 像素的直线,其位置为 X=−137;Y=12,颜色为♯FFFF00。将其设置为图像元件 j2,并将图像元件 j2 实例的 Alpha 值设置为 10%。在该层第 10 帧处添加关键帧,将元件 j2 的实例的位置改为 X=−45;Y=12,Alpha 值设置为 100%。

创建第 1~10 帧的运动渐变动画,在第 15 帧处添加关键帧,并在该帧处设置帧动作 Stop。退出影片剪辑元件 skin2 的编辑状态,返回场景。

③ 编辑 Flash 文件 fg4. fla 中按钮元件 r_button。在按钮元件 r_button 中添加一个新层图层 2,在该层的第 2 帧处插入关键帧,并将影片剪辑元件 skin2 拖曳至工作区中,使其中心点与按钮的中心点对齐。在按钮元件 r_button 中添加一个新层图层 3,在该层的第 2 帧处插入关键帧,并将库中音频文件 tinytip. wav 添加到该帧上。退出按钮元件 r_button 的编辑状态,返回场景。保存 Flash 文件 fg4. fla,测试动画后生成文件 fg4. swf。

④ 打开 Flash 文件 fg5. fla,在图层 5 和图层 7 中间插入图层 6。在图层 6 的第 25 帧处插入关键帧,导入图像文件 tu6_1. gif,并该图像组合后,放置在工作区左下角的外面。

在图层 6 的第 30 帧处插入关键帧,将图像文件 tu6_1. gif,放置在工作区的左上角。在图层 6 的第 35 帧处插入关键帧,将图像文件 tu6_1. gif,放置在工作区顶部居中。在图层 6 的第 36~60 帧上添加普通帧,并在第 25 帧和第 30 帧处创建运动渐变动画。保存 Flash 文件 fg5. fla,测试动画后生成文件 fg5. swf。

⑤ 打开文件夹中的文件 fg6. fla,添加一个新的层和引导层,将库中影片剪辑元件"蝴蝶群"拖入工作区,将实例"蝴蝶群"缩放到合适的大小。用铅笔画横贯工作区的弯曲引导线,制作沿引导线运动渐变的"蝴蝶群"动画。保存 Flash 文件 fg6. fla,测试动画后生成文件 fg6. swf。

操作提示:

① 打开 Flash 文件 fg3. fla,双击【库】面板中的 word 影片剪辑元件,进入元件编辑模式。按要求在第 30~40 帧制作形状渐变,首尾关键帧处的文字必须分离。在第 50 帧处插入普通帧,使文字延续到第 50 帧。

在第 51 帧插入关键帧,将文字对象转换为图形元件,在第 51~60 帧创建 Alpha 值由 100%~0% 的运动渐变动画。

② 打开 Flash 文件 fg4. fla,仿照库中影片剪辑元件 skin1,按要求创建影片剪辑元件 skin2。新建影片剪辑元件 skin2,在第 1 帧居中绘制一个无边框的大小为 10×20 像素、【填充色】为♯FFFFCE 的小矩形,将矩形转换为图形元件,将矩形元件实例的 Alpha 值设置为 40%。选中第 8 帧插入关键帧,将矩形实例放大至 90×20 像素,并将 Alpha 值设置为 80%。

创建第 1～8 帧的运动渐变动画,在第 15 帧插入普通帧,使动画延续到第 15 帧。

插入图层 2,在图层 2 第 1 帧绘制一条长度为 90 像素,颜色为♯FFFF00,笔触大小为 4 像素的线段,在【属性】面板中将其位置调整为 X=−137,Y=12,并将其转换为名称为 j2 的图形元件。在图层 2 第 10 帧插入关键帧,将线段的位置调整为 X=−45,Y=12。

在第 1 帧到第 10 帧创建 j2 实例的 Alpha 值由 10%～100%的运动渐变动画。

选中图层 2 第 15 帧插入关键帧。按 F9 键打开【动作】面板,双击【动作】|【影片控制】中的 Stop 命令,为第 15 帧添加动作,然后返回场景。

③ 打开 Flash 文件 fg4. fla,打开【库】面板,双击按钮元件 r_button 进入按钮元件编辑模式。插入新图层 2,在图层 2【指针经过】帧插入关键帧。将【库】中的影片剪辑元件 skin2 拖曳到工作区居中安放。插入新图层 3,在图层 3【指针经过】帧插入关键帧。将【库】中的声音文件 tingtip. wav 拖曳到工作区。返回场景后,以原文件名保存文件。

④ 打开 fg5. fla 文件。新建图层 6,导入 tu6_1. gif 文件,在第 25、30、35 帧插入关键帧,将关键帧处的图片拖曳到合适的位置,创建运动渐变的动画。在图层 6 第 60 帧插入普通帧。

⑤ 打开文件夹中的文件 fg6. fla,添加一个新的层和引导层,按要求完成操作。

(12) 完成符合下列要求的网页制作题。

① 新建"顶部和嵌套的左侧框架"结构的网页,框架集文件名为 index. htm;左框架文件名为 left. htm,并设置背景颜色为♯660000,左框架的【列】宽度为 270 像素;顶框架文件名为 top. htm,顶框架的【行】高度为 165 像素,并设置背景颜色为♯660000,插入 Flash 文件 fg4. swf;设置主框架页面的【滚动】方式为"自动",【源文件】为本地站点中的网页文件 main. htm;将三个框架网页的页面属性【左边距】、【右边距】、【上边距】、【下边距】设为 0,并将全部框架文件保存在本地站点中。

② 按照图 16-21 所示的样张,在左框架中绘制 270×460 像素的布局表格,在左框架的布局表格中,从上至下分别绘制 270×170 像素、270×140 像素、270×150 像素的布局单元格。并在上、下 2 个布局单元格中分别插入 Flash 文件 fg3. swf、fg5. swf。

在中间的布局表格中创建一个表单,在表单的第 1 行,插入文本域,文本域的标识为"用户名",【字符宽度】为 20,【类型】为"单行",【最大字符数】为 20。

换行后,再插入一个文本域,文本域的标识为"密码",【字符宽度】为 20,【类型】为密码,【最大字符数】为 20。换行后,在表单的第 3 行居中插入 1 个按钮,并将其【标签】和【动作】设置为"递交表单"。设置表单的【名称】为"登录",【动作】为答题学生本人的邮件地址,【方式】为 POST。

③ 按照样张在主框架中绘制 510×460 像素的布局表格,在布局表格中从上至下分别绘制 1 个 510×45 像素的布局单元格,3 个 510×110 像素的布局单元格,1 个 510×45 像素的布局单元格,中间 3 个布局单元格之间间隔 20 像素。

在上、下 2 个布局单元格中分别插入图像文件 topbg. gif 和 bottombg. gif,并将其宽度放大到 510 像素。

将每个 510×110 像素的布局单元格改为 165×110 像素和 315×110 像素的 2 个布局单元格,并在修改后的 2 个布局单元格的左边留出 15 像素的间隔。

图 16-21 首页的样张示意图

在 3 个 165×110 像素的布局单元格中分别插入图像文件 tu10_3.jpg、tu5_3.jpg、fg1.gif。

将 word 文件"梵高的画.doc"中 3 段文字分别复制到 3 个 315×110 像素的布局表格中,并设置字体为宋体,字的大小为 2 号,颜色为白色。

④ 用模板 fangao 新建网页文件 fg.htm,并将此文件保存本地站点根文件夹中。将根文件夹中"梵高的故事.doc"的文字内容复制到网页文字可编辑区域,并在模板左侧 3 个图像可编辑区域中,分别插入 fg6.swf、fg2.gif 和 img 文件夹中的 tu2_3.jpg,模板顶部标题可编辑区域输入文字"梵高的故事"。

附加本地站点根文件夹中的外部层叠样式表文件 format.css,并将样式 title 作用于网页标题,样式 format 作用于网页中的其他文字,样式 filter 作用于图像文件 tu2_3.jpg;

在网页中最后一段的文字"镶板画"中间插入用于超级链接的名为"aa"的锚点。在页面左下角插入库项目 return。

⑤ 按照下列要求设置行为和超链接。

给网页主框架中图像文件 tu5_3.jpg 添加行为:双击该图像,停止播放左框架中的 Flash 文件 fg5.swf,单击该图像,开始播放左框架中的 Flash 文件 fg5.swf。

编辑库项目 return,使其与首页 index.htm 建立超级链接,并更新整个站点。

给网页主框架中图像文件 tu10_3.jpg 添加超级链接,单击此图像时链接到文件 fg.htm 的锚点 aa 上,并使该文件在主框架中显示。

给 Flash 文件 fg4.fla 的按钮"梵高故事"添加超链接,单击此按钮时链接文件 fg.htm,并使该文件在新的窗口中显示。

操作提示：

① 新建“顶部和嵌套的左侧框架”结构的网页，并按要求对框架网页进行操作。

② 在左框架中绘制 270×460 像素的布局表格，分别在布局表格中绘制 3 个 270×170 像素、270×140 像素、270×150 像素的布局单元格。

将光标插入左上方布局单元格中，插入 fg3.swf 文件，在【属性】面板中设置 flash 文件的【名字】为 fg3，将【自动播放】复选框中的勾去掉，即设置为不自动播放。

将光标插入左下方布局单元格中，插入 fg5.swf 文件。将光标插入中间布局单元格中，在布局单元格中插入表单，在表单中添加指定的表单域。

③ 选中主框架，设置网页背景颜色为♯660000。按样张在主框架中绘制 510×460 像素的布局表格，在该布局表格中按题意绘制布局单元格后插入文字和图像。

在顶部布局单元格中插入 topbg.gif 图像文件，在底部的布局单元格中插入 bottombg.gif 图像文件，并放大至合适的大小。按样张插入文字和图像。

④ 用模板 fangao 新建网页文件 fg.htm，并将此文件保存在本地站点根文件夹中。

⑤ 按照要求为设置行为和超链接。

为库项目添加超链接。打开【资源】面板，选中库项目 return，单击面板右下方的【编辑】按钮，进入修改库项目 return 编辑窗口，在【属性】面板的【链接】文本框中，选择本地站点中的网页 index.htm，在【目标】文本框中输入 _parent。选择【文件】|【保存】命令，保存修改后的库项目，并更新站点。

为锚点添加超链接。选中网页主框架中的 tu10_3.jpg 图片，单击【行为】面板中的 按钮，在【动作】菜单中选择【转到 URL】动作，打开【转到 URL】对话框，在【打开在】列表框中选择【框架“maimfram”】选项，【URL】框中输入 fg.htm♯aa，单击【确定】按钮。

选中该行为，单击事件列表中的 按钮，在菜单中选择 OnClick 事件。其意义为单击 tu10_3.jpg 图片超链接到 fg.htm 网页中的锚点 aa。

为 flash 按钮超链接。在 Flash 8 中打开文件 fg4.fla，选中按钮“梵高故事”，打开【动作】面板，添加如下的按钮的动作：

```
on (release) {
    getURL("fg.htm", "_blank");
}
```

选择【文件】|【导出影片】命令，将修改后的 Flash 文件导出为 fg4.swf。

在 Dreamweaver 8 中，选择【文件】|【保存全部】命令，保存框架网页，按 F12 键预览网页。

第 17 章　表单与扩展管理器

17.1　实验的目的

（1）掌握表单的创建和编辑的方法。

（2）熟悉各种表单域的使用方法。

（3）了解【Macromedia 扩展管理器】的使用方法。

17.2　实验前的复习

17.2.1　表单的创建与应用

表单技术可以实现浏览者同 Internet 服务器之间信息的交互传送，它是网络上信息收集处理的一种重要的方式。表单主要的功能是接收输入的信息，并用指定的方式传送给服务器分析处理。表单中有多种不同的表单域，每个表单域都应该有一个标识，标明这个表单域中应该输入的内容。不同类别的信息可以由不同的表单域分别接收，最后通过网络递交给服务器。

1. 创建表单

在网页中创建一个表单的方法一般有以下 3 种。

（1）将光标定位在要插入表单的位置上，选择【插入】|【表单】|【表单】命令，便可在网页的指定位置上插入一个红色虚线构成的表单区域。

（2）将光标定位在要插入表单的位置上，单击【插入】栏【表单】选项卡中的【表单】按钮▢，便可在网页的指定位置上插入一个表单区域。

（3）直接将【插入】栏【表单】选项卡中的【表单】按钮▢拖入网页编辑窗口的表单插入区域，也可在网页的指定位置上插入一个表单区域。

注意：创建的表单区域后，在页面上会出现表示当前表单的红色虚线框，所有表单域都必须插入在红色虚线框内。

红色虚线边框内一般应该插入"递交"表单的按钮，表单才能起作用。在红色虚线边框中插入表单域后，这个区域会自动调整其大小。

在创建表单后，就可以在表单中插入各种表单域。常用的表单域有：单行文本域、多行文本域、按钮、复选框、单选按钮、列表/菜单、跳转菜单、文件域、图像域、隐藏域等。要在网页中插入表单域有两种方法。

（1）利用网页编辑窗口的菜单命令。选择【插入】|【表单】命令，在其级联菜单中选择相应的命令插入表单域；

（2）直接单击【插入】栏【表单】选项卡，从中选择要插入的表单域。

2．表单的应用

1）验证表单的输入数据

表单收集的数据是多种多样的，一般情况下，有些表单在递交信息以前可对表单的输入内容进行验证，看看是否符合要求，然后再把符合要求的数据传送给服务器端的表单处理程序。在 Dreamweaver 8 中实现这种数据验证是非常方便的，具体实现的过程请见本章的典型范例分析与解答。

2）表单的发送

表单创建后要真正起到信息交流的作用，还需要为表单设置动作。

单击表单的红色虚线框，将表单选中。在表单的【属性】面板中，一般可以使用电子邮件的方式，或者设定处理表单应用程序的方式，本教材主要介绍用电子邮件的方法发送表单。

将浏览者填写的表单内容用电子邮件发送的方法设置是很简单的，在表单的【属性】面板的【动作】文本框中输入"mailto：＜收件人的邮件地址＞"（其中＜＞号中的内容未必选参数），在【方法】下拉列表中选择 POST 选项即可。

17.2.2　Dreamweaver 8 的扩展管理器与插件

插件（Extension）也称为扩展，是 Macromedia 用来扩展其产品功能的一种技术。Macromedia Extension Package 文件是用来封装插件以及相关文档和一系列演示文件的压缩文件包，而扩展管理器（Extension Manager）就是用来解压插件压缩文件包的软件。

现在 Internet 上的 Dreamweaver 8 插件层出不穷，设计者可以在很多网站上下载到各式各样的插件，而且 Macromedia 公司也专门在自己的官方网站上开辟了 Macromedia Exchange 栏目，在那里可以下载数以百计的插件，安装那些插件可以扩充 Dreamweaver 8 功能。

但是，如此之多的插件要逐一安装和管理也是一个不容易的问题，在 Dreamweaver 8 中可以安装功能强大的扩展管理器（Macromedia Extension Manager），使用扩展管理器可以很方便地解压安装插件，管理好数量众多的插件。

Dreamweaver 8 的插件可以用于拓展 Dreamweaver 8 的功能。在 Dreamweaver 8 中，插件类型又分为命令（Command）、对象（Object）、行为（Behavior）等。用好 Dreamweaver 8 的插件可以扩展 Dreamweaver 8 的功能，提高网页制作的效率。

Dreamweaver 8 扩展管理器的安装方法比较简单，可先到 Macromedia 公司的官方网站上下载"功能扩展器的软件"，并复制到 Dreamweaver 8 安装目录中。双击软件安装图标，就可以解压软件，按照安装向导的提示安装好该软件，如图 17-1 所示。

作为选学内容，本实验中安排了扩展管理器和插件的实验练习。

图 17-1 【安装 Macromedia Extension Manager】向导

17.3 典型范例的分析与解答

例 17.1 创建一个如图 17-2 所示的信息反馈的表单,并根据输入的数据类型设置表单域的验证行为,使得当在表单中输入无效数据后,递交表单时会显示错误提示信息。

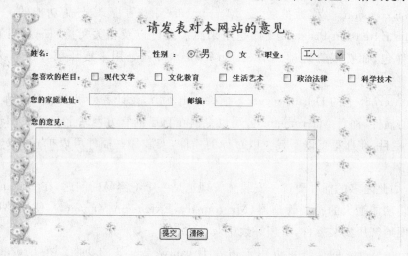

图 17-2 信息反馈的表单

制作分析:本例是一个常见的表单网页,按照常规表单创建的方法就可以完成表单的创建。表单中的"姓名"、"您的家庭地址"、"邮编"等文本表单域都可以添加验证行为来检验数据输入的正确性。

操作步骤如下:

(1) 创建一个名为 validate. html 的网页文件,选择【修改】|【页面属性】命令,设置页面背景图像为本章素材文件夹中的图像文件 bg0096. jpg,单击【插入】栏【表单】选项卡中的【表单】按钮□,此时网页中出现一个被红色虚线界定的区域,即在网页编辑区中生成

了一个表单区域。

单击红色虚线框可以选中表单区域,在【属性】面板中可设置这个表单区域的属性。

- 在【表单名称】文本框中输入"表单实例"。
- 在【动作】文本框中输入"mailto:<收件人邮件地址>"。
- 在【方法】下拉式框中选择 Post 选项,表示表单用邮件方式发送。

(2) 将光标插入红色虚线框内,输入表单的标题文字"请发表对本网站的意见",并在【属性】面板中完成文字的格式化。将光标插入在表单合适的位置上,输入标识提示文字"姓名:"。单击【插入】栏【表单】选项卡中的【文本字段】按钮□,就可在表单中生成一个文本框表单域。

- 在文本表单域的【属性】面板中的【文本域】文本框中输入文本域的名称为textfield,系统将以此名称保存文本表单域中的内容。
- 在【字符宽度】文本框中输入表单域的宽度为20。
- 在【类型】区域中选择文本框的类型为【单行】。

(3) 仿照步骤(2)在表单合适的位置上,分别创建单行文本域"您的家庭地址:"、"邮编:"和多行文本域"您的意见",并分别给那些文本域命名为 textfield2、textfield3、textfield4,文本域的宽度自定。

(4) 将光标定位在合适位置处,输入标识提示文字"性别:"。单击【插入】栏【表单】选项卡中的【单选按钮】◉,就可在表单中生成一个【单选按钮】表单域。

- 选中这个单选按钮,在单选按钮的【属性】面板的【单选按钮】文本框中输入单选按钮组的名字"性别";
- 在【选定值】文本框中,给单选按钮赋值"男";
- 设置单选按钮的【初始状态】为【已勾选】状态。

用同样的方法添加另一个标识为"女"的单选按钮,并将其选中。

- 在【属性】面板的【单选按钮】文本框中输入单选按钮组的名字"性别";
- 在【选定值】文本框中给单选按钮赋值"女";
- 并设置单选按钮的【初始状态】为【未选中】状态。

(5) 将光标插入在表单合适的位置上,输入下拉列表框的标识文字"职业:",然后单击【插入】栏【表单】选项卡中的【列表/菜单】按钮▤,此时表单中显示一个很小的下拉式列表框。

- 双击新建的下拉式列表框,在【属性】面板的【列表/菜单】文本框中输入下拉式列表框的名称为 work;
- 在【类型】选项区中设置下拉式列表框的类型为【列表】,在【高度】文本框中设置列表框可显示的行数为 5 行;
- 不选【允许多选】复选框(若选中该复选项,则可将下拉式列表设置成一次可选择多个选项);
- 单击【列表值】按钮,可以进行列表设置。在【列表值】窗口中单击按钮➕,依次添加"工人"、"农民"、"学生"、"教师"、"公司职员"等新的【项目标签】,并输入相对应的【值】gr、nm、xs、js、zy。在【属性】面板中的【初始化时选定】列表中,会显示通过【列表值】按钮添加的列表项目。

(6)将光标插入在表单合适的位置上,输入【复选框】组的标识文字"您喜欢的栏目",然后单击【插入】栏【表单】选项卡中的【复选框】按钮☑,并输入这个复选框的标识文字"现代文学"。用同样的方法分别添加标识文字为"文化教育"、"生活艺术"、"政治法律"、"科学技术"的复选框。

(7)将光标插入在表单合适的位置上,两次单击【插入】栏【表单】选项卡中的【按钮】按钮,便可在表单中生成两个按钮。

- 单击第1个按钮,在按钮的【属性】面板的【标签】文本框中输入"提交";然后选中【动作】单选区域中的【提交表单】单选按钮,将其设置为提交按钮。
- 单击第2个按钮,在【属性】板的【标签】文本框中输入"清除",然后选中【动作】单选区域中的【重设表单】单选按钮,将其设置为复位按钮。

(8)选择【窗口】|【行为】命令,或按 Shift+F3 键打开【行为】面板。

选中名为 textfield 的文本域,单击【行为】面板上的按钮➕,在下拉菜单中选择【检查表单】命令。在如图 17-3 所示的【检查菜单】对话框中显示了表单中的4个文本域。

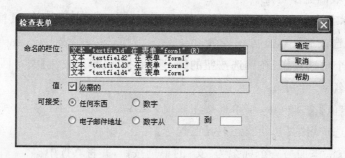

图 17-3 【检查表单】对话框

(9)在【命名的栏位】列表中,选择【文本"textfield"在表单"form1"】选项,该项对应表单中"姓名"文本域。选择【值】区域中的【必需的】复选项,并选择【可接受】区域中的【任何东西】单选项,将该文本域设置成必须填写的栏目,而且可以接受任何字符。

(10)选择【文本"textfield2"在表单"form1"】选项,该项对应表单中"家庭地址:"文本域。选择【值】区域中的【必需的】复选项,并选择【可接受】区域中的【任何东西】单选项,将该文本域设置成必须填写的栏目,而且可以接受任何字符。

(11)选择【文本"textfield3"在表单"form1"】选项,该项对应表单中"邮编"文本域。选择【值】区域中的【必需的】复选项,然后选择【可接受】区域中的【数字从】单选项,并在文本框中填写 100000 到 999999,表示"邮编"文本域是必须填写的栏目,而且只可以接受从100000 到 999999 的数字。

(12)选择【文本"textfield4"在表单"form1"】选项,该项对应表单中"您的意见"文本域,选择【可接受】区域中的【任何东西】单选项,表示该文本域能接受任何字符。单击【确定】按钮,完成表单域数据验证的行为设置。

(13) 按 Ctrl＋S 键,保存网页文件。按 F12 键预览网页,当浏览者在表单域中输入不合法的数据,提交表单后会显示如图 17-4 所示的错误信息。

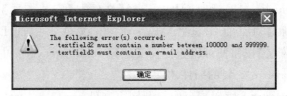

图 17-4　验证表单后的提示信息

例 17.2　在 Dreamweaver 8 的【扩展管理器】中安装素材文件夹中的 Dreamweaver 8 的插件 wintime. 8p,该插件的功能是到了设定的时间时关闭当前窗口。将插件应用于网页文件 exa13-2. html,设置打开网页 3 秒钟后关闭该网页。预览网页观察结果后将网页文件恢复原样。

制作分析：本例要完成 2 步操作。首先,在 Dreamweaver 8 的【扩展管理器】中安装插件,安装完插件后一定要重新启动 Dreamweaver 8。然后,再将该插件新增的行为应用于网页。

操作步骤如下：

(1) 选择 Windows XP 操作系统的【开始】|【程序】| Macromedia | Macromedia Extension Manager 命令,如图 17-5 所示。或在 Dreamweaver 8 中选择【命令】|【扩展管理】命令,打开 Dreamweaver 8 的【扩展管理器】,如图 17-6 所示。

图 17-5　Windows XP 操作系统的【开始】菜单

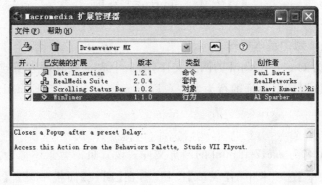

图 17-6　Macromedia 扩展管理器示意图

(2)【Macromedia 扩展管理器】从操作界面上来看可以分为三部分：顶端是菜单栏和工具按钮；中间的列表框中显示已经安装的插件名称、类型、版本等信息；底端显示的是对应的插件的介绍或说明。

(3) 在【Macromedia 扩展管理器】中，选择【文件】|【安装扩展】命令，在系统显示的【选取要安装的扩展】对话框中选择 My site\8p 文件夹中的 Dreamweaver 8 插件 wintime.8p，单击【安装】按钮便可将该插件安装到 Dreamweaver 8 中。安装插件后，必须重新启动 Dreamweaver 8 安装的插件才能生效。

(4) 在 Dreamweaver 8 编辑窗口中打开网页文件 exa13-2.html，选择【窗口】|【行为】命令，打开【行为】面板，选中该层，单击 按钮，在【动作】菜单中选择 Studio VII |Close Window Timer 命令，在 Close Window Timer 对话框的 Enter Delay in Milleseconds 文本框中输入数值 3000，如图 17-7 所示，单击【确定】按钮确认。选择【事件】菜单中的 onLoad 为默认的事件。

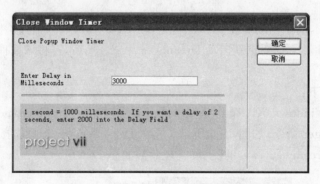

图 17-7　Close Window Timer 对话框

(5) 添加的行为表示当在浏览器中打开网页文件 exa13-2.html 后过 3 秒钟会出现 1 个提示关闭当前窗口的对话框，确认后关闭当前浏览器的窗口。

(6) 预览网页，观察结果。

17.4　课内实验题

1. 表单和表单域的基本操作

创建一个名为 exe17-1.html 的网页文件，网页中表单域及内容安排如图 17-8 所示，并对表单文本域设置数据验证的行为。表单以 E-mail 方式提交，E-mail 地址为设计者的合法邮件地址。

操作提示：

(1) 创建一个名为 exe17-1.html 的网页文件。设置页面背景图像为文件 bg0013.jpg，单击【插入】栏【表单】选项卡中的【表单】按钮，在【属性】面板中设置【表单名称】为"表单实例"；【动作】文本框中输入"mailto：＜收件人邮件地址＞"；在【方法】下拉式框中选择【Post】选项，表示表单用邮件方式发送。

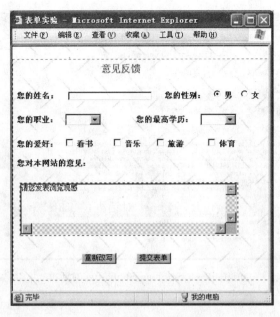

图 17-8　表单练习示意图

(2) 输入表单的标题文字"意见反馈",插入题意要求的表单域和【提交表单】、【重新改写】按钮。

(3) 参考"典型范例的分析与解答",为表单域"您的姓名"、"您对本网站的意见"设置数据验证的行为。

(4) 预览网页文件,用 exe17-1. html 为名保存文件。

2.【扩展管理器】的操作

在 Dreamweaver 8 的【扩展管理器】中,安装本章素材文件夹中的 Dreamweaver 8 的插件 Scrolling Status Bar. 8p,该插件的功能是在浏览器的状态栏中依次显示多种状态栏文本内容。将插件应用于网页文件 exa13-2. html,设置状态栏显示的文字依次为"书——人类的朋友,精神的粮食"、"藏书不难,能看为难"、"看书不难,能读为难"、"读书不难,能用为难"、"能用不难,能记为难"。预览网页观察结果后保存文件。

操作提示：

(1) 用上题同样的方法,在 Dreamweaver 8 的【扩展管理器】中,安装本章素材文件夹中的 Dreamweaver 8 的插件 Scrolling Status Bar. 8p,该插件的功能是在浏览器的状态栏中依次显示多种状态栏文本内容。安装插件后重新启动 Dreamweaver 8 使插件生效。

(2) 打开网页文件 exa13-2. html,单击【插入】栏的 RigTechnologies 选项卡中的 Scrolling Status Bar 按钮,在系统显示的 Scrolling Status Bar 对话框中输入题目要求的状态栏文字,如图 17-9 所示。

(3) 预览网页,观察结果后保存文件。

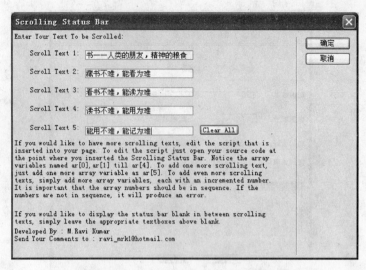

图 17-9 Scrolling Status Bar 对话框

17.5 课外思考与练习题

（1）表单的主要作用是什么？标准的表单域有哪几种？它们的功能分别是什么？

（2）表单中【提交】按钮和【重置】按钮的作用是什么？如何添加这两个按钮？

（3）如何利用 E-mail 发送表单数据？

（4）创建表单后，为什么还要创建表单处理程序？如何创建这种程序？

（5）表单数据验证的方法是什么？哪些表单域可以进行数据验证？

（6）在【Macromedia 扩展管理器】中【安装扩展】和【导入扩展】的区别是什么？【提交扩展】的作用是什么？

（7）制作如图 17-10 所示的表单网页，网页用 exe17-2. html 为名保存。

（8）按下列要求完成图像处理题。

① 在 Fireworks 8 中创建 GIF 动画文件，将素材文件夹中图像文件 tu1. jpg、tu2. jpg、tu3. jpg、tu4. jpg、tu5. jpg、tu6. jpg、tu7. jpg、tu9. jpg、tu10. jpg 以动画方式打开，在动画的第 7 和第 8 帧之间增加一帧，并将帧延续时间改为 50/100 秒。

在新的帧中，绘制圆角度为 15，颜色为♯99FFCC，大小为 300×200 像素的圆角矩形，单击添加滤镜【效果】按钮，选择【斜角和浮雕】|【内斜角】命令，并设置效果为"斜坡"，其他参数默认。居中输入文字"名画欣赏"，字体为黑体，大小自定。播放动画后，用 fg1. gif 为名将动画文件保存在本地站点的根文件夹中。

② 创建一个背景颜色为♯660000，大小为 500×110 像素的画布。依次导入图像文件 tu2_3. jpg、tu5_3. jpg、tu10_3. jpg，水平横放。用 Fireworks 8 制作从左往右水平移动的遮罩动画，动画设置为 12 帧，移动距离为 115。遮罩图形的大小为 160×105 像素，圆角度为 15 的圆角矩形，并用裁剪工具将其裁剪为 165×110 像素，将动画文件用 fg2. gif 为名保存在本地站点的根文件夹中。

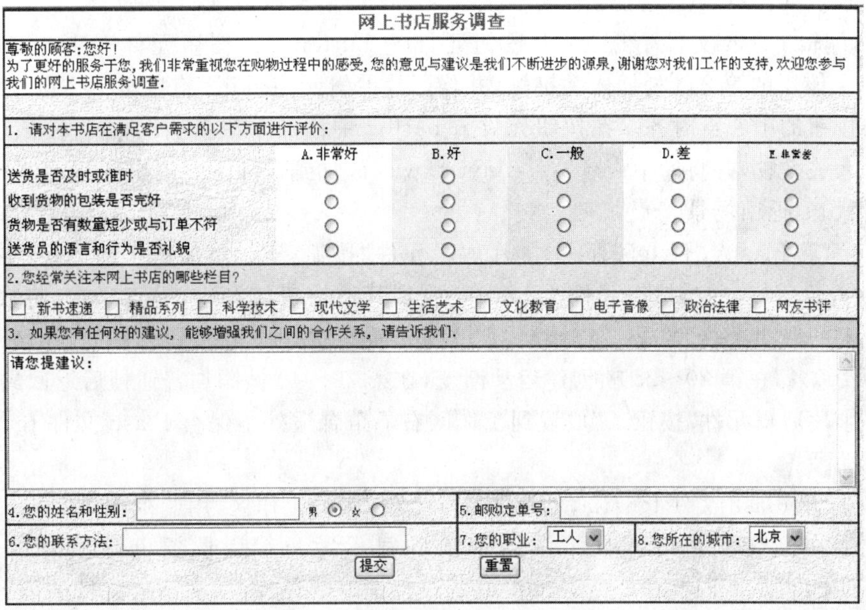

图 17-10 表单网页样张示意图

③ 创建大小为 297×207 像素的画布,居中导入图像文件 frame.gif,用椭圆工具绘制椭圆形状的曲线,输入文字"名画—文化的瑰宝",文字的大小、颜色和字体自定,并使文字附加到曲线上。在当前帧之后添加 11 帧,改动每一帧的位移,使文字围绕椭圆弧线旋转。将逐帧图像文件的每一帧播放时间改为 30/100 秒,并播放逐帧图像文件,然后将处理好的文件用 fg3.gif 为名保存在本地站点的根文件夹中。

(9) 按下列要求完成动画制作题。

① 打开 Flash 文件 fg4.fla,修改影片剪辑元件 word,从第 40 帧处添加空白关键帧,居中输入文字"精神的财富",字体为"华文行楷"、大小为 33 像素、颜色为 ♯660000,使文字"文化的瑰宝"从第 30 帧起形状渐变为第 40 帧的"精神的财富",并使其延续 10 帧。

从第 51 帧起到第 60 帧,文字"精神的财富"的颜色由 ♯660000 渐变为 ♯FF0000 并使其延续到 70 帧。退出影片剪辑元件 word 的编辑状态,返回场景,保存 Flash 文件 fg4.fla 后,并测试动画。

② 打开 Flash 文件 fg5.fla,仿照库中影片剪辑元件 skin1,创建影片剪辑元件 skin2。

在第 1 层的第 1 帧处居中绘制 90×5 像素的矩形,颜色为 ♯FFFFCE,将其设置为图形元件 j1,并将实例的透明度设置为 40%。在第 1 层的第 8 帧处添加关键帧,将元件 j1 的实例放大为 90×20 像素的矩形,并将实例的透明度设置为 80%。创建第 1~8 帧的运动渐变动画,并在第 9~15 帧添加普通帧。

创建一个新层,在该层的第 1 帧处绘制 90×4 像素的直线,其位置为 X=−137;Y=12,颜色为 ♯FFFF00。将其设置为图形元件 j2,并将实例的透明度设置为 10%。

在该层第 10 帧处添加关键帧,将元件 j2 的实例的位置改为 X=−45;Y=12,透明度设置为 100%。创建第 1 帧到第 10 帧的运动渐变动画,在第 15 帧处添加关键帧,并在该帧处设置帧动作 Stop。退出影片剪辑元件 skin2 的编辑状态,返回场景。

③ 编辑 Flash 文件 fg5. fla 中按钮元件 r_button。在按钮元件 r_button 中添加 layer2,在该层的第 2 帧处插入关键帧,并将影片剪辑元件 skin2 拖曳至工作区中,使其中心点与按钮的中心点对齐。在按钮元件 r_button 中添加一个新层 layer3,在该层的第 2 帧处插入关键帧,并将库中声音文件 tinytip. wav 添加到该帧上。退出按钮元件 r_button 的编辑状态,返回场景。

④ 编辑 Flash 文件 fg5. fla 中影片剪辑元件"按钮条"。添加一个新图层,在该层第 20 帧插入关键帧,并将按钮元件 r_button 放到其他按钮的右边,垂直居中,将按钮元件 r_button 的透明度改为 0%。在该层第 28 帧处插入关键帧,将按钮元件 r_button 的透明度改为 100%,在第 20～28 帧创建运动渐变,在第 29～40 帧添加普通帧后返回场景。

将影片剪辑元件"按钮条"放置到工作区右下角合适处。保存 Flash 文件 fg5. fla 后,并测试动画。

⑤ 打开 Flash 文件 fg6. fla,创建 270×150 像素的工作区,用遮罩技术完成一行行滚动的文字在渐变颜色的背景下淡入淡出的显示效果。背景颜色是从 ♯660000 到 ♯FFFFFF,再从 ♯FFFFFF 到 ♯660000 的线性渐变颜色,滚动文字每一行的内容为:世界名画——文化的瑰宝;精神的粮食;人类的财富;人生的伴侣。渐变动画的长度为 100 帧,文字字体、颜色、字号自定,文字层为遮罩层。保存 Flash 文件 fg6. fla 后,并测试动画。

⑥ 打开本章素材文件夹中的文件 fg7. fla,添加一个新的层和引导层,将库中影片剪辑元件"蝴蝶群"拖入工作区,将实例"蝴蝶群"缩放到合适的大小。用铅笔画横贯工作区的弯曲引导线,制作沿引导线运动渐变的"蝴蝶群"动画。测试动画文件,并保存文件。

(10) 按下列要求完成网页制作题。

① 新建"顶部和嵌套的左侧框架"结构的网页,框架集文件名为: index. html;左框架文件名为 left. html,并设置背景颜色为 ♯660000,左框架的【列】宽度为 270 像素;顶框架文件名为 top. html,顶框架的【行】高度为 165 像素,并设置背景颜色为 ♯660000,插入 Flash 文件 fg5. swf,设置主框架页面的【滚动】方式为"自动",【源文件】为本地站点中的网页文件 main. html;设置 3 个框架网页的必要的页面属性后将其全部框架文件保存在本地站点中。

② 按照图 17-11 所示样张,在左框架中绘制 270×460 像素的布局表格,在左框架的布局表格中从上至下分别绘制 270×170 像素、270×140 像素、270×150 像素的布局单元格。并在上面一个布局单元格中插入 Flash 文件 fg4. swf。

在中间的布局表格中创建一个表单,在表单的第 1 行,插入文本域,文本域的标识为"用户名",【字符宽度】为 20,【类型】为单行,【最大字符数】为 20。换行后,再插入一个文本域,文本域的标识为"密码",【字符宽度】为 20,【类型】为密码,【最大字符数】为 20。换行后,在表单的第 3 行居中插入 1 个按钮,并将其【标签】和【动作】设置为递交表单。设置表单的【名称】为"登录",【动作】为邮件地址 fangao@online. sh. cn,【方式】为 POST。在下面的布局表格中插入 Flash 文件 fg6. swf。

③ 按照图 17-10 样张所示,在主框架中绘制 510×460 像素的布局表格,在主框架的布局表格中从上至下分别绘制 510×45 像素的布局表格,3 个 510×110 像素的布局表

图 17-11　网页首页样张

格,510×45 像素的布局表格,中间 3 个布局单元格之间间隔 20 像素。

在上面的布局单元格中插入图像文件 topbg. gif,并将其宽度放大到 510 像素。在底部的布局单元格中输入文字"关于我们、诚邀合作、联系我们、友情链接",文字之间用空格分隔,并设置字的大小为 2 号,颜色为白色。

将每个 510×110 像素的布局表格改为 165×110 像素和 315×110 像素的布局表格,并在修改后的 2 个表格左边留出 15 像素的间隔。

在 3 个 165×110 像素的布局表格中分别插入图像文件 tu10_3. jpg、tu5_3. jpg、fg2. gif。将 Word 文件"梵高的画. doc"中 3 段文字分别复制到 3 个 315×110 像素的布局表格中,并设置字的大小为 2 号,颜色为白色。

④ 给网页主框架中图像文件 tu5_3. jpg 添加行为:双击该图像,停止播放左框架中的 Flash 文件 fg6. swf,单击该图像,开始播放左部框架中的 Flash 文件 fg6. swf。

给网页主框架中图像文件 tu10_3. jpg 添加超级链接,单击此图像时链接到文件 fg. html 的锚点 aa 上,并使该文件在主框架中显示。

给 Flash 文件 fg5. fla 的按钮"梵高故事"添加超级链接,单击此按钮时链接文件 fg. html,并使该文件在新的窗口中显示。给主框架下面的文字"联系我们"添加 E-mail 链接,邮件地址为:fangao@online. sh. cn。

⑤ 新建如图 17-12 所示的网页文件 fg. html,将文件 bg0029. jpg 设置为网页的背景图片,绘制 800×600 的布局表格,并在其中绘制左、右 2 个大小为 300×600 像素、500×600 像素的布局单元格。将根文件夹中"梵高的故事. doc"的文字内容复制到右边的布局单元格中,并在顶部区域输入标题文字"梵高的故事"。

左侧的布局单元格的合适位置上分别插入 fg7. swf、fg3. gif 和 img 文件夹中的

图 17-12　fg. html 网页样张

tu2_3. jpg。附加本地站点根文件夹中的外部层叠样式表文件 format. css，并将样式 title 作用于网页标题，样式 format 作用于网页中的其他文字，样式 filter 作用于图像文件 tu2_3. jpg。在网页中最后一段的文字"镶板画"中间插入用于超级链接的名为 aa 的锚点。在页面左下角的层中插入图形文件 return. gif，并用该图片建立返回首页 index. html 的超链接，将网页保存在本地站点中。

参 考 文 献

［1］ 赵祖荫.网页设计与制作实验教程.第二版.北京：清华大学出版社,2005

［2］ 赵祖荫.电子商务网站建设实验指导.第二版.北京：清华大学出版社,2008

［3］ 智丰电脑工作室.Flash 8 动画设计与制作.北京：中国林业出版社,2006

读者意见反馈

亲爱的读者：

感谢您一直以来对清华版计算机教材的支持和爱护。为了今后为您提供更优秀的教材，请您抽出宝贵的时间来填写下面的意见反馈表，以便我们更好地对本教材做进一步改进。同时如果您在使用本教材的过程中遇到了什么问题，或者有什么好的建议，也请您来信告诉我们。

地址：北京市海淀区双清路学研大厦 A 座 602 室　计算机与信息分社营销室　收

邮编：100084　　　　　　　　　电子邮件：jsjjc@tup.tsinghua.edu.cn

电话：010-62770175-4608/4409　　邮购电话：010-62786544

教材名称：网页设计与制作实验教程（第 3 版）

ISBN：978-7-302-18988-6

个人资料

姓名：＿＿＿＿＿　年龄：＿＿＿＿　所在院校/专业：＿＿＿＿＿＿＿＿

文化程度：＿＿＿＿＿　通信地址：＿＿＿＿＿＿＿＿＿＿＿＿＿

联系电话：＿＿＿＿＿　电子信箱：＿＿＿＿＿＿＿＿＿＿＿＿＿

您使用本书是作为：□指定教材 □选用教材 □辅导教材 □自学教材

您对本书封面设计的满意度：

□很满意 □满意 □一般 □不满意　改进建议＿＿＿＿＿＿＿＿＿＿

您对本书印刷质量的满意度：

□很满意 □满意 □一般 □不满意　改进建议＿＿＿＿＿＿＿＿＿＿

您对本书的总体满意度：

从语言质量角度看 □很满意 □满意 □一般 □不满意

从科技含量角度看 □很满意 □满意 □一般 □不满意

本书最令您满意的是：

□指导明确 □内容充实 □讲解详尽 □实例丰富

您认为本书在哪些地方应进行修改？（可附页）

＿＿＿＿＿＿＿＿＿＿＿＿＿＿＿＿＿＿＿＿＿＿＿＿＿＿＿＿＿＿

＿＿＿＿＿＿＿＿＿＿＿＿＿＿＿＿＿＿＿＿＿＿＿＿＿＿＿＿＿＿

您希望本书在哪些方面进行改进？（可附页）

＿＿＿＿＿＿＿＿＿＿＿＿＿＿＿＿＿＿＿＿＿＿＿＿＿＿＿＿＿＿

＿＿＿＿＿＿＿＿＿＿＿＿＿＿＿＿＿＿＿＿＿＿＿＿＿＿＿＿＿＿

电子教案支持

敬爱的教师：

为了配合本课程的教学需要，本教材配有配套的电子教案（素材），有需求的教师可以与我们联系，我们将向使用本教材进行教学的教师免费赠送电子教案（素材），希望有助于教学活动的开展。相关信息请拨打电话 010-62776969 或发送电子邮件至 jsjjc@tup.tsinghua.edu.cn 咨询，也可以到清华大学出版社主页（http://www.tup.com.cn 或 http://www.tup.tsinghua.edu.cn）上查询。